"十四五"高等学校应用型人才培养系列教材

Python程序设计基础

林　萌　余海洋◎主　编
蒋　威　刁小敏　常　锋◎副主编

中国铁道出版社有限公司
CHINA RAILWAY PUBLISHING HOUSE CO., LTD.

内容简介

本书依据教育部高等学校大学计算机课程教学指导委员会发布的《大学计算机课程教学基本要求》中关于程序设计基础课程的相关教学要求编写而成。全书分基础、进阶和应用三部分共11章。基础部分包括第1章~第4章，内容涵盖计算机编程基础、Python语言概述、Python开发环境搭建、Python基本数据类型、Python容器类数据和程序的控制结构；进阶部分包括第5章~第9章，内容涵盖Python的函数和函数式编程、文件、Python程序的异常处理、turtle绘图和几个Python常用的第三方库；应用部分包括第10章和第11章，内容涵盖网络爬虫、科学计算与可视化、机器学习等各种Python应用。

本书力求以学习者为本，内容讲解细致，概念清晰，叙述明确，案例丰富有趣，并融合课程思政要素，帮助读者掌握通用的程序设计知识和方法，并有效指导读者掌握Python语法及应用知识。

本书适合作为高等学校Python程序设计或应用及相关课程的教材，也可以作为Python爱好者学习的参考书。

图书在版编目（CIP）数据

Python程序设计基础 / 林荫, 余海洋主编. -- 北京 :
中国铁道出版社有限公司, 2024. 9 (2025. 9 重印). -- (“十四五”高
等学校应用型人才培养系列教材). -- ISBN 978-7-113
-31386-9

Ⅰ. TP311.56

中国国家版本馆CIP数据核字第2024GR8426号

书　　名：Python程序设计基础
作　　者：林　荫　余海洋

策　　划：张围伟　汪　敏　　　　编辑部电话：（010）51873135
责任编辑：汪　敏
编辑助理：史雨薇
封面设计：郑春鹏
责任校对：刘　畅
责任印制：赵星辰

出版发行：中国铁道出版社有限公司（100054，北京市西城区右安门西街8号）
网　　址：https://www.tdpress.com/51eds
印　　刷：河北宝昌佳彩印刷有限公司
版　　次：2024年9月第1版　2025年9月第2次印刷
开　　本：787 mm × 1 092 mm　1/16　印张：20　字数：485千
书　　号：ISBN 978-7-113-31386-9
定　　价：59.80元

前言

当今世界科技发展日新月异，现代信息技术深刻改变着人类的生产、生活、思维和学习方式，人工智能的快速发展和广泛应用对计算机处理能力的快速提升和高效性提出了更高的要求，掌握基本的程序设计语言和程序设计方法，是当今高科技人才必备的基本能力。

Python 语言语法简单优雅明确、数据类型丰富，有大量的标准库和第三方库可支撑各个领域的应用，故而程序功能强、编程效率高，被广泛应用于计算机科学与技术、科学计算、数据的统计分析、移动终端开发、图形图像处理、人工智能、游戏设计、网站开发等各个领域。

本书依据教育部高等学校大学计算机课程教学指导委员会发布的《大学计算机课程教学基本要求》中关于程序设计基础课程的相关教学要求编写而成，力求培养学习者的计算思维能力，并使学习者掌握利用计算机分析问题、解决问题的基本技能，跟上时代科技发展的步伐。

本书力求以程序设计初学者为本，力争成为易懂、专业、好用的 Python 教材。本书概念清晰、叙述明确，特别对难理解或有可能歧义之处加强了分析和示例。本书内容丰富，包含学习中常见的问题和解决方法，教学案例和习题提供丰富的学习和实践资源，并融合部分中国特色文化以提高学生的兴趣和家国情怀。本书承载了程序设计知识和能力目标，也实现了价值目标。学会编程，可掌握一项基本技能，享受编程求解和科技创新带来的乐趣；学会编程，可培养逻辑思维能力和抽象思维能力，养成科学的认知习惯；学会编程，可培养严谨细致的工作作风，遵纪守法、诚实守信的职业品格；学会编程，可培养求真务实、精益求精、实践创新和追求卓越的职业精神。

本书由林荫、余海洋任主编，蒋威、刁小敏、常锋任副主编，第 1、2 章由林荫编写，第 3、4 章由常锋编写，第 5 章由余海洋编写，第 6、7、8、9 章由刁小敏编写，第 10、11 章由蒋威编写，附录共同编写。林荫、余海洋负责全书统稿和定稿。

由于 Python 程序设计涉及的内容非常丰富，加上编者水平有限，书中难免有不妥之处，期待各位读者的热心反馈，随时欢迎批评指正，联系邮箱：ly@cczu.edu.cn。

编　者
2024 年 5 月

目 录

第1章 绪论

计算机应用已成为现代社会的基本技能，学习计算机程序设计能够更好地理解和应用计算机，从而在未来更好地适应社会发展的需要。Python语言发展迅猛被业界认为是非常有前途的编程语言之一，其专注于解决问题，在数据分析、机器学习、Web应用开发、自动化运维、网络爬虫等领域都有广泛应用。本章将从计算机编程基础、Python的诞生和发展、特点、开发环境构建、Python程序编写等内容开始，带领大家认识Python语言。

本章思维导图

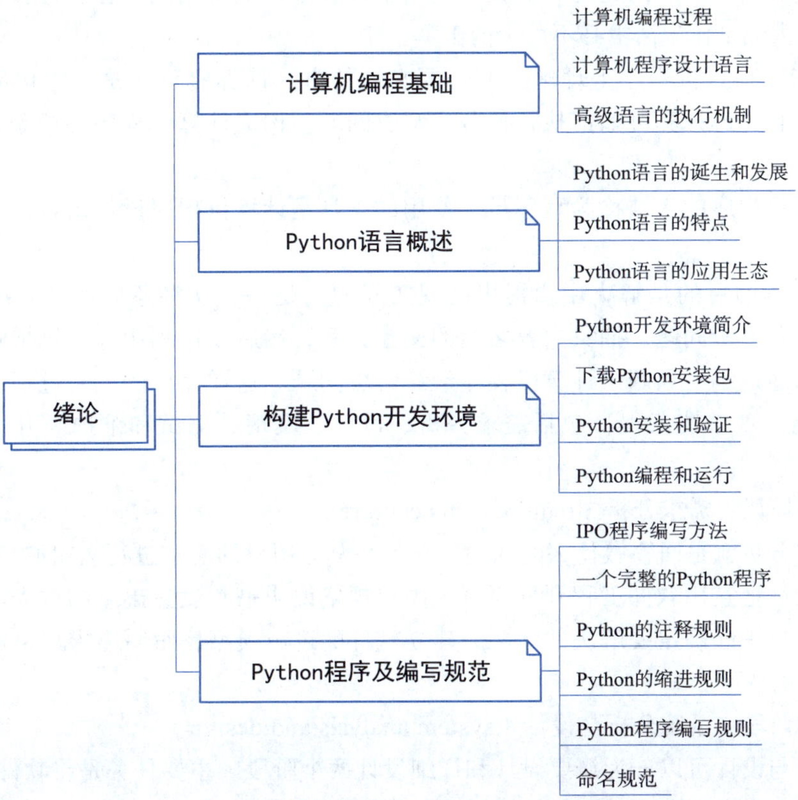

1.1 计算机编程基础

计算机是人类伟大的发明之一。到了21世纪的现在，计算机已深入到人们工作生活的各个方面，几乎无处不在。程序设计语言也称为编程语言，目的是使计算机能够理解和识别程序的操作意图。使用程序设计语言按照特定规则进行组织成计算机程序，使计算机自动进行各种运算处理，解决问题，得到结果。

计算机程序设计是现代社会的基本技能之一，就像读写和算术一样重要。学习计算机程序设计能够更好地理解和应用计算机，从而在未来更好地适应社会发展的需要。

计算机程序设计课程不仅仅教授学习者如何编写代码，更是学习一种问题解决的方式方法。帮助学习者理解计算机是如何处理和解决问题的同时，学会如何将复杂的问题分解为更小的、更容易处理的子问题。这种逻辑思维能力和解决问题能力的提升，对于未来的工作和学习具有重要的帮助。

许多学科领域都需要进行大规模的数据处理和分析，而计算机程序设计是实现这一目标的关键工具。许多职业领域都需要用到计算机程序设计技能，比如数据分析师、软件工程师、数据科学家等，通过学习计算机程序设计，读者可以为未来的职业发展做好准备。

1.1.1 计算机编程过程

1946年2月14日，在美国宾夕法尼亚大学诞生了第一台电子数字计算机ENIAC。计算机可大量地重复实施固定程式的处理，极大地提高工作效率。从发明到现在，计算机的发展日新月异，已成为人们工作生活中必不可少的工具。

计算机依靠计算机程序来理解人们需要它做的事。计算机程序是一组按部就班执行的计算机指令，它告诉计算机如何执行任务，解决问题。构成计算机程序的指令有时也被称为代码。

编写计算机程序的人被称为程序员，使用的工具是计算机程序设计语言，写程序的过程被称为编程。

计算机编程的目的是解决用户提出的现实问题，是一个从抽象问题到解决问题的完整过程：首先需要分析问题，抽象内容之间的交互关系，然后设计利用计算机求解问题的确定性方法，进而通过编写和调试计算机程序最终解决问题。这样完成的编程过程通常也被称为软件开发，是一项系统工程，包括需求分析、设计、实现、测试和维护等五个阶段且不断迭代：

（1）第一阶段：需求分析（requirements capture）

软件需求分析就是回答做什么的问题。它是一个对用户的需求进行去粗取精、去伪存真、正确理解，然后把它用软件工程开发语言（需求规格说明书）表达出来的过程。本阶段的基本任务是和用户一起确定要解决的问题，建立软件的逻辑模型，编写需求规格说明书文档并最终得到用户的认可。

（2）第二阶段：系统分析与设计（system analysis and design）

系统分析与设计可以分为概要设计和详细设计两个阶段。主要任务是将软件分解成模块，是指能实现某个功能的数据和程序说明、可执行程序的程序单元。

（3）第三阶段：系统实现（implementation）

系统实现即为编程，是指把软件设计转换成计算机可以接受的程序。由程序员使用某种计算机程序设计语言来编写，称为源程序。充分了解软件开发语言、工具的特性和编程风格，有助于开发工具的选择以及保证软件产品的开发质量。

（4）第四阶段：软件测试（testing）

软件测试的目的是以较小的代价发现尽可能多的错误。要实现这个目标的关键在于设计一套出色的测试用例（测试数据和预期的输出结果组成了测试用例）。

（5）第五阶段：软件维护（maintenance）

软件维护是指在已完成对软件的研制（分析、设计、编码和测试）工作并交付使用以后，对软件产品所进行的一些软件工程的活动。即根据软件运行的情况，对软件进行适当修改，以适应新的要求，以及纠正运行中发现的错误。

完整的程序设计即按照以上几个步骤来完成，鉴于本书面向计算机编程初学者，主要以第三阶段程序的实现为主，根据任务的大小需要，兼顾其他几个阶段。

1.1.2　计算机程序设计语言

计算机程序设计（programming）的工具是程序设计语言（programming language）。

程序设计语言按照特定规则组织计算机指令，使计算机能够自动进行各种运算处理。按照程序设计语言规则组织起来的一组计算机指令称为计算机程序。

世界上公布的程序设计语言有上千种之多，但是只有很小一部分得到了广泛的应用。

从发展历程来看，程序设计语言可以分为三代：

第一代编程语言是机器语言（machine language），由0和1二进制序列构成。

示例：X86计算机机器语言计算1+1。

```
10111000
00000001
00000000
10000011
11000000
00000001
```

计算机能直接识别和执行机器语言，因此效率很高，但直观性、可读性差，容易出错。每一种机器语言只能用于某一种特定的CPU或微处理器系列，不同的CPU有不同的指令系统，互不兼容；对开发和使用者的要求非常高，所以基本上已经很少有程序员用机器语言来编程程序。

第二代编程语言是汇编语言（assembly language），是机器指令的符号化，因此也被称为助记符语言，与机器指令存在着直接的对应关系。

示例：汇编语言计算1+1。

```
MOV AX,1
ADD AX,1
```

汇编语言程序已经开始贴近人类语言，需要汇编成机器指令后方可使计算机执行。汇编语言可直接访问系统接口，比机器语言程序易于读写、易于调试和修改，但仍然依赖于具体的机型，不能通用，不能移植。现在汇编语言通常被应用在计算机底层，可直接对硬件操作，实现驱动程序、嵌入式操作系统和实时要求高的运行程序。

机器语言和汇编语言被称为低级语言。使用基于人类语言的命令字和语法构成的语言称为高级语言。

第三代编程语言是高级语言（high-level programming language），20世纪60年代出现，面向用户，基本上独立于计算机种类和结构。

示例：Python语言计算并显示1+1的值。

```
print(1+1)
```

高级语言与计算机的硬件结构及指令系统无关，通用性强，形式上接近于自然语言，编写程序的过程符合人类的思维习惯，能更好地描述各种算法，数据运算和程序控制结构丰富，容易学习掌握。高级语言还具有跨平台、封装、抽象化等特点，可以大大提高程序开发的效率和质量。不过，高级语言需要翻译成机器指令后才可使计算机执行。

高级语言易学、易用、功能强大，所以发展很迅速。高级语言的发展分为两个阶段，以1980年为分界线，前一阶段属于结构化语言或者称为面向过程的语言，后一阶段属于面向对象的语言。

面向过程（procedure-oriented, PO）：将任务拆分为一个个子任务，每个任务按照一定的顺序执行。面向过程的语言有C语言、Fortran、Basic和Pascal等，最经典、最重要的就是C语言，其他语言基本上已经很少有人使用了。

面向对象程序设计（object-oriented programming, OOP）把事物抽象成类和对象，赋予对象相应的属性和方法，然后让每个对象去执行自己的方法。耦合低，易复用，扩展性强，易维护，有封装性、继承性、多态性的特点，系统更加灵活、更加易于维护。面向对象的语言主要有Smalltalk、Eiffel、C++、Java、PHP、Python等。

1.1.3 高级语言的执行机制

计算机程序是静态的，交给机器运行才能实现其功能。

使用高级语言编写的程序需要翻译成机器指令后才可使计算机执行。通常的翻译方法是编译和解释。

高级语言根据执行机制不同可分成两类：静态语言和脚本语言。

采用编译执行的编程语言是静态语言，如C语言、Java语言等；采用解释执行的编程语言是脚本语言，如BASIC、JavaScript、PHP、ASP和Python等语言。

编译是一次性将完整的源程序转换成目标程序的过程，如图1-1所示。源程序是高级语言代码，目标程序是机器语言代码，执行编译的计算机程序称为编译器。

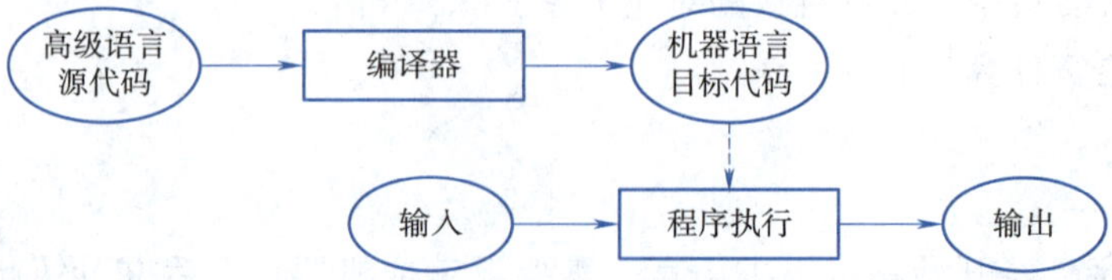

图1-1　完整的编译过程

编译是一次性地翻译所有源程序，一旦程序被编译，除非再次被修改，否则不再需要编译程序或者源代码，所以目标代码执行速度更快。运行目标代码，程序接收输入数据产生相应的输出结果。目标代码不需要编译器就可以运行，在同类型操作系统上使用灵活。

解释是指将源代码逐条转换成目标代码同时逐条运行目标代码的过程，如图1-2所示。执行解释的计算机程序称为解释器。

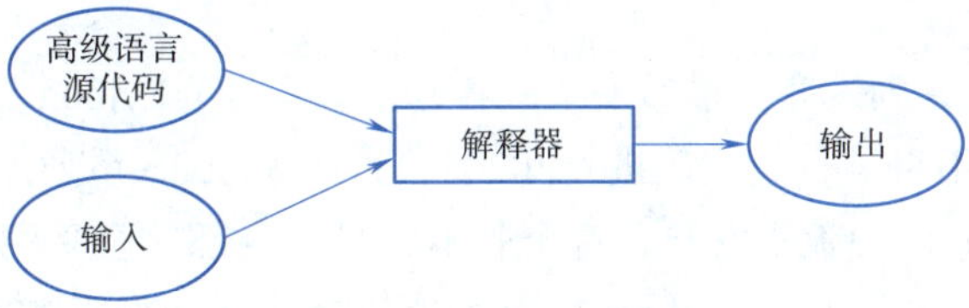

图1-2　解释的过程

解释在程序运行时每次都需要逐条解释源代码然后运行，所以效率比编译形式低。解释执行需要保留源代码，程序纠错、修改和维护十分方便。只要存在解释器，源代码可以在任何操作系统上运行，可移植性好。

Python语言是一种被广泛使用的高级通用脚本编程语言，采用解释方式执行，但它的解释器也保留了编译器的部分功能，随着程序运行，解释器也会生成一个完整的目标代码。这种将解释器和编译器结合的新解释器是现代脚本语言为了提升计算性能的一种有益演进。

1.2 Python语言概述

1.2.1　Python 语言的诞生和发展

Python是近年来发展势头最为迅猛的一门编程语言，如今已经风靡全球，被业界认为是非常有前途的编程语言之一。Python专注于解决问题、拥有自由开放的社区环境、提供了丰富的API和第三方工具包，在数据分析、机器学习、Web应用、自动化运维、网络爬虫等领域都有广泛应用。本章将从Python的起源、发展、特点、下载和安装、Python程序的编写和调试等内容开始，带领大家初识Python。Python图标如图1-3所示。

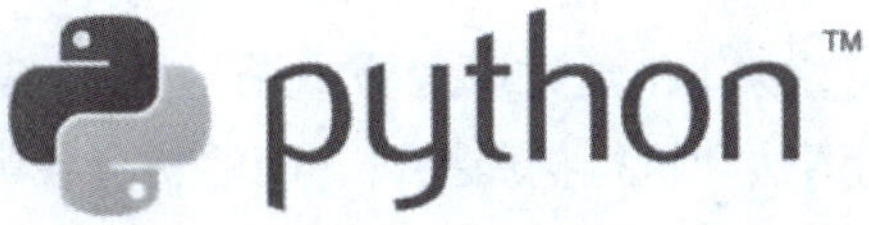

图1-3　Python图标

Python语言全称为Python计算机程序设计语言，创始人是荷兰数学和计算机科学研究学会的吉多·范罗苏姆（Guido van Rossum）。1989年12月，Guido为打发圣诞节假期的时间，决定为当时正在构思的脚本语言写一个解释器，因为他很喜欢英国20世纪70年代首播的电视喜剧《蒙提·派森的飞行马戏团》(*Monty Python's Flying Circus*)，所以将这个新的脚本解释器命名为Python（大蟒蛇）。Python语言的诞生是个偶然事件，但经过30多年持续不断地发展和应用，Python语言已经成为当代计算机技术发展的重要标志之一。

Python语言是开源项目的优秀代表，Python解释器的全部代码都是开源的，可以在Python语言的官网自由下载。

自Python 2于2000年10月16日发布，稳定版本是Python 2.7。Python 3于2008年12月3日发布。

1991年Python的第一个公开发行版问世，从2004年以后，Python的使用率呈线性增长。

2000年10月，Python 2.0版本发布，解决了之前版本的诸多问题，开启了Python广泛应用的新时代。

2010年，Python 2.x系列发布了最后一个版本，主版本号为Python 2.7，用于终结Python 2.x系列版本的发展，并且不再进行重大改进。2020年1月Python 2.x系列停止维护。

2008年12月，Python 3.0版本发布，这个版本解释器内部完全采用面向对象方式实现，在语法层面做了很多重大改进，使得Python 3.x系列版本代码无法向下兼容Python 2.x系列的既有语法。到2016年，Python几万个重要的标准库和第三方库都已经在Python 3.x版本下进行演进和升级。Python 2.x是遗产，Python 3.x是这个语言的现在和未来。

2011年1月，Python被TIOBE编程语言排行榜评为2010年度语言。

2020年，IEEE Spectrum的年度排行榜语言中，Python已经连续4年夺冠。

小技巧：如何直观判断一个Python程序是否为3.x版本？
最直观、最显著、最常用的判断方法是使用print()函数。两者功能一样，格式不同。
如输出一个"Hello，Python！"
Python 2.x版本：print"Hello，Python!"
Python 3.x版本：print("Hello，Python!")

1.2.2 Python 语言的特点

Python语言是一种被广泛使用的高级通用脚本编程语言，具有很多区别于其他语言的特点：语法简洁、生态丰富、多语言集成、平台无关、强制可读、支持中文、模式多样、类库便捷。这里来列出Python一些基本的优点：

（1）语法简洁：Python的设计哲学是“优雅”“明确”“简单”，所以Python程序看上去简单易懂，借助于丰富的API和第三方工具包，Python还可以编写非常复杂的各领域应用程序。实现相同功能，Python语言的代码行数仅相当于其他语言的1/10~1/5。

（2）生态丰富、粘性扩展：Python语言具有优异的扩展性，体现在它可以集成C、C++、Java等语言编写的代码，通过接口和函数库等方式将它们“粘起来”（集成在起）。此外，Python语言本身提供了良好的语法和执行扩展接口，能够整合各类程序代码。

（3）多语言集成：Python能够很好地与其他编程语言进行交互和集成。如Python提供的一个名为ctypes的库，可以调用动态链接库或共享库中的C函数，并允许在Python代码中编写C扩展，从而提高性能；使用Jython，可通过JVM直接访问Java库和工具等；Python的这种能力使得它成为一种非常灵活和强大的工具，可以在不同的项目和环境中使用。

（4）可移植性、开源、平台无关：Python拥有自由开放的社区环境，开源，可被移植在各种平台上。作为脚本语言，Python程序可以在任何安装解释器的计算机环境中执行，因此，用该语言编写的程序可以不经修改地实现跨平台运行。

（5）通用灵活：Python语言是一个通用的编程语言，可用于编写各领域的应用程序，几乎各类应用，从科学计算、数据处理到人工智能、机器人，Python语言都能发挥重要作用。

（6）强制可读：Python通过强制缩进来体现语句间的逻辑关系，显著提升了Python程序的可读性，进而增加了Python程序的可维护性。

（7）支持中文：Python 3.x解释器采用UIF-8编码来表示所有字符信息。UTF-8编码可以表达英文、中文等各类语言，因此Python程序在处理中文时更加灵活且高效。

（8）模式多样：Python 3.x解释器内部采用面向对象方式实现，但Python语法层面却同时支持面向过程和面向对象两种编程方式，这为程序员提供了灵活的编程模式。

（9）类库丰富：Python解释器提供了几百个内置类和函数库，世界各地的程序员也通过开源社区贡献了十几万个第三方函数库，几乎覆盖了计算机应用技术的各个领域，编写Python程序时可以大量利用已有的内置或第三方代码，具备良好的编程生态。

（10）可嵌入性：可以把Python嵌入C/C++程序，从而向程序用户提供脚本功能。

Python有这样一些缺点：

（1）速度慢：Python的运行速度相比C语言确实慢很多，与Java相比也要慢一些，但其实在大多数情况下用户是无法直接感知到的，必须借助测试工具才能体现出来。在大多数情况下Python已经完全可以满足对程序速度的要求。

（2）代码不能加密：Python是解释性语言，它的源码都是以明文形式存放的，不过如果项目要求源代码必须是加密的，那一开始就不应该用Python来实现。

（3）线程不能利用多核：Python的GIL（global interpreter lock，全局解释器锁）禁止多线程的并行执行，任何时刻仅允许一个线程在执行。

本书后续章节将会逐步学习Python语言的语法和基于此的各类应用，一同感受Python的神秘和有趣。

1.2.3　Python 语言的应用生态

Python是一种功能强大、简单易学的编程语言，从Web应用程序到视频游戏、数据科学、机器学习、实时应用程序、高性能服务器后端到嵌入式应用程序等，其强大且多样化的应用生态而在各领域广泛应用。下面是几类典型应用的介绍：

1. 网站开发

网站开发是Python最典型的应用程序之一。Python附带的各种各样的框架和内容管理系统（CMS）可以简化Web开发人员的工作，同时具有安全性、易伸缩性和便利性的优点。Python拥有的第三方库集合可以增强Web应用程序的功能，而且使其更容易实现。最火的Python Web框架有Django、支持异步高并发的Tornado框架、短小精悍的flask、bottle等。

在国内，使用Python做基础设施的公司有豆瓣、知乎、美团、饿了么和搜狐等；在国外，全球最大视频网站Youtube的分享服务、Dropbox（一款网络文件同步工具）、Google的网络搜索系统也都是用Python实现的。

2. 数据处理和可视化

随着近几年大数据的兴起，Python的应用也得到了前所未有的爆发。Python借助于第三方的大数据处理框架可以很容易地开发出大数据处理平台。Python是金融分析、量化交易领域使用最广泛的语言之一。随着NumPy、SciPy、Matplotlib、Enthought Librarys等众多程序库的开发，使得Python越来越适合于做科学计算、绘制高质量的2D和3D图像。

3. 人工智能

人工智能（artificial intelligence, AI）是当前非常重要的一个研究方向，它的核心是机器学习，被广泛地应用于图像识别、智能驾驶、智能推荐、自然语言处理等应用方向。在众多编程语言中Python绝对是人工智能的首选语言，它简单、快速、易扩展，可以应用多个优秀的人工智能框架，Python中的机器学习可以实现人工智能领域中的大多数需求。目前世界上优秀的人工智能学习框架，比如Google的TransorFlow（神经网络框架）、FaceBook的PyTorch（神经网络框架）以及开源社区的Karas神经网络库等，都是用Python实现的；微软的CNTK（认知工具包）也完全支持Python，并且该公司开发的VS Code，也已经把Python作为第一级语言进行支持。

4. 自动化运维开发

自动化运维，实际上就是利用一些自动化工具来管理服务器。Python编写的系统管理脚本，无论是可读性、性能，还是代码重度和扩展性等方面，都要优于shell语言编写的脚本，能满足绝大部分自动化运维的需求，帮助运维工程师解决重复性的工作。比如业界流行的开源IT配置管理工具Ansible就是基于Python开发的。

5. 云计算

Python广泛地在科学计算领域发挥独特的作用。通过强大的支持模块Python可以在计算大型数据、矢量分析、神经网络等方面高效率地完成工作，在教育科研方面发挥出独特的优势。从1997年开始，NASA就在大量使用Python进行各种复杂的科学运算，并发布了目前最知名的云计算框架是OpenStack（开放协议栈）。

6. 网络爬虫

网络爬虫（也称为spider）始于百度、谷歌。大多分析挖掘公司都以爬虫的方式得到不同来源的数据集合，然后为其所用，进而构建属于自己的大数据综合平台。从技术层面上讲，Python提供很多服务于编写网络爬虫的工具，例如，urllib、Selenium和BeautifulSoup等，还提供了一个网络爬虫框架Scrapy。在爬虫领域，Python几乎是霸主地位，通过它提供的标准支持库基本上可以随意获取想要的数据。

7. 游戏开发

在网络游戏开发中，Python有很多应用。它作为游戏脚本被内嵌在游戏中，可以用更少的代码描述游戏业务逻辑。例如，知名的游戏《文明6》，网易的《梦幻西游》《大话西游》等。

以上也仅是介绍了Python应用领域的“冰山一角”，总的来说，Python的应用生态非常丰富多元，吸引了全球大量的开发者群体，且在各种不同的应用情景中发挥着关键的作用。其强大的功能和便于理解的语法，使得Python更加深入人心。

1.3 构建Python开发环境

1.3.1 Python 开发环境简介

“工欲善其事，必先利其器”。程序运行需要相应开发环境的支持。要使用Python编程需要先安装Python解释器。通常说的安装Python指的就是下载Python安装包、运行安装包、安装Python解释器。

Python程序可跨平台运行，因此可以在各种操作系统上开发，编写好的程序也可以在不同系统上运行，比如Windows操作系统，Mac OS，Linux操作系统。不同的操作系统需要使用不同的Python安装包。

IDLE：IDLE是Python自带的集成开发环境，它提供了基本的代码编辑和调试功能，适合初学者和小型项目。它的特点是轻量级、易于安装和使用，可以在任何支持Python的平台上运行。Python官网提供的Python 3.x系列是目前主流的Python版本，其安装包可以通过Python官网访问下载。

Anaconda：Anaconda是一个数据科学的Python发行版，它集成了大量有依赖关系的数据科学类的Python包，如数据处理的NumPy、数据分析的Pandas、深度学习的Keras等。利用自带的Conda命令Anaconda能够可以方便地对Python包安装、卸载和更新。在Anaconda官网下载安装软件，安装完Anaconda就相当于安装了Python、命令行工具Anadonda Prompt、集成开发环境Spyder、交互式笔记本IPython和Jupyter Notebook。

PyCharm：PyCharm是一种专门为Python开发者打造的集成开发环境（IDE），由JetBrains公司开发。它提供了智能代码编辑、调试、测试、集成版本控制等功能，还支持虚拟环境、代码重构、语法高亮等功能，可以提高开发效率。使用PyCharm可获得更好的代码编辑和调试体验；可支持Web应用程序、桌面应用程序、数据科学等复杂的应用程序开发；可进行机器学习、数据分析等的科学计算和工程计算。

Visual Studio Code：Visual Studio Code是一款轻量级的、跨平台的IDE，由微软公司开发。它支持Python扩展，可以轻松地安装和卸载扩展程序，还支持调试、代码重构、语法高亮等功能。

IronPython：IronPython是一种由Microsoft开发的Python解释器，它可以与.NET框架无缝集成，并支持C#和其他.NET语言的交互。IronPython运行速度较快，可以在Windows下编写和运行.NET应用程序。

Python在Windows上有多种版本和实现方式，可以根据个人需求和喜好进行选择。本书使用Python自带的3.x版本，它是目前主流的Python版本，并有着更好的性能和功能。如果需要进行数据科学或机器学习等方面的开发，可以考虑使用Anaconda。如果需要与.NET框架集成，可以考虑使用IronPython。

1.3.2　下载 Python 安装包

本节以Windows操作系统为例，使用Python官网提供的Python安装包来搭建Python开发环境。首先下载Python安装包。

第一步：打开官网。在浏览器地址栏输入Python官网网址，打开官网，如图1-4所示。

第二步：在Downloads导航条选择操作系统。移动鼠标到网站首页的导航条上的Downloads菜单，选择下方菜单中的Windows项单击，进入各种Python版本下载选择页面如图1-5所示。

第三步：进入Python的Windows版页面，选择合适的Python安装包版本。

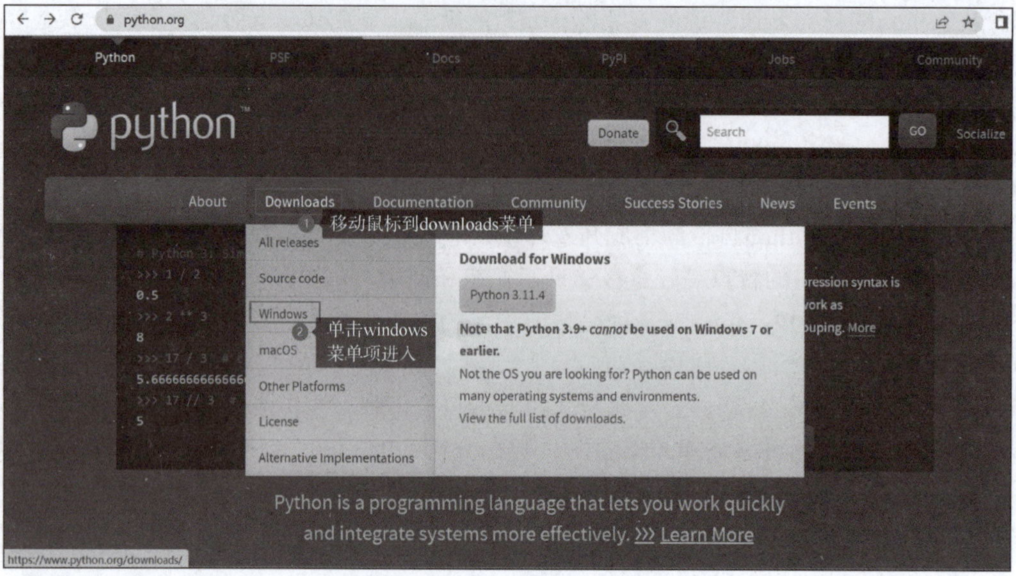

图1-4　Python官网首页页面

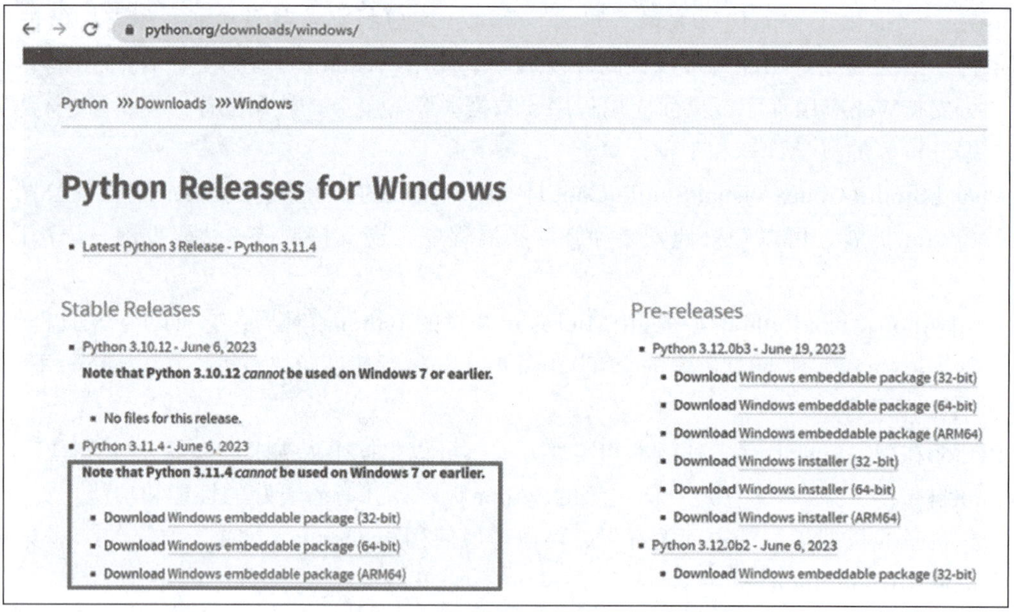

图1-5　Python的Windows版软件下载页面

Python各版本的区别：

（1）32/64位系统区别。

Download Windows installer（32-bit）：32-bit是指32位操作系统，下载的包适合32位或64位操作系统使用，基于32位或64位处理器。

Download Windows installer（64-bit）：64-bit是指64位操作系统，下载的包适合64位操作系统，基于64位处理器。

Download Windows installer（ARM64）：为ARM64架构的设备（如Surface Pro X）构建

的Windows安装程序。下载的包适合ARM64处理器，基于64位处理器。

在桌面上右击“此电脑”选择“属性”命令查看Windows系统信息后，选择安装Download Windows installer 32或64 bit的版本。

（2）设备区别。

Windows embeddable package是Python的Windows可嵌入包，解压后是一个文件夹，该文件夹是一个最小Python运行环境，不包括doc、idle、pip等。该版本主要在特定的嵌入式设备中运行，例如，POS终端、智能音箱、汽车系统等。

其他版本默认安装在台式机或笔记本计算机上。

（3）Stable和Pre-Releases区别。

左边一列的Stable Releases，是指稳定版本，是已经经过充分测试并被认为适用于生产环境的软件版本。通常标记为没有任何已知重大错误或安全漏洞的最新版本。这些版本适用于一般用途，并且对于将稳定性和可靠性优先于最新功能的用户来说是最佳选择。

右边一列的Pre-releases，是指尚未正式发布的软件版本，用于向公众展示未来版本的功能和性能。通常是早期版本，具有更高的不稳定性和可能存在许多缺陷，因此不建议用于生产环境。

在这里选择左边的Stable Releases中的版本。

（4）Windows版本的影响。

从下载页面的各版本提示可分析得出：

Windows XP及之前的版本仅可安装Python 3.5.X及之前的版本，如图1-6所示。

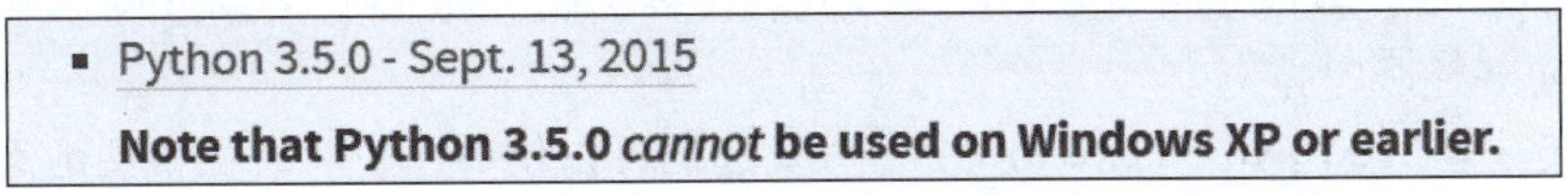

图1-6　安装Python 3.5.X版本

Windows 7可安装Python 3.9.X及之前的版本，如图1-7所示。

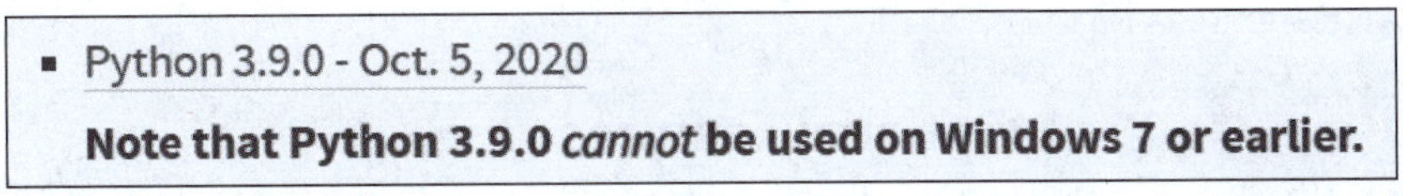

图1-7　安装Python 3.9.X版本

综上，假设当前使用的是一个安装了64位Windows11操作系统的计算机，那么选择下载Python 3.11.4的Windows installer（64-bit）版。

Windows installer（64-bit）版本下载的软件名为Python-3.11.4-amd64.exe，表示这是适用于64位Windows操作系统的Python 3.11.4安装程序。

1.3.3　Python 安装和验证

选择已下载的安装包文件Python-3.11.4-amd64.exe，右击选择“以管理员身份运行”命令；

打开安装界面，选择：“Use admin privileyes when installing py.exe”和“Add Python.exe to PATH”复选框，选择“Customize installation”选项，如图1-8所示。

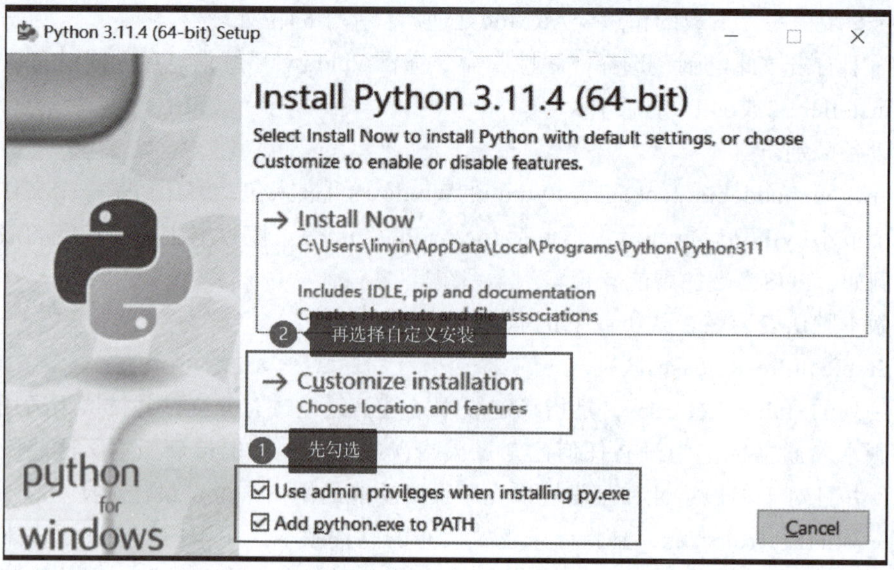

图1-8　Python安装的设置（一）

安装Python时选择“Add python.exe to PATH”复选框是为了方便在命令行中调用Python解释器。这时Python的安装程序会将Python解释器的路径添加到系统的环境变量中。那么在命令行中输入python命令时，系统能够找到并调用Python解释器，从而执行Python代码。

如果没有选择这个选项，使用Python时需要在命令行中输入完整的Python解释器路径来运行Python代码，这会比较麻烦。例如，需要输入类似于C：\Python311\Python.exe这样的路径来调用Python解释器。

因此，选择“Add python.exe to PATH”复选框可以使命令行状态更方便地运行Python代码，而无须每次都输入完整的路径。

在下一个页面，默认选择所有复选框，单击“Next”按钮，如图1-9所示。

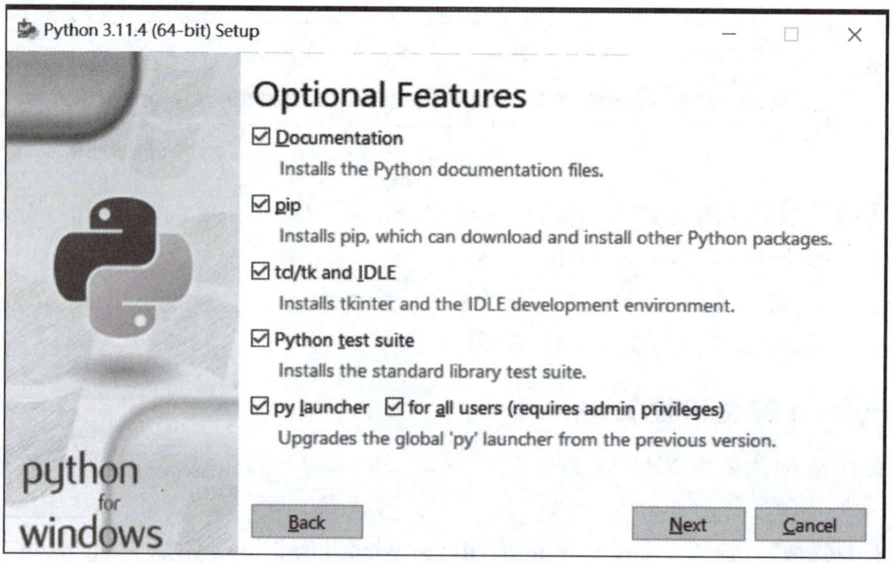

图1-9　Python安装的设置（二）

可自定义设置Python安装位置，比如选择安装在D盘根目录D:\Python，如图1-10所示。

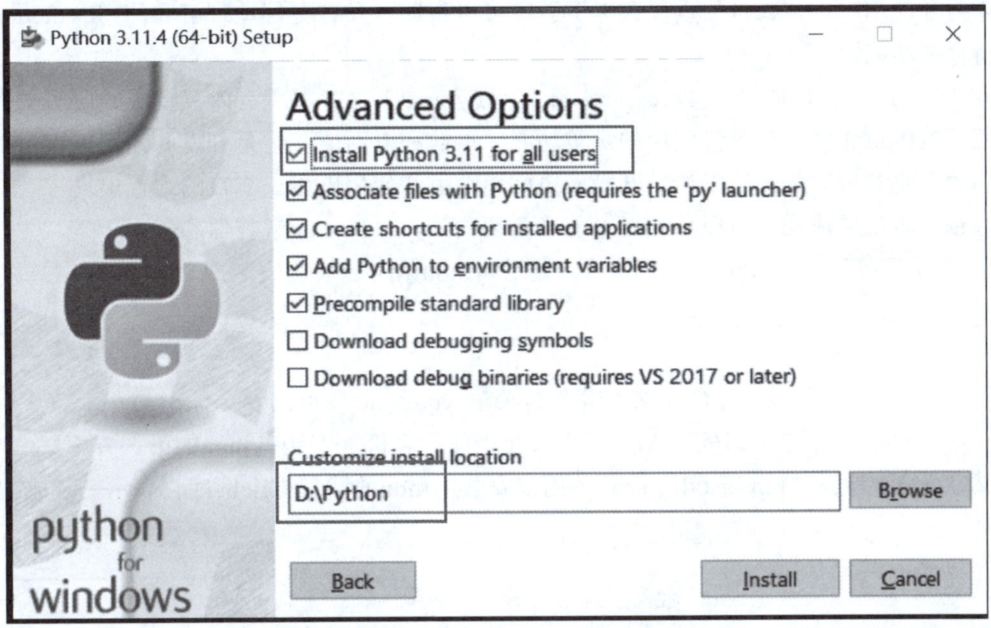

图1-10　Python的安装位置设置（三）

单击“安装”按钮，系统开始初始化并安装，直接显示“Setup was successful”界面时，安装成功完成。

开始菜单会增加Python 3.11项目，其下有四个子项目，如图1-11所示。

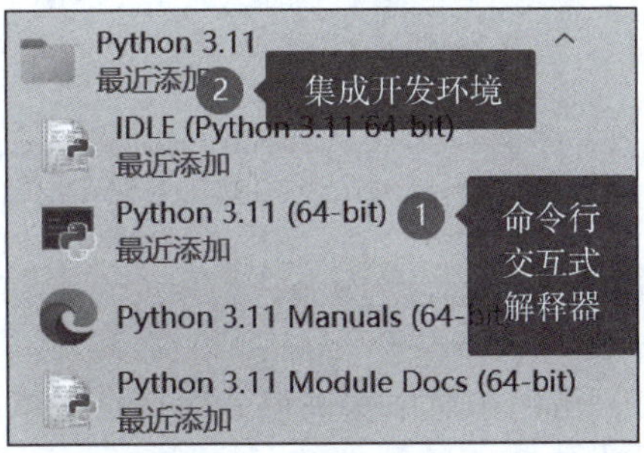

图1-11　Python开始菜单项目

（1）IDLE（Python 3.11 64-bit）是Python 3.11版本的一个图形开发集成开发环境（integrated development environment, IDE），一个以文件形式编写Python程序的开发环境，可编写、调试和运行Python代码。IDLE包括一个交互式解释器（interactive interpreter）、一个文本编辑器（text editor）和一个调试器（debugger）。开发者可以使用IDLE来编写Python代码、运行代码、查看代码执行结果、调试代码等。此外，IDLE还提供了一些常用的Python模块和库的文档和示例代码，方便开发者学习和使用Python。

（2）Python 3.11（64-bit）是一个命令行形式的交互式的Python解释器，3.11是Python版本号，64指基于64位处理器。

（3）Python 3.11 Manuals（64-bit）是Python 3.11版本的说明文档，详细介绍了Python 3.11

的所有功能、语法、模块的安装和发布，以及如何使用C或C++等语言扩展Python功能等内容。它是学习和使用Python 3.11的重要参考资源，可以帮助开发者更好地理解和使用Python 3.11的各种特性和功能。

（4）Python 3.11 Module Docs（64-bit）是Python 3.11版本所有内置模块的说明文档，详细介绍了Python 3.11所有内置模块的函数功能、参数和返回值。它是开发和使用Python 3.11应用程序的重要参考资源，可以帮助开发者更好地理解和使用Python 3.11的内置模块。

验证是否安装成功，可以使用两个非常重要的工具：Python解释器和pip。

①在cmd下运行“Python --version”，显示Python版本，表示安装成功。

```
C:\Users\Admin>python --version
Python 3.11.4
```

在提示符>下，可以按【Ctrl+Z】组合键或输入quit()命令退出。

pip是Python的第三方库安装工具，用来在当前计算机上安装Python的第三方库。

②在cmd下运行“Pip install jieba”，用来安装Python的第三方jieba库，表示安装成功。

```
C:\Users\Admin>pip install jieba
Collecting jieba
  Downloading jieba-0.42.1.tar.gz(19.2 MB)
   ---------------------------------- 19.2/19.2 MB 23.3 MB/s eta 0:00:00
  Installing build dependencies ...done
  Getting requirements to build wheel ...done
  Preparing metadata(pyproject.toml)...done
Building wheels for collected packages:jieba
  Building wheel for jieba(pyproject.toml)...done
  Created wheel for jieba:filename=jieba-0.42.1-py3-none-any.whl size=
19314474 sha256=daa7a60ac057edf7fc3f5dc7ef7def42e406d5ea982e90d436455c
647ef44390
  Stored in directory:c:\users\linyin\appdata\local\pip\cache\wheels\ac\
60\cf\538a1f183409caf1fc136b5d2c2dee329001ef6da2c5084bef
  Successfully built jieba
  Installing collected packages:jieba
  Successfully installed jieba-0.42.1
```

jieba是Python的第三方库，可用于对中文进行分词。

本书将在后续章节使用和介绍第三方库。

1.3.4 Python 编程和运行

Python成功安装就搭建好了Python的开发环境。然后就可以编写Python程序，运行，得到结果。

Python有两种编程和运行方式：交互命令式和脚本文件式。

（1）交互命令式Python解释器也简称为交互式，有两种进入方式。

进入方式一：使用开始菜单Python 3.11（64-bit），它是一个命令行形式的交互式的Python解释器，如图1-12所示。

关闭Python解释器，可使用quit() 、exit()命令或【Ctrl+Z】组合键退出当前Python开发环境。

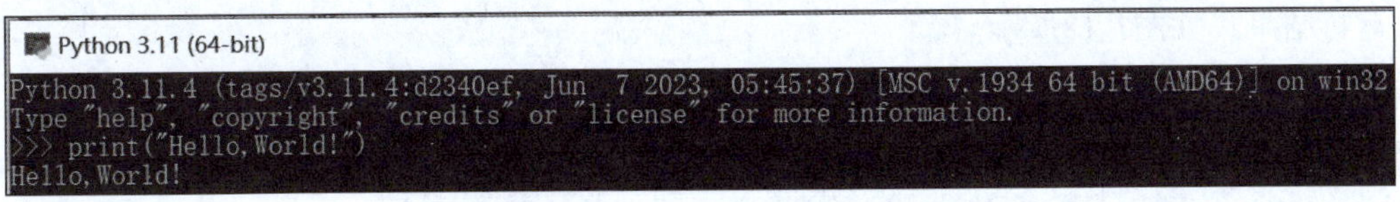

图1-12　Python命令行解释器

进入方式二：使用开始菜单IDLE（Python 3.11 64-bit）进入Python集成开发环境，然后选择菜单“Run”下拉菜单中的“Python Shell”命令，进入交互式Python的命令行解释器运行方式，如图1-13所示。

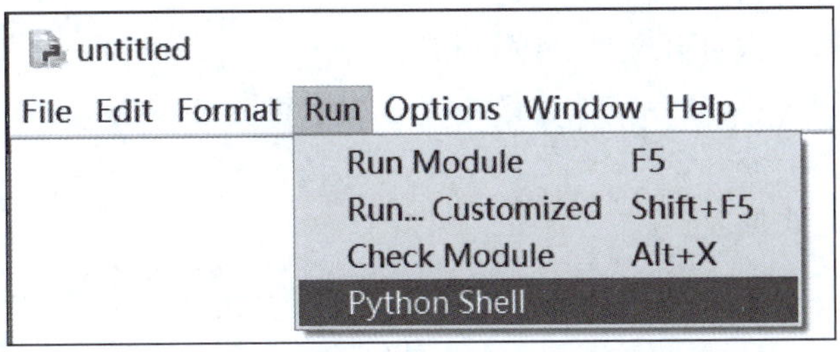

图1-13　选择“Python Shell”命令

进入Python Shell命令行解释器如图1-14所示。

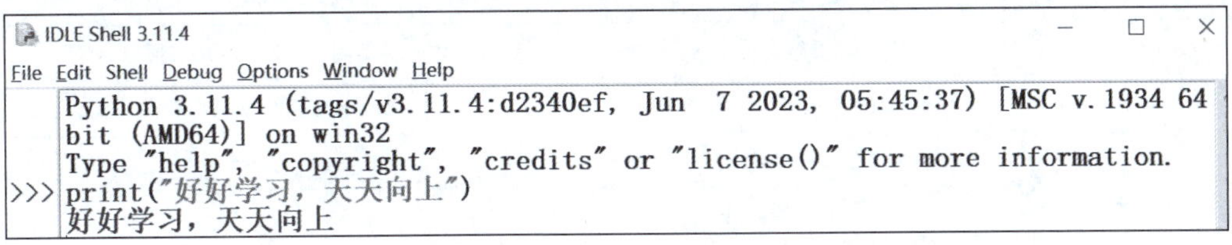

图1-14　Python命令行解释器

当前页面可以保存成Python文件，默认扩展名为.py。

一旦关闭该环境，之前编写过的内容将不再能够运行。

（2）脚本文件式Python IDLE。IDLE是一个Python的集成开发环境，提供图形开发用户界面，以脚本文件形式编写Python程序，可重用代码，重复运行，提高开发效率。

例1-1：编写程序，如图1-15所示。

选择菜单“Run”下的“Run Module”命令或者直接按【F5】键运行程序，如图1-16所示。

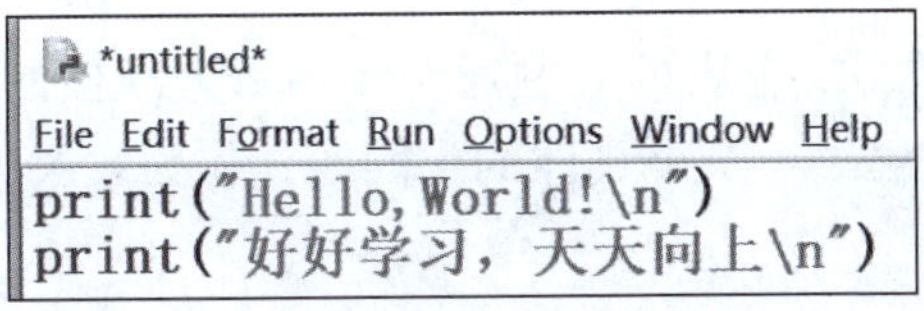

图1-15　编写程序

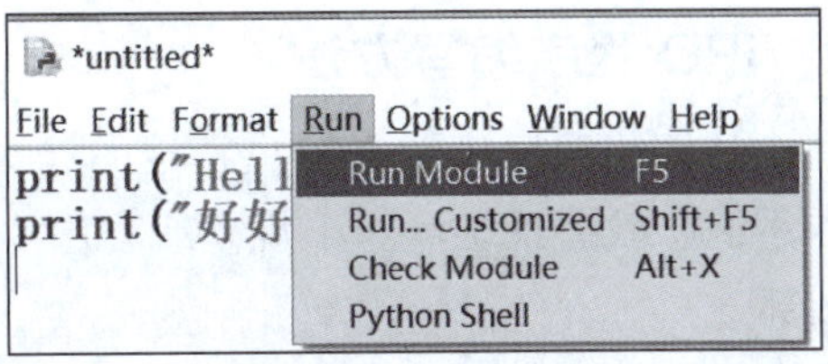

图1-16　运行程序

首次运行前要求保存文件。可自行设置路径。

Python文件扩展名默认为.py，保存本文件，命名为1-1.py，如图1-17所示。

运行结果，如图1-18所示。

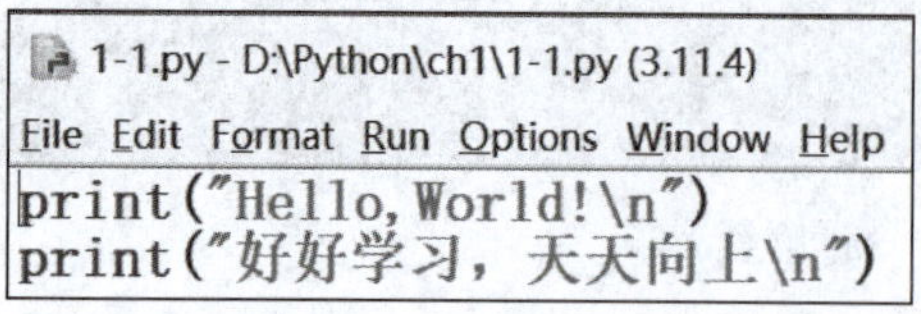

图1-17　命名文件

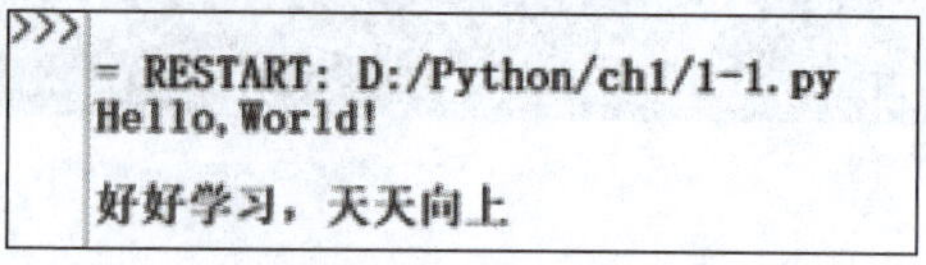

图1-18　运行结果

第一次保存文件命名后，以后除非改名，否则选择“Run”“Run Module”命令或者按【F5】键，都可以直接运行得到结果。

关闭该文件后，可再次打开文件、编辑和运行。

选择“File”｜“Exit”命令或按【Ctrl+Q】组合键，或单击“IDLE”窗口的关闭按钮，可退出IDLE开发环境。

Python编程快捷方式见表1-1。

表1-1　Python编程快捷方式

快　捷　键	功 能 说 明	使 用 环 境
F1	打开帮助文档	Python IDLE文件/shell交互式窗口
Alt+P	浏览历史命令（上一条）	Python shell交互式窗口
Alt+N	浏览历史命令（下一条）	Python shell交互式窗口
Alt+/	自动补全前面出现过的单词	Python IDLE文件/shell交互式窗口
Alt+3	注释代码块	—
Alt+4	取消代码块注释	—
Ctrl+Z	撤销上一步操作	Python IDLE文件/shell交互式窗口
Ctrl+Shift+Z	恢复上一次的撤消操作	Python IDLE文件/shell交互式窗口
Ctrl+S	保存文件	Python IDLE文件/shell交互式窗口
Ctrl+]	缩进代码块	—
Ctrl+[	取消代码块缩进	—

1.4 Python程序及编写规范

1.4.1　IPO 程序编写方法

每个计算机程序都用来解决特定的计算问题，一个大的问题通常使用较大规模的程序，如操作系统、教务系统等。小规模或程序片段来解决一个个具体的小问题，作为解决大问题的组成部分。

问题的处理方法广义地统称为算法，是程序最重要的组成部分。算法是一个程序的灵魂。

算法的五要素包括：有穷性、确定性、可行性、输入和输出。

（1）有穷性：一个算法必须总是在执行有限步骤后终止，且每一步都可在接受的时间内完成。因此算法不能无限循环，必须有一个明确的终止条件。

（2）确定性：算法的每一步都具有确定的含义，不会出现二义性。因此对于相同的输入，算法的执行过程和结果是确定的。

（3）可行性：算法的每一步都是可行的，也就是说每一步都应该通过执行有限次数实现，不会包含无法执行的操作。

（4）输入：一个算法可以有零个或多个输入，这些输入是从外部获取的，作为算法加工的对象。输入可以是任何类型的数据，例如，数字、字符串等。

（5）输出：一个算法至少有一个或多个输出，这些输出是算法加工后的结果，被返回给外部。输出也可以是任何类型的数据，例如，数字、字符串等。

算法的设计还需要满足一些其他的要求，例如，正确性、可读性、健壮性和高效率等。正确性是指算法能够满足需求，得出正确的结果；可读性是指算法易于理解和阅读；健壮性是指算法能够对非法的输入做出恰当的反应或处理；高效率是指算法的执行时间短、存储空间需求小。

每个程序都有统一的运算模式：输入（input）数据、处理（process）数据和输出（output）数据，取三个词汇的首字母，简称此法为IPO方法。

输入数据是一个程序的开始。程序要处理的数据有多种来源，包括多种输入方式，如：文件输入、网络输入、控制台输入、交互界面输入、随机数据输入、内部参数输入等。

处理数据指程序对输入的数据进行各种计算和变化产生输出结果的过程。

输出是程序展示处理成果的方式。程序有多种输出方式，如控制台输出、图形输出、文件输出、网络输出、操作系统内部变量输出等。

本书学习基本的程序实现方法，即使用IPO模式构建程序。

1.4.2 一个完整的 Python 程序

Python的程序规范包括注释规则、代码缩进、程序编写规则、命名规范等，下面先完成一个示例，借此来学习Python的程序规范。

例1-2：一个完整的Python程序。

```
'''@1-2.py
  @作者:小明
  @版本:1.0
'''
#---诗歌欣赏---
name=input('你的名字是?')
print('你好,{}同学!你想看谁的诗歌? 1-李白,2-王维'.format(name))#输入1或2
wr=eval(input(''))
if wr==1:
    poem="\t春夜宴\n夫天地者,万物之逆旅也;\n光阴者,百代之过客也。"
else:
    poem="\t画\n远看山有色,近听水无声.\n春去花还在,人来鸟不惊。"
print(poem)
```

文件保存为1-2.py，

运行结果为：

第一次的运行结果，如图1-19所示。

```
>>>
= RESTART: D:/Python/ch1/1-2.py
你的名字是？ 小明
你好，小明同学！你想看谁的诗歌？1-李白，2-王维
1
        春夜宴
夫天地者，万物之逆旅也；
光阴者，百代之过客也。
```

图1-19　第一次的运行结果

第二次的运行结果，如图1-20所示。

```
>>>
========================== RESTART: D:/Python/ch1/1-2.py
你的名字是？ 小光
你好，小光同学！你想看谁的诗歌？1-李白，2-王维
2
        画
远看山有色，近听水无声。
春去花还在，人来鸟不惊。
```

图1-20　第二次的运行结果

1.4.3　Python 的注释规则

注释是在代码中的说明性文字，用于解释程序或语句的功能，目的是帮助程序员或维护人员更方便地理解程序，Python解释器会略过这些内容，所以注释里的内容不用考虑是否符合Python语法。

Python程序中通常包括单行注释和多行注释两种。

1. 单行注释

单行注释，简称为行注释，符号是#。从符号#开始直到换行为止，其后面的内容都是注释内容。

在例1-2中就使用了两种单行注释形式。

（1）独立语句。

如例1-2.py中：

```
#---诗歌欣赏---
```

（2）一条语句的后半部分。

如例1-2.py中：

```
print('你好,{}同学!你想看谁的诗歌? 1-李白,2-王维'.format(name))#输入1或2
```

这一句中的“#输入1或2”，即为注释部分。

2. 多行注释

多行注释，也称为段注释，指有连续的多行文字都是注释内容。符号是一对三引号，三个单引号（'''注释内容'''）或双引号（"""注释内容"""）。

如例1-2.py中：

```
'''@1-2.py
```

```
    @作者:小明
    @版本:1.0
'''
```

1.4.4　Python 的缩进规则

Python语言使用缩进和冒号来区分代码之间的层次。

如例1-2.py中方框内部分比其他语句缩进一层如图1-21所示。

```
'''@1-2.py
   @作者：小明
   @版本：1.0
'''
#——诗歌欣赏——
name=input('你的名字是？ ')
print('你好，{}同学！你想看谁的诗歌？1-李白，2-王维'.format(name))#输入1或2
wr=eval(input(''))
if wr==1:
    poem="\t春夜宴\n夫天地者，万物之逆旅也；\n光阴者，百代之过客也。"
else:
    poem="\t画\n远看山有色，近听水无声。\n春去花还在，人来鸟不惊。"
print(poem)
```

图1-21　方框内部分比其他语句缩进一层

缩进可以使用空格或者【Tab】键实现。

如果使用空格，则通常情况下采用四个空格作为一个缩进量；如果使用【Tab】键，则采用一个【Tab】键作为一个缩进量。

Python对代码的缩进要求非常严格，同一个级别的程序段（代码块）的缩进量必须相同。通常情况下建议采用【Tab】键进行缩进，便于对齐。起始位不对齐的语句会被理解成缩进程度不同，会被理解成不同的语法层次，容易出错。

在Python中，对于类定义、函数定义、流程控制语句，以及异常处理语句等，行尾的冒号和下一行的缩进表示一个代码块的开始，而缩进结束，则表示一个代码块的结束。

1.4.5　Python 程序编写规则

Python中采用PEP8作为编码规范，PEP8是Python Enhancement Proposal的缩写，即Python增强建议书，8表示版本，是Python代码的样式指南。下面是PEP8编码规范中一些应该严格遵守的条目：

（1）每个import语句只导入一个模块，尽量避免一次导入多个模块。

推荐的写法：

```
import math
import random
```

不推荐的写法：

```
import math,random
```

（2）Python通常每一行写一条语句，多条语句放一行时，语句之间用分号（;）分隔，但规范的写法是一行写一条语句。

推荐的写法：

```
a=3
b=5
```

不推荐的写法：

```
a=3;b=5
```

（3）一条Python语句建议不要超过80个字符。如果过长，建议使用圆括号()将多行连接起来，不推荐使用“\”。这里的“\”是连接符，指下一行与本行是同一句。

推荐的写法：

```
print('\t鹿柴\n[作者]王维[朝代]唐\n'
      '空山不见人,但闻人语响。\n'
      '返景入深林,复照青苔上。\n')
```

不推荐的写法：

```
print('\t鹿柴\n[作者]王维[朝代]唐\n空山不见人,但闻人语响。\n\
返景入深林,复照青苔上。\n')
```

运行结果如图1-22所示。

```
        鹿柴
[作者]王维 [朝代]唐
空山不见人，但闻人语响。
返景入深林，复照青苔上。
```

图1-22　运行结果

（4）使用必要的空行和空格来增加代码的可读性。

一般在顶级定义（如函数或者类的定义）之间空两行，而方法定义之间空一行。

在用于分隔某些功能的位置也可以空一行。

运算符两侧、函数参数之间、逗号两侧建议使用空格进行分隔。

推荐的写法：

```
x+y
```

（5）使用异常处理结构可提高程序容错性，但不能完全依赖异常处理结构，需要适当的显式判断。

1.4.6　命名规范

命名规范在编写代码中起到很重要的作用，规范的命名可以更加直观地了解代码所代表的含义。

Python中常用的一些命名规范：

（1）函数名、模块名、变量名尽量短小，并且使用全部小写字母，可以使用下划线分隔多个单词，如get_name。

（2）常数命名时采用全部大写字母，可以使用下划线，如MAX_LEN。

例1-3：已知长方形的长和宽，求长方形的面积。

```
length=5
width=4
print('area=',length*width)
```

运行结果:

```
area=20
```

小　结

本章首先介绍了计算机的编程过程和计算机编程语言的发展历程，然后介绍了Python的诞生和发展及使用生态，接着详细介绍了Python的安装和设置，最后用一个完成示例介绍了Python程序的编写过程和编程规范。学习完本章，读者可熟悉计算机编程的步骤，了解Python语言在计算机编程中的地位，并能够依据规范实现简单Python程序的编写和运行。

习题一

一、单选题

1. 计算机的编程语言不包括（　　）。

A. 机器语言　　B. 汇编语言　　C. 中级语言　　D. 高级语言

2. 下面关于Python语言，说法错误的是（　　）。

A. 开源软件　　B. 收费软件　　C. 干净优雅　　D. 模块化结构

3. 下面关于Python语言，说法错误的是（　　）。

A. 编译型　　B. 解释型　　C. 可交互　　D. 面向对象

4. Python源程序执行的方式（　　）。

A. 直接执行机器语言　　B. 边编译边执行汇编语言

C. 编译执行中级语言　　D. 解释执行

5. Python语言的设计哲学不包括（　　）。

A. 简单　　B. 可移植　　C. 明确　　D. 优雅

6. Python语言之父是（　　）。

A. 阿兰·图灵（Alan Turing）　　B. 丹尼斯·里奇（Dennis Ritchie）

C. 吉多·范罗苏姆（Guido van Rossum）　　D. 史蒂夫·乔布斯（Steve Jobs）

7. Python语言属于（　　）。

A. 机器语言　　B. 汇编语言　　C. 中级语言　　D. 高级语言

8. 关于Python的安装，以下说法错误的是（　　）。

A. Python的安装包可以选择2. x，也可以选择3. x

B. Python 3. 9. x以上的版本不能安装在Windows10以下的Windows操作系统中

C. 安装Python时必须选择“Add python. exe to PATH”复选框

D. 安装Python时可以选择自定义方式，重新设置安装地址

9. Python语言的第三方库中可提供高级数学运算、高效向量和矩阵运算的是（　　）。

A. scipy　　B. numpy　　C. pandas　　D. matplotlib

10. 下面运行速度最快的计算机语言是（　　）。

A. 机器语言　　B. 汇编语言　　C. C语言　　D. Python语言

二、填空题

1. 按照程序设计方式不同，分为面向过程和面向________的语言。

2. Python语言的设计哲学是________。

3. Python程序文件扩展名是________。

4. Python软件安装时，自带的集成开发环境是________。

5. Python程序中，单行注释的前导字符是________，如果是多行注释，开头和结尾均使用________。

6. Python命令行解释器的提示符是________。

7. Python程序的两种运行方式是________。

8. 在Python IDLE的交互式运行环境下，浏览上一条语句的快捷键是________。

9. Python IDLE的交互式命令解释器被称为________。

10. 在Python IDLE的文件环境下运行脚本程序的快捷键是________。

三、判断题（正确打√，错误打×）

1. Python 3. x版本完全兼容Python 2. x。（　　）

2. 为了方便Python程序设计，通常在安装时会选择“Add python. exe to PATH”复选框。（　　）

3. Python 3. x版本可以安装在Windows 7上，也可以安装在Windows 10上。（　　）

4. Python可以安装在Windows、Linux、Mac OS X等各种操作系统中。（　　）

5. Python代码直接，可读性强，开发快，解释运行，因此也称为脚本语言。（　　）

四、编程题

1. 输出“做有心人，干困难事，立大格局。”

2. 输出三枝玫瑰花，如图1-23所示。

```
 {@}   {@}   {@}
  |     |     |
 \|/   \|/   \|/
  |     |     |
  |     |     |
```

图1-23　输出三枝玫瑰花

3. 已知三角形的底base和高height，求三角形的面积area。

第2章 Python语法基础

Python有其独特的语法和语义规范。Python中所有事物都被视为对象，包括各种类型的变量、常量、函数、文件等。Python的数据类型广义说来有两种：数字类型和容器类型。数字类型包括整型、实型、复数、布尔类型；容器类型包括字符串、元组、列表、字典和集合。本章学习Python基础语法，包括各数字类型及其常量、变量、运算符、这些成分构成的语句、Python语言输入输出的方法、Python的内置函数、常用标准库及其用法。

本章思维导图

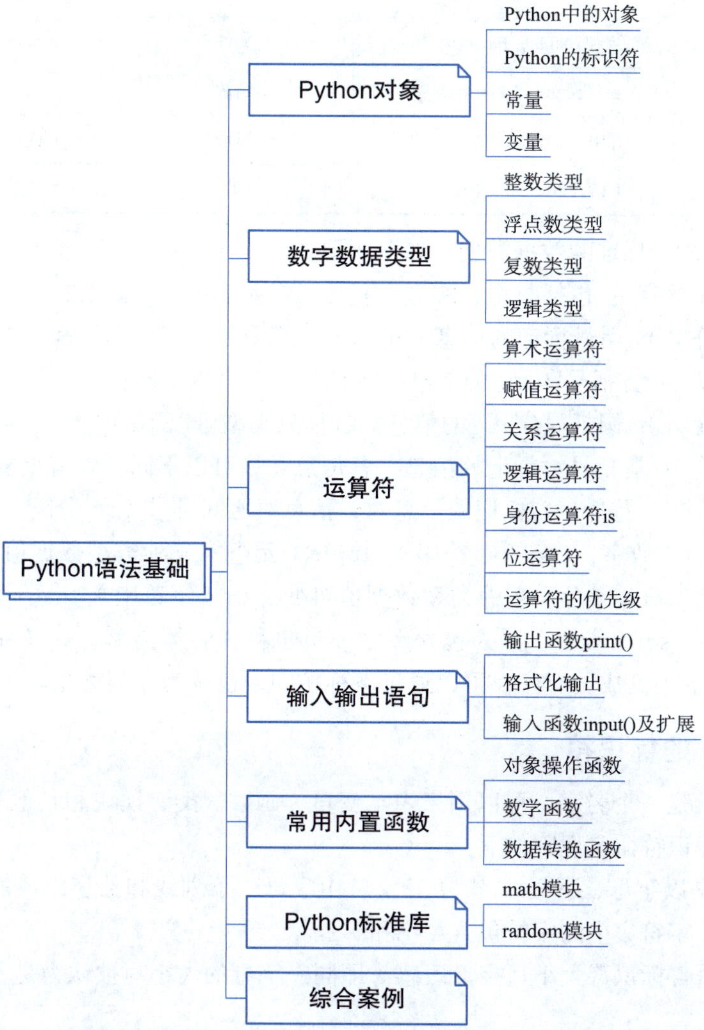

2.1 Python对象

2.1.1 Python 中的对象

Python是一种面向对象的编程语言。在Python中，所有事物都被视为对象，包括变量、函数、列表、元组、字典、集合等。每个对象可以命名，称为标识符。如a。标识符的值可以改变，因此a可以被称为标识符变量。标识符变量可以赋不同类型的值，如a=123，是整数；也可以a='上善若水'，是字符串。常见的Python对象类型及示例见表2-1。

表2-1 常见的Python对象类型及示例

对象类型		示例	对象类型	示例
数字类型	整型（int）	123，-456	集合（set）	{10,20,30,40,50}
	浮点型（float）	3.14，-0.123e2	字典（dict）	{'name':'小明','age':19}
	复数型（complex）	3+1j，2-8J	空类型	None
	布尔型（bool）	True(1)，False(0)	文件	f=open('file1.txt','r')
字符串（str）		'cczu',"Python"	函数	使用def定义
列表（list）		[10，20，30，40，50]	模块	使用前用import导入
元组（tuple）		（10，20，30，40，50）	类	使用class定义

Python 3中有六个标准的数据类型，如下所示：

（1）number（数字）：包括整型、实型、复数、布尔类型，如x=1.2，y=3-2j；

（2）str（字符串）：引号标记的信息，单引号、双引号、三单引号都可以；

（3）list（列表）：方括号[]标记的信息，各信息类型可以不同；

（4）tuple（元组）：圆括号()标记的信息，各信息类型可以不同；

（5）set（集合）：花括号{}标记的信息，各信息类型可以不同，没有重复值；

（6）dict（字典）：花括号{}标记的信息对，信息对之间冒号（:）分隔。

其中，number（数字）、str（字符串）、tuple（元组）三种类型数据值不可变；list（列表）、dict（字典）、set（集合）三种类型数据值可变。str（字符串）、list（列表）、tuple（元组）、dict（字典）、set（集合）因为包含多个成员也称为容器类型；str（字符串）、list（列表）、tuple（元组）因其成员有序，可以通过下标访问，也称为序列类型。

2.1.2 Python 的标识符

一个标识符就是一个名字，可以用来表示变量、函数、类、模块和其他对象的名称。

Python语言标识符命名规则如下：

（1）标识符是以字母、下划线（_）开头，由字母、下划线和数字组成的字符串。第一个字符不能是数字，字符集中的字符包含A~Z和a~z。

（2）Python语言标识符大小写字母敏感。即同一字母的大小写被认为是不一样的符号，如

name和Name是两个不一样的标识符，标识符的长度不限。

（3）Python中允许使用汉字作为标识符，如姓名、年龄。但不提倡使用。

（4）不能使用Python中的保留字。

关键字（keywords）：也称为保留字，是Python中具有特殊功能的标识符。不能用作任何标识符名称。

示例：Python标识符。

合法的标识符有：

```
sno,name3,_width
```

不合法的标识符有：if（保留字），3name（数字开头），abc@1（有非法字符）

Python的标准库提供了一个keyword模块，可以输出当前版本的所有关键字。

示例：Python的35个关键字。

```
>>> import keyword
>>> keyword.kwlist
['False','None','True','and','as','assert','async','await','break',
'class','continue','def','del','elif','else','except','finally','for','from',
'global','if','import','in','is','lambda','nonlocal','not','or','pass','
raise','return','try','while','with','yield']
```

2.1.3 常量

常量是指值不改变的量，也称为常数。常量有值、类型和地址。常量的地址称为标识id。常量的类型取决于它的值的类型。

示例：整型常量的类型和地址标识。

```
>>> type(123)                    #type(x)函数输出x的类型
<class 'int'>                    #整型
>>> id(123)                      #id(x)函数输出x的内存地址
140714841207400                  #该数的内存地址
```

示例：列表常量的类型和地址标识。

```
>>> type([11,22,33,44])
<class 'list'>                   #列表型
>>> id([11,22,33,44])
1735344865024                    #该列表的内存地址
```

2.1.4 变量

变量是指值可以改变的量。变量值所在的内存地址称为变量的标识id。每个变量有变量名、变量值、变量类型和变量地址这几个特征，如图2-1所示。

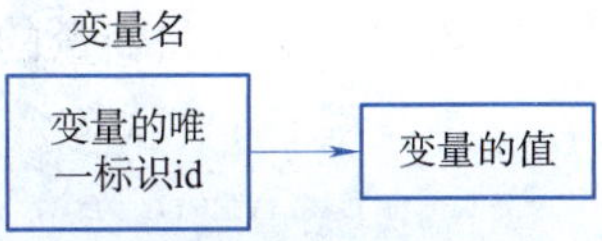

图2-1 变量的特征

变量的赋值和声明语法格式：

```
变量名=变量值
```

示例：常量和对应变量的关系。

```
>>> type(123)
```

```
<class 'int'>                    #常数123的类型
>>> id(123)
140714841207400                  #常数123的地址
>>> a=123                        #变量a被定义、创建和赋值
>>> type(a)
<class 'int'>                    #变量a的类型，即为常数123的类型
>>> id(a)
140714841207400                  #变量a的地址，即为常数123的地址
```

变量在第一次赋值时被创建，再次出现时直接使用。

示例：变量的定义和使用。

```
>>>mark=90.5                     #变量mark被定义(创建)
>>>mark+1
91.5
>>>name="张三"
>>>print(name,"的语文成绩是",mark)
张三的语文成绩是90.5
```

Python中，变量的类型即为其值的类型，地址即为其值的地址，当变量的值改变，其类型和地址随之改变。

示例：变量定义和类型。

```
>>>mark=90.5
>>> type(mark)
<class 'float'>
>>> id(mark)
2342577884208
```

```
>>> mark='优秀'
>>> mark
'优秀'
>>> type(mark)
<class 'str'>
>>> id(mark)
2342583381584
```

赋值时根据变量值的类型来自动决定变量的数据类型，被称为动态数据类型语言。Python属于动态数据类型语言，值不同时，哪怕变量名相同，变量的标识id也不同；值相同时，尽管变量名不同，变量的标识id却相同。

示例：变量和变量的标识。

```
>>> r=1.5                        #变量赋值定义一个变量r
>>> print(id(r))                 #输出变量r的标识id
3320472
>>> r=2.6                        #变量再次赋值,重新定义一个变量r
>>> print(id(r))                 #id标识变了
3319176
>>> s=2.6                        #变量赋值定义一个变量s
>>> print(id(s))                 #输出变量s的标识id
```

```
3319176                                 #和r的标识相同
```

Python语句可以一次性为多个变量赋值。

示例：变量分别赋值。

```
>>> x,y,z=1,2.5,"D123"
>>> print(x,y,z)
1 2.5 D123
>>> print(x*2,y/5,'我的办公室号'+z)
2 0.5我的办公室号D123
```

示例：变量连续赋值。

```
>>> a=b=c=1                             #把1赋给a、b、c三个变量
>>> print(a,b,c)
1 1 1
>>> a+b+c
3
```

示例：变量值的交换算法。

```
>>> x=3
>>> y=5
>>> print('x=',x,'y=',y)
x= 3 y= 5
>>> x,y=y,x                             #可实现两数交换
>>> print('x=',x,'y=',y)
x= 5 y= 3
```

2.2 数字数据类型

Python的数字类型也称为数值数据类型。其中包括：整型、实型、复数和布尔类型。整型，类型名是int；浮点型，即数学中的实型，类型名是float；复数型，类型名是complex；布尔型，也被称为逻辑型，类型名是bool。

也有说法将布尔型单列出来，数字类型仅包括整型、浮点型和复数型。本书按照将布尔类型归到数字类型来讲解。

示例：各种数及其数字类型。

```
>>> a=1
>>> b=0.5
>>> c=True
>>> d=1+2j
>>> print(type(a),type(b),type(c),type(d))
<class 'int'> <class 'float'> <class 'bool'> <class 'complex'>
```

2.2.1 整数类型

整数类型，也称为整型，对应数学中的整数。指不带小数点的数字。Python整数类型没有取值范围限制。

示例：整数的值。

```
>>> 2**100
1267650600228229401496703205376
```

整数分为正整数，负整数和0。

默认整数常量用十进制（decimal）来表示。

二进制（binary）整数：在数字之前加上0b（或0B），如0b101101；

八进制（octal）整数：在数字之前加上0o（或0O），如0o135；

十六进制（hexadecimal）整数：在数字之前加上0x（或0X），如0X2A。

不同进制只是整数的不同书写形式，程序运行时都会处理为十进制，整数的不同进制表示见表2-2。

表2-2 整数的不同进制表示

数制形式	前导符号	合法的整型常数	不合法的整型常数
十进制	无	默认情况100，-234	100.，-23.4
二进制	0b或0B	0、1构成0b1010，0B1011	1211，11.021
八进制	0o或0O	0-7构成0o123，0O725	0O128，231
十六进制	0x或0X	0-9，a（A）-f（F）构成0x12ab，0X12BD	1213，0x5EGH

进制只是整数的不同表示形式，程序处理时只要值相同就没有区别。不同进制的整数之间可以直接运算或比较。无论采用哪一种进制表达数据，计算机内部都会以相同二进制格式存储数值，因此，进制之间的运算结果默认以十进制方式显示。

示例：整数的进制。

```
>>> 0o71>71
False
>>> 0xA1
161
>>>0xA1==161
True
```

2.2.2 浮点数类型

浮点类型，也称为浮点型、浮点数。对应数学中的实数，指带有小数点的数值。所有的浮点数必须带有小数部分，小数部分可以为0。

示例：整型常数和浮点常数。

```
>>>type(10)              #10是整数
<class 'int'>
>>>type(10.)             #10.是浮点数
<class 'float'>
```

浮点数有两种表示形式：小数表示和科学记数法（指数）表示。一般只使用十进制。科学计数法表示：<实数>E<±整数>，<实数>e<±整数>，其中E或者e表示以10为底，后面的整数表示指数。如1.3e-2相当于1.3*10-2，即0.013。浮点数表示见表2-3。

表2-3　浮点数表示

浮点数类型形式	合法浮点型常数举例	非法浮点型常数举例
小数形式	123.1，-3.、-0.54	567，-80
科学记数法形式	3e-6、-2.56E5	3.6e，7.2E-0.5

示例：浮点数的表示。

```
>>> 7.5e3
7500.0
>>> -4.5e-3
-0.0045
```

Python浮点数的数值范围和小数精度受不同计算机系统的限制，一般认为没有范围限制，但受限于浮点数使用的存储宽度，有不确定尾数造成的进度问题。

示例：浮点数的精度问题。

```
>>> 0.1+0.2
0.30000000000000004
>>> 0.1+0.2==0.3                    #0.1+0.2的值和0.3比较
False
>>> round(0.1+0.2,4)==0.3           #0.1+0.2小数点保留4位有效数字和0.3比较
True
```

2.2.3　复数类型

复数类型：用于表示数学中的复数。含虚数单位j的数是复数，j=$\sqrt{-1}$。复数表示为实部+虚部j（J），实数部分和虚数部分默认都是浮点型，就像是两个二元组（a，b）。

注意：1j中的1不能省略，否则会被系统认为是变量名。

示例：复数的表示。

```
合法的复数:1.2-5.2J,3.7+2e-8j,-1J,.123J,8e-11J
非法的复数:1+i,2-j,(-2+6),3e-0.5j
```

示例：复数简单应用。

```
>>> j=3
>>> a=1-j                          #j被看作是变量名
>>> a
-2
>>> type(a)
<class 'int'>
>>> a=1-1j                         #j被看作是复数虚部的表示
>>> a
(1-1j)
>>> type(a)
<class 'complex'>
```

实数部分和虚数部分默认都是浮点型。

示例：取复数的实部和虚部。

```
>>>x=3+5j
```

```
>>>print(x.real)                    #输出实数部分real
3.0
>>>type(x.real)                     #查看实数部分的数据类型
<class 'float'>
>>>print(x.imag)                    #输出虚数部分imaginary
5.0
>>>type(x.imag)                     #查看虚数部分的数据类型
<class 'float'>
```

示例：复数运算。

```
>>> a=2+4j
>>> b=-1
>>> a+b
(1+4j)
```

2.2.4　逻辑类型

逻辑类型bool：也称为布尔类型，表达是非、对错、真假。逻辑类型只有两个值：True和False。Python中的逻辑型值可以作为整数来运算，True为1，False为0。逻辑类型表示见表2-4。

表2-4　逻辑类型表示

布尔值	逻辑值	数　值	其　他
True	真	1	非空值
False	假	0	空字符串（""）、None、空的List[ ]空的Tuple()、空的Dict{ }

示例：逻辑值。

```
>>> b=5<3                           #5<3为假
>>> print(b)
False
```

示例：逻辑值的数值。

```
>>> num=3
>>> num-False                       #False为0
3
>>> num-True                        #True为1
2
```

2.3 运算符

Python中提供了非常丰富的运算符，有算术运算符、赋值运算符、比较运算符、逻辑运算符、位运算符和身份运算符等。

2.3.1　算术运算符

Python提供了7个类似算术运算的操作符，其中“+”和“*”不但可以应用于数值间的操作，还可以应用于字符串、列表、元组等类型。算术运算符及运算见表2-5。

表2-5　算术运算符及运算

运算符	描　述	实　例	结　果
+	两数相加	2+3	5
	两个序列对象合并（扩展）	'123'+'abc'	'123abc'
-	取负	-(-1)	1
	两数相减	3-2	1
*	两数相乘	2*3	6
	字符串被重复若干次（扩展）	'do'*3	'dododo'
/	两数相除（浮点除）	3/2	1.5
//	整数整除，商向下取整	7//2	3
	浮点数整除，商向下取整（扩展）	-4.5//2	-3.0
%	整数取模，即求余数	3%2	1
	浮点数取模（扩展）	5.5%2	1.5
**	幂运算	2**3，即2的3次幂	8

以下对上述运算符中需要特别学习的内容进行分析。

（1）算术运算符/、//。

①/：表示实型除。可用于整数和浮点数；

②//：表示整型除，获取不大于商的整数（向下取整）。可以对整数进行运算，也可以对浮点数进行运算，此时商是整数，余数是浮点数，这是使用上的一个难点。

示例：实型除/。

```
>>> 12/10
1.2
>>> -12/10
-1.2
```

示例：整数整除，商向下取整。

```
>>> 12//10
1
>>> -12//10
-2
```

示例：实数整除，商向下取整。

```
>>> 5.5//2
2.0
>>> -4.5//2
-3.0
```

（2）算术运算符%。

%：取模运算，得到两个数的余数，也称为求余运算。

运算规则：余数=被除数-除数*商。

Python语言非常特别，除了传统的整数求余，浮点数也可以求余，但商总是为整数。那么整数相除时，余数为整；浮点数相除时，余数为小数。

示例：整数求余。

```
>>> 8%3
2
>>> 5%17
5
```

示例：浮点数求余。

```
>>> 8.0%3
2.0
>>> 4.5%2
0.5
>>> 5.5%2
1.5
```

Python语言中%余数运算中有负数时，根据运算规则求解后，余数根据实际情况而变化。这是一个运算中的难点。

示例：负数求余。

```
>>> -134 % 10
6
```

分析：-134 % 10

=-134-10*（-134//10）

=-134-10*（-14）

=6

```
>>> -4.5%2
1.5
```

分析：-4.5%2

=-4.5-2*（-4.5//2）

=-4.5-2*（-3）

=1.5

```
>>> 134 % -10
-6
```

分析：134 % -10

=134-（-10）*（134//-10）

=134-（-10）*（-14）

=-6

```
>>> -134%-10
4
```

分析：-134%-10

=-134-（-10）*（-134//-10）

=-134+130

=-4

（3）算术运算符的优先级，见表2-6。

表2-6　算术运算符的优先级

	运　算　符	描　　述
由高到低	**	指数（最高优先级）
	-	一元负号
	* / % //	乘（重复串）、除、求余和向下取整除
	+ -	二元加法（串连接）、减法

算符运算符的运算规则：

①先算优先级高的，再算优先级低的。

②同样的优先级，从左到右。

③可以加圆括号“()”来提升优先级。

示例：多个算术运算符的运算。

```
>>> print((-4)**2)
16
```

分析：-4的2次方。

```
>>> print(-4**2)
-16
```

分析：4的2次方，取负。

```
>>> print(30//7*4+15%2**3)
23
```

分析：

第一步：30//7得4；

第二步：4*4得16；

第三步：2**3得8；

第四步：15%8得7；

第五步：16+7得23。

示例：算术运算及其结果输出。

```
>>> a=5.12
>>> b=2.3
>>> print('a+b=%f'%(a+b))
a+b=7.420000
>>> print('a-b=%f'%(a-b))
a-b=2.820000
>>> print('a*b=%f'%(a*b))
a*b=11.776000
>>> print('a/b=%f'%(a/b))
a/b=2.226087
```

（4）数学表达式转换成Python表达式的规则：

①数学表达式应从左到右写在一行，如$\frac{a+b}{c-d}$，表示成（a+b）/（c-d）。

②表达式中乘号不能省，如2x，表示成2*x。

③只能使用Python识别的运算符。

示例：将数学表达式表示成Python表达式。

$y=2x^3-6x+1$表示成：

```
>>> y=2*x**3-6*x+1
```

$A=2\pi r$ 表示成：

```
>>> import math
>>> A=2*math.pi*r
```

$2a-\frac{(b+1)^2-4ac}{3+c}$表示成：

```
>>> 2*a-((b+1)**2-4*a*c)/(3+c)
```

2.3.2 赋值运算符

赋值运算符有两种：简单的赋值运算符和复合的赋值运算符。

（1）简单的赋值运算符=。

a=3读作：把3赋给a，赋值号的左边只能是变量名，右边是表达式。

（2）复合的赋值运算符：由算术运算符和赋值号组合而成。

赋值运算符见表2-7，设a=7，b=2，c=4，那么有：

表2-7 赋值运算符

运算符	描述	实例	语义	结果
=	赋值运算符	a=b+c	a=b+c	a=6
+=	加法赋值运算符	a+=b	a=a+b	a=9
-=	减法赋值运算符	a-=b	a=a-b	a=5
*=	乘法赋值运算符	a*=b	a=a*b	a=14
/=	除法赋值运算符	a/=b-c	a=a/（b-c）	a=-3.5
%=	取模赋值运算符	a%=b	a=a%b	a=1
**=	幂赋值运算符	a**=b	a=a**b	a=49
//=	取整除赋值运算符	a//=b	a=a//b	a=3

2.3.3 关系运算符

关系运算符，也称为比较运算符或条件运算符，包括大于（>）、大于等于（>=）、小于（<）、小于等于（<=）、等于（==）和不等于（!=）六个，和左右两边的操作数一起构成判断的条件。

比较（关系）运算符属同一优先级，运算结果是逻辑值，条件满足时为真（True），不满足为假（False）。

关系运算符见表2-8，设a=7，b=2，那么有：

表2-8 关系运算符

运算符	描　述	实　例	结　果
==	判等	a==b，判断a是否等于b	False
!=	不等于	a!=b，判断a是否不等于b	True
>	大于	a>b，判断a是否大于b	True
<	小于	a<b，判断a是否小于b	False
>=	大于等于	a>=b，判断a是否大于等于b	True
<=	小于等于	a<=b，判断a是否小于等于b	False

比较规则：

（1）数值按大小比较；

（2）字符串按字符的ASCII码进行比较；

（3）列表、元组等序列对象按顺序比较；

（4）多比较运算符时，依次比较，均为真，则结果为真。

示例：数值按大小比较。

```
>>> 3>5
False
```

示例：字符串按字符的ASCII码进行比较。

```
>>> x="abc"
>>> y="acd"
>>> print(x>y)
False
>>> print(x<y)
True
```

示例：多关系运算符比较。

```
>>> 3<5<10                              #两两比较
True
```

分析：两两顺次比较。先比较3<5为真，再比较5<10为真，那么结果为真。

```
>>> 4<6!=6                              #两两比较
False
```

分析：两两顺次比较。先比较4<6为真，再比较6!=6为假，那么结果为假。

```
>>> a=1;b=2;c=3
>>> a==c>b
False
```

分析：做a==c，做c>b，全部满足才可以。

```
>>> a!=c>b
```

```
True
```

分析：做a!=c，做c>b。

```
>>> a!=b<c>5
False
```

分析：做a!=c，做b<c，做c>5。

2.3.4　逻辑运算符

逻辑运算符，也称为布尔运算符，包括非not、与and、或or三个优先级由高到低依次是：非not、与and、或or。实例见表2-9。

表2-9　逻辑运算符

运算符	描　述	实　例
not	非	not a。如果a为False，返回True；否则返回False
and	与	a and b，a、b均为真时结果为真，如果a为False，不计算b的值，直接返回a；否则返回b
or	或	a or b，a、b有一个为真时结果就为真，如果a为True，不计算b的值，直接返回a；否则返回b

（1）逻辑运算。

示例：设a=1，b=2，c=3。

```
>>> a<c>b
True
```

分析：相当于a<c and（c>b）。

```
>>> a==c>b
False
```

分析：相当于（a==c）and（c>b）。

```
>>> a<b or c>b and a>c
True
```

分析：相当于（a<b）or（c>b and a>c）。

```
>>>(a<b or c>b)and a>c
False
```

```
>>> d=not b>a              #相当于d=not( b>a )
>>> d
False
```

```
>>> d=not b<a              #相当于d=not(b<a)
>>> d
True
```

（2）难点：and和or运算符，在Python中的结果不一定为False或True。

a and b：a、b均为真时结果为真，如果a为False，不计算b的值，直接返回a；否则返回b；

a or b：a、b有一个为真时结果就为真，如果a为True，不计算b的值，直接返回a；否则返回b。

示例：逻辑表达式中的难点分析。

```
>>> a=10
>>> b=20
>>> False and b                    #因为左侧为False，结果直接为False
False
>>> False or b                     #因为左侧为False，结果直接为右侧的对象
20
>>> True and b                     #因为左侧为True，结果直接为右侧的对象
20
>>> True or b                      #因为左侧为True，结果直接为True
True
>>> a and b                        #a为10，非0为True，结果为右侧对象
20
>>> a or b                         #a为10，非0为True，结果为a
10
```

（3）逻辑表达式的构造。

a可以被3和5整除。表示为

```
a%3==0 and a%5==0
```

a是课程成绩，要求在0到100之间。表示为

```
0<=a<=100  等价于:a>=0 and a<=100
```

ch是小写字母。表示为

```
'a'<=ch<='z'
```

ch是字母。表示为

```
'a'<=ch<='z'  or  'A'<=ch<='Z'
```

2.3.5 身份运算符

Python中，is是一个身份运算符，用于比较两个对象的身份是否相同，即两个对象是否引用同一个内存地址。

Python中的每个对象都有一个唯一的身份标识，可以通过id()函数来获取。当使用“is”运算符进行比较时，它会检查两个对象的身份标识是否相同，如果相同则返回True，否则返回False。

示例：身份运算符is。

```
>>> a=1;b=2
>>> a is b                 #False，a和b是不同的对象
False
>>> a is not b
True
```

“is”运算符和“==”运算符不同。“==”运算符用于比较两个对象的值是否相等，而“is”运算符用于比较两个对象的身份是否相同。

2.3.6 成员运算符

成员运算符in表示一个对象是一个容器的成员，not in反之。

示例：成员运算符。

```
>>> a=[1,3,5]
>>> 5 in a                 #5是a的成员
True
>>> 3 not in a             #3不是a的成员
False
```

2.3.7 位运算符

计算机内的数是以二进制补码表示的，位运算符是针对每一个二进制位进行的运算常见的位运算符见表2-10。

表2-10 常见的位运算符

运算符	描　述	实　例	结果分析
&	按位与	a&b	a与b相应位都为1，则该位的结果为1，否则为0
|	按位或	a|b	a与b相应位有一个为1，则该位的结果为1，否则为0
^	按位异或	a^b	a与b相应位相异，则该位的结果为1，否则为0
~	按位取反	~a	a的相应位1变为0，0变为1
<<	左移	a<<2	a的各二进位整体左移2位，高位丢弃，低位补0。
>>	右移	a>>2	a的各二进位整体右移2位，低位丢弃，正数高位补0，负数高位补1

（1）“&”按位与运算符。

按位的逻辑乘。a&b运算时，a与b相应位都为1（真）时该位的结果为1，否则为0（假），表示不但a为真而且b为真时结果为真，否则为假。

示例：a&b运算。

```
>>> a=10          #a=0000 1010
>>> b=25          #b=0001 1001
>>> a&b           #a&b=0000 1000
8
```

（2）“|”按位或运算符。

按位的逻辑加。a | b运算时，a与b相应位有一个为1（真）时该位的结果为1，否则为0（假），表示或者a为真或者b为真时结果均为真，否则为假。

示例：a | b运算。

```
>>> a=10          #a=0000 1010
>>> b=25          #b=0001 1001
>>> a|b           #a|b=0001 1011
27
```

（3）“^”按位异或运算符。

按位异或。a^b运算时，a与b相应位不相同时为1（真），否则为0（假）。

示例：a^b运算。

```
>>> a=10          #a=0000 1010
>>> b=25          #b=0001 1001
>>> a^b
19
```

（4）“~”按位取反运算符。

规则：

①按位取反，0->1，1->0，数是以补码表示的；

②原码求补码：先求负数绝对值的原码，最高位变为1，其他位按位取反，再末位+1；

③补码求原码：末尾-1，符号位不变，其他位按位取反；

④正数用原（补）码取反，负数用补码取反。

示例：“~”按位取反。

```
>>> ~10           #0000 1010
-11               #1111 0101
```

难点分析：

10的原码：0000 1010；

按位取反：1111 0101，

这是一个负数的补码，所以问题就变成了由补码来求原码。

补码：1111 0101；

反码：1111 0100；

原码：1000 1011。

因为1000 1011的十进制数表示为-11，所以~a的值为-11。

示例：“~”按位取反。

```
>>> ~-10          #1000 1010 -> 1111 0110  (难点)
9                 #0000 1001
```

分析：求~-10，要先得到-10的补码，

10的原码：0000 1010；

-10的原码：1000 1010；

-10的反码：1111 0101；

-10的补码：1111 0110，

然后再按位取反：0000 1001，

所以~-10为9。

（5）“>>”右移运算符。

每右移一次相当于除以2，移出位是1时，相当于除以2后向下取整。

示例：“>>”右移运算。

```
>>> 24>>2
6
```

分析：24的二进制数表示是0001 1000，往右移位，因为a为正数，所以低位丢弃，高位补

0，结果为0000 0110，转换成十进制数为6。

```
>>> -25>>2
-7
```

分析：-25的二进制数表示是-0001 1001，补码是1110 0111。

因为a为负数，所以低位丢弃，高位补1，往右移位成1111 1001，转成原码是1000 0111，即-7。

（6）“<<”左移运算符。

左移一次相当于乘以2。

示例：“<<”左移运算。

```
>>> 25<<2
100
```

分析：25的二进制数表示是0001 1001，往左移位，高位丢弃，低位补0，结果为0110 0100，转换成十进制数为100。

```
>>> -25<<2
-100
```

分析：-25的二进制数表示是-0001 1001，补码是1110 0111。

往左移位，高位丢弃，低位补0，结果为1001 1100，原码1110 0100，转换成十进制数为-100。

2.3.8　运算符的优先级

表达式指将不同类型的数据（常量、变量、函数）用运算符按照一定的规则连接起来的式子。表达式由常量、变量、函数和运算符等组成，如x=a+b。在表达式中存在多个运算符时，将按照预先确定的顺序计算各个组成部分，这个顺序就是运算符的优先级。Python运算符优先级顺序从高到低依次为算术运算符>位运算符>比较运算符>逻辑运算符>赋值运算符。同一级别的运算符从左到右进行计算，且要考虑结合方向决定求值顺序。

算术运算符中，幂运算优先级最高，乘除法、取余、这几个运算符的优先级是一致的，高于加减法。比较运算符之间优先级相同，多个同时出现时按照从左往右的顺序执行计算；逻辑运算符优先级顺序从高到低分别为not、and、or；赋值运算符优先级最低，永远最后执行。圆括号也看作运算符，可以改变运算次序，有最高的优先级。运算符及其优先级见表2-11。

表2-11　运算符及其优先级

优先级	运算符	描述
由高到低	()	圆括号（最高优先级）
	**	幂运算
	~、+、-	按位取反、取正、取负
	*、/、%、//	乘、除以、取模、整除
	+、-	加法（串连接）、减法
	<<、>>	左移、右移位运算符

续表

优先级	运算符	描述
由高到低	&	按位与
	^	按位异或
	|	按位或
	>、>=、<、<=、==、!= is、is not、in、not in	比较运算符 身份运算符、成员运算符
	not	逻辑非
	and	逻辑与
	or	逻辑或
	=、%=、/=、//=、-=、+=、*=、**=	赋值运算符

示例：运算符优先级。

```
>>> a=1;b=2;d=3
>>> d+=a<b
>>> d                          #先关系运算再赋值运算
4
```

分析：先做a<b得True，然后把结果True（1）加d（3）赋值给d，得4。

```
>>> d+=a and b                 #先逻辑运算再赋值运算
>>> d
6
```

分析：先做a and b得2，然后把结果2加d（4）赋值给d，得6。

2.4 输入输出语句

一个完整的程序总会用到输入和输出操作。通过键盘输入数据，在显示屏上显示运行结果，称为标准输入输出。本节学习Python的标准输入函数input()和标准输出函数print()。

print()函数构成输出语句，可输出执行的结果，可以输出任意类型的对象。如果输出时需要符合某种格式化要求，可以搭配格式化输出。

input()函数用来获取用户输入的数据，将输入的内容以字符形式接收。如果要得到其他类型的数据，可输入后将数据进行类型转换。

2.4.1 输出函数 print()

Python提供内置的print()函数用于在显示屏上输出各种对象。print()函数的语法格式如下：

```
print(object,...,sep='',end='\n',file=sys.stdout,flush=False)
```

说明：

value：输出的各个对象，用逗号分隔；

sep：多个输出项之间的间隔符，默认是一个空格；

end：结束符，即添加在末尾的一个字符串，默认是一个“\n”换行字符。若设置其值为

"空串，则下一个print输出会添加到当前输出行的末尾；

file：输出的目标对象，可以是文件也可以是数据流，默认是显示器；

flush：值为True或者False，默认为Flase，立刻输出。

Print()函数基本格式：

```
Print([object1,…][,sep=''][,end='\n'])
```

说明：

（1）[ ]内表示可省略的参数。

print()函数所有参数均可以省略，无参数时输出一个空行。

示例：print()函数输出。

```
>>> print()                              #输出一个空行
>>> print(1)
1
```

（2）object表示输出的对象。

print()函数可以同时输出一个或多个对象，输出多个对象时，需要用逗号分隔。如果需要输出字符串，可以在字符串前后两端加上双引号或单引号。

示例：print()函数输出。

```
>>> print("python")                      #输出字符串
python
>>> a=10
>>> print("a=",a)                        #输出多个对象
a=10
```

示例：print()函数输出扩展。

```
>>> print([1,2,3])                       #输出列表
[1,2,3]
>>> a=(1,2,3)                            #输出元组
>>> print(a)
(1,2,3)
>>> b={'a':1,'b':2}                      #输出字典
>>> print (b)
{'a':1,'b':2}
```

（3）sep表示分隔符，用来间隔多个对象。

默认以空格来分隔，sep参数可指定特定符号。

示例：print()函数输出含分隔符。

```
>>> print(12,34,56,78)
12 34 56 78                              #默认多个数以空格分隔
>>>print(12,34,56,78,sep='@')            #指定"@"作为输出分隔符
12@34@56@78
```

（4）end表示结尾符号。

默认执行printn()函数后就会换行，相当于end='\n'。end参数可换成其他结尾符号。

示例：print()函数输出结束符。

```
>>>print("score");print(95)          #省略end默认换行输出
score
95
```

以空串结尾，输出在一行。

```
>>>print("score",end="");print(95)   #两条语句放同一行,分号;间隔
score95
```

以“=”结尾，输出在一行。

```
>>>print("score",end="=");  print(95)
score=95
```

示例：print()函数中的end应用拓展。缺省end参数，默认为end="\n"。

```
>>> for i in range(5):
        print(i)
    0
    1
    2
    3
    4
```

示例：print()函数中的end应用拓展。print()函数中以空格间隔数据。

```
>>> for i in range(5):
        print(i,end=' ')
    0 1 2 3 4
```

2.4.2 格式化输出

print()函数中允许对输出结果设置格式。通常支持有两种格式化方法：“%字符”格式化输出和format()方法格式化输出。

（1）“%字符”格式化输出。

含%字符的print()函数的输出语法格式如下：

```
print("%[-][+][0][m][.n]格式化文本" %(表达式1,表达式2,…表达式n))
```

说明：

①格式化文本可以用“%字符”代表输出格式。

②多个变量时，变量须用括号括起来，之间用逗号隔开。

③输出可固定打印字符的个数和浮点数的位数，让输出的数据排列整齐。

%格式化输出的类型见表2-12。

表2-12 %格式化输出的类型

格式化符号	功能说明
%	格式标志，表示格式开始
%d	按十进制整数输出
%o	按八进制整数输出
%x	按十六进制整数输出

续表

格式化符号	功 能 说 明
%s	按字符串输出
%f %F	按浮点数输出
%e	浮点数按指数形式输出，基底写e
%E	浮点数按指数形式输出，基底写E

示例：%格式符应用。

```
>>> age=19
>>> print("Jack的年龄:%d岁"%age)
Jack的年龄:19岁
```

分析：%d是格式，%age是按格式输出的值。本例是把age的值按十进制整型输出到%d对应的位置。print()函数的其他部分原样输出。

```
>>>age=19
>>>print("%s的年龄:%d岁" %("Lucy",age+3))
Lucy的年龄:22岁
```

分析：这里有两个格式符%s和%d、两个格式表达式"Lucy"和age+3，输出时分别从左到右一一对应，把表达式的值按相应格式输出到%d相应位置。print()函数的其他部分原样输出。

```
>>> print("Jack的年龄:",age+3,"岁")
Jack的年龄:22岁
```

分析：不带格式的输出。print()函数参数中，各部分以分号间隔，字符串原样输出，表达式求值将结果输出。

%字符串的格式化表示见表2-13。

表2-13 %字符串的格式化表示

格式化符号	功 能 说 明
-	可选项，指定左对齐输出
+	可选项，数据加正负号输出
0	可选项，指定空位填0输出
m	可选项，指定最小宽度输出
.n	可选项，指定精度输出

示例：指定格式输出。

```
print("%6s的2月份工资:%8.2f元"%("Tom",6580))
print("%6s的2月份工资:%8.2f元"%("Marry",5658.3))
print("%6s的2月份工资:%8.2f元"%("Jone",10012.18))
```

运行结果：

```
Tom的2月份工资:6580.00元
Marry的2月份工资:5658.30元
Jone的2月份工资:10012.18元
```

说明：

1）%6s表示字符串的宽度为6，右对齐。

2）%8.2f表示浮点数的宽度为8，小数占2位，小数点占1位，右对齐。

（2）format()方法格式化输出。

所谓“方法”是指把要输出的字符串看作是一个对象，format()就是这个对象的一个方法。含format()方法的print()函数语法格式如下：

```
print("{}格式化文本".format(表达式1,表达式2,…表达式n))
```

说明：

①格式用花括号{}表示，{}内用format()方法里的表达式替换。

②可以包含多个表达式。

{0}表示使用第一个自变量，{1}表示使用第二个自变量，以此类推。可以用format()函数里面的自变量名称取代数字编号。如果{}内省略，则按照自变量的顺序填入。

示例：format()方法格式化输出。

```
>>> print("{}的成立时间是{}年".format("中华人民共和国",1949))
>>> print("{0}的成立时间是{1}年".format("中华人民共和国",1949))
>>> print("{1}的成立时间是{0}年".format(1949,"中华人民共和国"))
>>> print("{name}的成立时间是{year}年".format(name="中华人民共和国",year=1949))
```

运行结果：

中华人民共和国的成立时间是1949年

③在数字编号后面加上冒号可以指定参数格式，见表2-14。

表2-14　数字编号冒号后的指定参数格式

格　式	功能说明
数字m.n	m表示总宽度（左对齐），n表示小数位数
f	设置浮点数格式
+	输出正负号
b、o、x	设置输出的进制形式
#	显示进制标记
e、E	设置指数形式
%	将参数的输出形式设置为百分数

示例：format()方法格式化的辅助输出形式。

```
>>>print("{0:.2f}".format(3.1415926))#取2位小数
3.14
>>> print("{0:.2f}{0:.4f}{0:.6f}".format(3.1415926))
3.143.14163.141593
>>> print("{0:12.2f}{0:12.4f}{0:12.6f}".format(3.1415926))
3.14      3.1416      3.141593
```

示例：format()方法格式化的进制输出。

```
>>> "{:b}".format(10)
```

```
'1010'
>>> "{:o}".format(10)
'12'
>>> "{:x}".format(10)
'a'
>>> "{:X}".format(10)
'A'
>>> "{:#b}".format(10)
'0b1010'
```

示例：format()方法格式化的浮点输出。

```
>>> "{:e}".format(1234.5678)
'1.234568e+03'
>>> "{:.4e}".format(1234.5678)
'1.2346e+03'
>>> "{:.4E}".format(1234.5678)
'1.2346E+03'
```

示例：format()方法格式化的%输出。

```
>>> "{:%}".format(0.123456)
'12.345600%'
>>> "{:.2%}".format(0.123456)
'12.35%'
```

④冒号后可搭配符号进行宽度和对齐设置，见表2-15。

表2-15 冒号后的宽度和对齐设置

格　式	功能说明
<	按宽度左对齐
^	按宽度居中对齐
>	按宽度右对齐
=	数值的符号与数值两端对齐
未指定填充字符	以空格填充
指定填充字符	以指定字符作为填充

示例：format()方法格式化的冒号对齐输出。

```
>>> "{:>10}".format("hello")#按宽度10右对齐
'     hello'
>>> "{:<10}".format("hello")#按宽度10左对齐
'hello     '
>>> "{:^10}".format("hello")#按宽度10居中对齐
'  hello   '
```

示例：format()方法格式化的冒号填充输出。

```
>>> "{:*^10}".format("hello")        #按宽度10居中对齐,空白处用*填充
'**hello***'
>>> "{:=6}".format(-206)             #按宽度6两端对齐输出
```

```
'-  206'
>>> "{:0=6}".format(-206)              #按宽度6两端对齐输出,空白处用0填充
'-00206'
```

示例：format()方法格式化指定参数的对齐输出。

```
print("{0:6}的期末总分:{1:<9}".format("Billy",621))
print("{0:6}的期末总分为:{1:#^9}".format("Sue",598))
print("{0:6}的期末总分为:{1:@>9}".format("May",652))
```

运行结果：

```
Billy的期末总分:621
Sue   的期末总分为:##598##
May   的期末总分为:@@@@@@652
```

2.4.3 输入函数 input() 及扩展

Python提供内置input()函数用于从键盘获取用户的输入数据。函数中可指定提示文字，输入数据以字符串类型存储在指定的变量中。

input()函数的基本语法格式：

```
变量=input("[提示性文字]")
```

说明：

（1）提示性文字和变量均可以省略。

（2）输入数据以字符串类型返回。

（3）扩展1：eval()函数可计算字符串中表达式的值并存入变量。

（4）扩展2：加eval()函数后，可以一次分别给多个变量赋值。

（5）扩展3：可使用内置的int()或float()函数将输入的字符串转换为数值类型。

示例：input()函数应用。

```
>>> input()
23                                      #用户输入
'23'                                    #显示结果  注意:是字符
```

示例：带提示符的input()函数应用。

```
>>> a=input("a=")
a=23                                    #a=是系统显示的提示符，23是用户键盘输入
>>> a                                   #a的值
'23'
>>> type(a)                             #a的类型是字符串
<class 'str'>
>>> a=eval(input("a="))                 #eval()函数将字符串变成整型数
a=23
>>> a                                   #a的值
23
>>> type(a)                             #a的类型是整型
<class 'int'>
```

示例：eval()函数的运算应用。

```
>>> x=input("请输入数据:")
请输入数据:123+567
>>> x
'123+567'
>>> type(x)
<class 'str'>
>>> x=eval(input("请输入数据:"))
请输入数据:123+456
>>> x
579
>>> type(x)
<class 'int'>
```

示例：float()函数的应用。

```
>>> x=input("请输入一月份的工资:")
请输入一月份的工资:4230.12
>>> x
'4230.12'                                   #变量x的值是字符串型
>>> y=float(input("请输入一月份的奖金:"))
请输入一月份的奖金:830.34
>>> y
830.34
>>> type(y)
<class 'float'>
#求一月份的总收入
>>> float(x)+ y                             #float()函数将输入的字符串转换为浮点数
5060.46
```

示例：eval()函数可一次分别给多个变量赋值。

```
>>> x,y,z=eval(input("输入x,y,z :"))
输入x,y,z:1.5,6.78,9.23
>>> x
1.5
>>> y
6.78
>>> z
9.23
```

示例：直接使用input()函数给多个变量赋值会出错，可嵌套eval()函数使用。

```
>>> a,b=input("a,b=")
a,b=1,2
Traceback (most recent call last):
  File "<pyshell#0>", line 1, in <module>
    a,b=input("a,b=")
ValueError: too many values to unpack (expected 2)
>>> a,b=eval(input("a,b="))
a,b=1,2
>>> print(a,b)
1 2
```

2.5 常用内置函数

函数是组织好的、可重复使用的、用来实现单一或相关联功能的代码段。函数能提高应用的模块性和代码的重复利用率。

Python语言从诞生之初就致力于开源开放，建立了全球最大的编程计算生态，利用函数库编程是Python非常大的优点。Python提供了多种使用函数的方式：内置函数、Python标准库、Python第三方库。

Python解释器提供了数字、字符串、列表、字典、文件等常见类型的68个内置函数可直接使用，本节学习其中常用的部分内置函数。

函数的使用称为调用函数，形式：

```
函数名[(参数列表)]
```

其中的函数名，参数的类型、个数都是Python预先定义的，用户不能自行修改。可以使用help()函数查看函数的使用方法。

2.5.1 对象操作函数

先来介绍一些常用的对象操作函数及使用，见表2-16。

表2-16 对象操作函数及使用

函 数 名	意 义	实 例	结 果
eval（x）	计算字符串表达式的值并返回	eval('1+2')	3
type（x）	返回对象的类型	type(10)	<class 'int'>
id（x）	返回对象的唯一标识（地址）	id(3)	1383457584
len（x）	返回对象包含的元素个数	len([1,3,5])	3
help（x）	调用系统内置的帮助系统	help(eval)	

以下对这些函数进行解析。

（1）eval(x)函数。

eval(x)函数：可以将一个字符串类型的表达式，变成数值表达式，并计算出结果。

示例：eval()函数应用。

```
>>> eval("2+3")
5
>>> eval("2"+"3")
23
>>> eval("2.14+3")
5.14
>>> eval('[1,2,3,4]')
[1,2,3,4]
```

（2）type(x)函数。

type(x)函数：返回x的数据类型。

示例：type()函数应用。

```
>>> type(123)
<class 'int'>
>>> a=input()
123
>>> type(a)
<class 'str'>
>>> a=eval(input())
123
>>> type(a)
<class 'int'>
```

（3）id(x)函数。

id(x)函数：用于获取x对象的唯一标识，即内存地址。

示例：id()函数应用。

```
>>> a=2
>>> b=a
>>> id(a)
1883588788496
>>> id(b)                                    #值相同，地址相同
1883588788496
>>> a=10
>>> id(a)                                    #值改变，则地址改变
1883588788752
```

（4）len(x)函数。

len(x)函数：用于返回对象x包含的元素个数。

示例：len()函数应用。

```
>>> len([1,3,5,7])
4
>>>list(range(0,10))
[0,1,2,3,4,5,6,7,8,9]
>>> len(range(0,10))
10
```

（5）help(x)函数，用于查看函数或模块的帮助文档。

示例：help()函数应用。

```
>>> help(len)
Help on built-in function len in module builtins:
len(obj,/)
    Return the number of items in a container.
```

2.5.2 数学函数

内置的数学函数可完成一些常规的数学运算，数学函数见表2-17。

表2-17 数学函数

函数名	意义	实例	结果
abs(x)	求x的绝对值，或复数的模	abs(-5)	5

续表

函 数 名	意 义	实 例	结 果
divmod(x, y)	x除以y的商和余数构成的数对	divmod(1，3)	(0，1)
pow(x, y)	获得x的y次方	pow(2，3)	8
round(number[, ndigits])	根据指定精度获取数据的四舍五入值。number代表浮点数，ndigits代表精度	round(3.14159，2)	3.14
range([start,]stop[, step])	生成一个start到stop的数列，左闭右开。步长step，默认为1	list(range(1，5))	[1，2，3，4]
max(x)	x是一个序列，求序列最大值	a=(1，3，7，9，5) max(a)	9
min(x)	x是一个序列，求序列最小值	a=(1，3，7，9，5) min(a)	1
sum(x)	x是一个序列，求序列和值	a=(1，3，7，9，5) sum(a)	25

分析如下：

（1）abs(x)函数：求x的绝对值，或复数的模。

示例：abs()函数应用。

```
>>> abs(-3.5)
3.5
>>> abs(-1+2j)
2.23606797749979
```

（2）divmod(x, y)函数：直接得到两个数的商和余数数对，以元组形式返回。

示例：divmod()函数应用。

```
>>>(div,mod)=divmod(17,5)
>>> print("商=",div,"余数= ",mod)
商=  3余数=  2
```

（3）pow(x, y)函数：可以得到一个幂次方值，与**的功能类似。

示例：pow()函数应用。

```
>>> b=pow(9,0.5)
>>> print("b=",b)
b=3.0
```

（4）round（number[, ndigits]）函数：可以根据指定精度获取数据的四舍五入值，得到指定位数的小数，对一个浮点类型的数进行格式化。number代表浮点数，ndigits代表精度，默认为0，即四舍五入取整。

示例：round()函数应用。

```
>>> c=round(3.12)                        #四舍五入取整
>>> print("c=",c)
c=3
>>> d=round(3.5)                         #四舍五入取整
>>> print("d=",d)
d=4
```

```
>>> e=round(3.4599,2)            #小数点后四舍五入取2位小数
>>> print("e=",e)
e=3.46
>>> round(3.4999,2)              #小数点后四舍五入取2位小数，第二位是0不显示
3.5
>>> round(5678.4999,-1)          #小数点前一位(个位)四舍五入到十位，个位归0
5680.0
```

（5）range（[start,]stop, [step]）函数：得到一个从start开始、到stop结束的数列，左闭右开，不包括stop。step为数列的步长，默认为1。省略start时，默认从0开始。

示例：range()函数应用。

```
>>> a=range(5)
>>> list(a)
[0,1,2,3,4]
>>> b=range(1,10,2)
>>> list(b)
[1,3,5,7,9]
```

max(x)、min(x)、sum(x)函数的操作对象x是序列对象，指对一个序列中的数值求最大、最小、和值。

2.5.3　数据转换函数

Python提供了非常丰富的数据类型之间转换的方法，数值转换函数见表2-18。

表2-18　数值转换函数

函数名	意义	实例	结果
int(x，base)	只有x参数时，指将x截断取整；两个参数时，将x看作base进制，将其转成十进制	int(12.9)int(int('10'，16)	12 16
float(x)	将int型或字符型转换为浮点型	float('3')	3.0
str(x)	将int型转换为字符型	str(3)	'3'
bool(x)	将int型转换为布尔类型	bool(0)bool(None)	False False
complex(real[, imag])	转换为复数类型	complex(3，4)	(3+4j)
bin(x)	转换为二进制，字符串类型	bin(1024)	'0b10000000000'
oct(x)	转换为八进制，字符串类型	oct(1024)	'0o2000'
hex(x)	转换为十六进制，字符串类型	hex(1024)	'0x400'
chr(x)	转换编码数字为相应字符	chr(65)	'A'
ord(x)	转换字符为相应的编码数字	ord('A')	65
list(iterable)	转换为list	list((1，2，3))	[1，2，3]
tuple(iterable)	转换为tuple	tuple([1，2，3])	(1，2，3)
dict(iterable)	转换为dict	dict([('a'，1)，('b'，2)，('c'，3)])	{'a'：1，'b'：2，'c'：3}

（1）int(x, base)函数。

功能1：截尾取整，直接将小数部分舍去。

功能2：如果指定参数x的进制，则将其转换为十进制数。

示例：int()函数应用。

```
>>> int(3.68)            #3.68截尾取整
3
>>> int('ff',16)         #将ff看作十六进制数，转换成十进制数
255
>>> int(True)
1
```

（2）float(x)函数：将整数或数值类型的字符转换为浮点数。

示例：float()函数应用。

```
>>> float(5)
5.0
>>> float('3.14')
3.14
```

（3）str(x)函数：将数字转换为字符型。

示例：str()函数应用。

```
>>> str(12.345)
'12.345'
```

（4）bool(x)函数：将整数或空值转换为布尔型，非0的值为True，0的值为False。空值为False。

示例：bool()函数应用。

```
>>> a=bool(3+2)
>>> print("a=",a)
a=True
>>> bool(0)
False
>>> bool(None)
False
```

（5）complex(real[, imag])函数：将给定的实部、虚部转换为复数。

示例：complex()函数应用。

```
>>> complex(3)
(3+0j)
>>> complex(3,4)
(3+4j)
```

（6）bin(x)函数：将一个整型值转换为二进制数，结果是字符串类型。

示例：bin()函数应用。

```
>>> a=bin(15)
>>> print("a=",a,"type:",type(a))
a=0b1111 type:  <class 'str'>
```

（7）oct(x)函数：将一个整型值转换为八进制数，结果是字符串类型。

得到的结果是一个字符串类型。

示例：oct()函数应用。

```
>>> b=oct(15)
>>> print("b=",b,"type:",type(b))
b=0o17  type:<class'str'>
```

（8）hex(x)函数：将一个整型值转换为十六进制数，结果是字符串类型。

得到的结果是一个字符串类型。

示例：hex()函数应用。

```
>>> c=hex(15)
>>> print("c=",c,"type:",type(c))
c=0xf  type:<class'str'>
```

（9）chr(x)函数：将unicode编码转换为相应字母。

示例：chr()函数应用。

```
>>> c=chr(97)
>>> print(c)
a
```

（10）ord(x)函数：将字母转换为相应的unicode编码。

示例：ord()函数应用。

```
>>> i=ord('a')
>>> print(i)
97
>>> ord('三')
19977
>>> chr(19977)
'三'
```

（11）list(iterable)函数：将可迭代的对象转换为列表。

在Python中可迭代对象为字符串、列表、元组、集合。

示例：list()函数应用。

```
>>> list('abcdf')
['a','b','c','d','f']
>>> list((1,2,3))
[1,2,3]
```

（12）tuple(iterable)函数：将可迭代的对象转换为元组。

示例：tuple()函数应用。

```
>>> tuple("acdfg")
('a','c','d','f','g')
>>> tuple([1,2,3,4])
(1,2,3,4)
```

（13）dict(iterable)函数：将可迭代的对象转换为字典。

示例：dict()函数应用。

```
>>> dict([(1,"a"),(2,"b"),(3,"c")])
{1:'a',2:'b',3:'c'}
```

2.6 Python标准库

Python的安装包当中包含有一部分可重用的计算资源，用户可随时使用import加载使用，称为Python标准库。Python拥有一个强大的标准库，提供了关于系统管理、网络通信、文本处理、数据库接口、图形系统、XML处理等功能。受限于Python安装包设置大小，安装包一般会有270个左右。

标准库在Windows系统的默认安装目录在Python的lib目录下。标准库中的模块，使用时先做导入：

```
import 模块名
```

本节先介绍接下来课程内容需要经常用到的两类标准库：math模块和random模块。

2.6.1 math 模块

顾名思义，标准库中的math模块提供的是数学函数。该模块中的函数均不适用于复数运算。

math模块包括4个数学常数和44个函数。44个函数分4类：16个数值运算相关、8个幂对数运算相关、16个三角函数相关和4个特殊函数。常用数学常数和math模块函数见表2-19和表2-20。

表2-19 常用数学常数

数学常数	说明	应用示例	结果
pi	圆周率	math.pi	3.141592653589793
e	自然常量	math.e	2.718281828459045
inf -inf	正负无穷大	math.inf>5	True
nan	返回一个浮点数	type（math.nan）	<class 'float'>

表2-20 常用math模块函数

数学函数	功能说明	应用示例	结果
sqrt(x)	返回x的平方根	math.sqrt(2)	1.4142135623730951
exp(x)	返回e的x的幂	math.exp(3)	20.085536923187668
fabs(x)	返回x的绝对值	math.fabs(−3.5)	3.5
pow(x, y)	返回x的y次方	math.pow(3, 4)	81.0
copysign(x, y)	返回x的值和y的符号构成的数	math.copysign(−1, 2)	1.0
factorial(x)	返回x的阶乘	math.factorial(5)	120
gcd(x, y)	返回x，y的最大公约数	math.gcd(35, 75)	5
modf(x)	返回x的小数和整数部分	math.modf(3.45)	(0.4500000000000002，3.0)

续表

数学函数	功能说明	应用示例	结果
fmod(x, y)	返回*x*、*y*的余数，符号随*x*	math.fmod(134, 10)	4.0
trunc(x)	返回*x*的整数部分	math.trunc(1.985)	1
fsum(x1, x2, …)	对迭代器里的元素求和	math.fsum([1, 2, 3, 4, 5])	15.0
ceil(x)	返回*x*的上限整数	math.ceil(3.4)	4
floor(x)	返回*x*的下限整数	math.floor(-3.5)	-4
radians(x)	将角*x*从角度转换成弧度	math.radians(90)	1.5707963267948966
degrees(x)	将角*x*从弧度转换成角度	math.degrees(math.pi)	180.0
sin(x) cos(x)	返回*x*弧度的正弦值	math.sin(math.radians(30)) math.sin(30*math.pi/180)	0.49999999999999994 0.49999999999999994
tan(x)	返回*x*弧度的正切值	math.tan(math.radians(30))	0.5773502691896257
acos(x)	返回*x*的反余弦弧度值	math.degrees(math.acos(0.5))	60.00000000000001
atan(x)	返回*x*的反正切弧度值	math.degrees(math.atan(1))	45.0
hypot(x, y)	返回原点(0, 0)到坐标点(*x*, *y*)的距离	math.hypot(1, 1)	1.4142135623730951
log(x)	返回以e为底的自然对数	math.log(2.718282)	1.0000000631063886
log(x, base)	返回以*y*为基数的*x*的对数	math.log(2.718282，math.e) math.log(5, 10)	1.0000000631063886 0.6989700043360187
log10(x)	返回以10为基数的*x*的对数	math.log10(5)	0.6989700043360189
log2(x)	返回以2为基数的*x*的对数	math.log2(16)	4.0

使用时首先需要导入math库，然后可以使用其中的函数进行计算。

导入的方法有两种：

第一种方法如下：

```
import math
```

示例：import应用。

```
>>> import math                              #导入math库
>>> math.sqrt(4)                             #前缀math.不能省略
2.0
```

第二种方法如下：

```
from math import <函数名>
```

函数名位置用*时，表示导入math库中所有函数。

示例：from...import应用。

```
>>> from math import *                       #从math库导入所有函数
>>> sqrt(4)                                  #不用math.前缀
2.0
```

对模块中函数的相关使用方法进行查询，可以通过语句：help（模块名.函数名）。

```
>>> import math
```

```
>>> help(math.sqrt)
Help on built-in function sqrt in module math:

sqrt(x,/)
     Return the square root of x.
```

这里，特别举例一些函数的使用方法。

（1）ceil(x)函数：取大于等于x的最小的整数值，即向上取整。如果x是一个整数，则返回x。

示例：ceil()函数应用。

```
>>> math.ceil(3.4)
4
>>> math.ceil(-3.6)
-3
```

（2）floor()函数：取小于等于x的最大的整数值，即向下取整。如果x是一个整数，则返回自身。

示例：floor()函数应用。

```
>>> math.floor(4.5)
4
>>> math.floor(4)
4
>>> math.floor(-3.5)
-4
```

（3）copysign(x，y)函数：返回由x的绝对值，y的符号构成的浮点数。

示例：copysign()函数应用。

```
>>> math.copysign(-3,4)                          #取-3的绝对值，4的符号
3.0
>>> math.copysign(3,-4)                          #取3的绝对值，-4的符号
-3.0
>>> math.copysign(3,0)                           #取3的绝对值，0的符号
3.0
```

（4）sin(x)、cos(x)、asin(x)、acos(x)、tan(x)、atan(x)函数：求x的正弦、余弦、反正弦、反余弦、正切值、反正切值，x必须是弧度值。

示例：三角函数应用。

```
>>> math.sin(30)                                 #30是弧度
-0.9880316240928618
>>> math.sin(math.pi*30/180)                     #30是角度
0.49999999999999994
```

（5）radians(x)函数：把角度x转换成弧度。

示例：radians()函数应用。

```
>>> math.radians(90)                             #90是角度
1.5707963267948966
>>> math.sin(math.radians(30))                   #30是角度
```

```
0.49999999999999994
```

（6）fmod(x，y)函数：得到x/y的余数，其值是一个浮点数，和%运算机制不同。

示例：fmod(x，y)函数应用。

```
>>> math.fmod(10,3)
1.0
>>> math.fmod(134,10)
4.0
>>> math.fmod(-134,10)
-4.0
>>> math.fmod(134,-10)
4.0
>>> math.fmod(-134,-10)
-4.0
```

对比：%的分析见算数运算符。

```
>>> 134%10
4
>>> -134%10
6
>>> 134%-10
-6
>>> -134%-10
4
```

（7）hypot(x, y)返回平面坐标系上原点(0, 0)到点(x, y)之间的距离，也称为欧几里德范数，即sqrt(x*x+y*y)。

示例：求平面坐标系上原点到点(1, 2)的距离。

```
>>> math.hypot(1,2)
2.23606797749979
```

示例：求平面坐标系上点(1, 2)到点（3, 4）的距离。

```
>>> math.hypot(1-3,2-4)
2.8284271247461903
```

2.6.2 random 模块

随机数在计算机应用中十分广泛，如在做算法测试时往往用随机数作为输入数据。Python的random库就主要用于产生各种分布的伪随机数序列。当我们需要时，找到符合使用场景的函数来使用即可，random库的常用函数见表2-21。

表2-21 random库的常用函数

函　数	说　明	示　例
uniform(x, y)	随机产生[*x*，*y*]范围内的一个实数	random.uniform(0, 1)
randint(a, b)	随机产生[*a*，*b*]范围内的一个整数，*a*<=*b*	random.randint(0, 100)
random()	随机产生[0，1)范围内的实数	random.random()
choice(seq)	从序列中随机取一个元素	random.choice([1, 3, 5, 7, 9])

续表

函　数	说　明	示　例
randrange(start, stop[, step])	从指定范围内，按增量获取一个随机数，增量默认为1	random.randrange(0, 100, 2)表示从0~100取一个偶数
shuffle(lst)	将序列的所有元素打乱随机排序	random.shuffle([1, 4, 9, 16])
sample(population, k)	从序列或集合中返回随机提取*k*个不重样元素的列表	random.sample('abcdef', 3)表示从absdef中提取任意3个字母

和math库一样，使用时首先需要导入，然后再使用其中的函数进行计算。

导入的方法同样有两种。

第一种方法：

```
import random
```

第二种方法：

```
from random import <函数名>
```

函数名位置用*时，表示导入random库中所有函数。

（1）uniform(a, b)函数：用于生成一个指定范围内的随机浮点数。

如果a < b，则生成的随机数n：a≤n≤b；如果a>b，则b≤n≤a。

示例：uniform()函数应用。

```
>>> random.uniform(1,10)                #生成1~10的任一浮点数
4.6962412897308825
>>> random.uniform(10,1)                #生成1~10的任一浮点数
1.4117853360456198
```

（2）randint(a, b)函数：用于生成一个指定范围内的整数。

参数a是下限，参数b是上限，生成的随机数n：a≤n≤b，a>b则报错。

示例：randint()函数应用。

```
>>> random.randint(1,100)               #生成1~100的任一整数
22
>>> random.randint(100,1)               #100>1，报错
Traceback(most recent call last):
    File "<pyshell#4>",line 1,in <module>
    random.randint(100,1)
```

（3）random()函数：用于生成一个[0, 1）之间的随机小数，包含0，不包含1。

示例：random()函数应用。

```
>>> random.random()
0.18179685450755578
```

（4）choice(sequence)函数：从序列中获取一个随机元素。

参数sequence表示一个序列（如列表、元组、字符串）。

示例：choice()函数应用。

```
>>> random.choice([1,12,45,36,53])
                      #从序列[1,12,45,36,53]中随机选择一个数
```

```
36
>>> random.choice(range(10,30,2))
                    #从range(10,30,2)生成的序列随机选择一个数
10
```

（5）randrange([start]，stop[，step])函数：从指定范围内，在指定基数递增的集合中，获取一个随机数。

示例：randrange()函数应用。

```
>>> random.randrange(10,30,2)
                    #在10~30(含10,不含30)之间的偶数中随机取一个
12
```

分析：在结果上与random.choice(range(10，30，2))等效。

（6）shuffle(x[，random])函数：将一个列表中的元素打乱，随机排列。

示例：shuffle()函数应用。

```
>>> a=[2,4,6,8,10]
>>> random.shuffle(a)             #打乱a中元素的位置
>>> a
[6,8,2,10,4]
```

（7）sample(sequence, k)函数：从指定序列中随机获取指定个数的元素并随机排列成新序列，不改变原有序列。

示例：sample()函数应用。

```
>>> a=[2,4,6,8,10]
>>> random.sample(a,4)            #在a序列中取四个元素，随机排列构成新序列
[6,4,2,10]
```

2.7 综合案例

IPO指输入、处理和输出。使用简单的IPO结构就可以解决一些顺序结构的问题。比如数学运算和各种图形求周长、面积或体积。

1. 数学计算问题

例2-1：输入圆半径，求圆的周长、面积。输出圆半径，圆的周长、面积值，并精确到小数点后两位有效数字。

IPO分析：

本题的输入是圆半径r;

计算圆周长$c=2\pi r$;

计算圆面积$S=\pi r^2$;

输出圆半径r，圆周长c、圆面积S。

算法设计：

输入使用input()函数，或直接用r=赋值；使用input()函数时，需要把输入的字符串转换成数字；计算圆周长、面积时：

（1）π使用math.pi更精确，要提前导入math库；

（2）要把计算使用的数学表达式转换成合法的Python表达式。

输出使用print()函数，并辅助相应格式将数据精确到小数点后两位有效数字。

算法实现：

在Python IDLE中创建新文件ch2-1.py，内容为

```
import math
r=eval(input('请输入圆半径(厘米):'))
c=2*math.pi*r
s=math.pi*r*r
print('圆半径=%.2f,周长=%.2f,面积=%.2f'%(r,c,s))
```

运行结果：

```
请输入圆半径(厘米):1
圆半径=1.00,周长=6.28,面积=3.14
```

扩展：

求面积的语句也可以写成：s=math.pi*r**2。

输出格式可以写成：

```
print('圆半径={0:.2f},周长={1:.2f},面积={2:.2f}'.format(r,c,s))
```

应用：这样的方法可以求解顺序结构的数学问题，例如：

（1）已知长宽，求三角形周长、面积；

（2）求各种形状的表面积和体积等；

（3）求圆环面积等；

（4）已知三角形三边a、b、c（假设均满足两边之和大于第三边），求面积；

使用海伦公式：$p=\dfrac{(a+b+c)}{2}$，$S=\sqrt{p(p-a)(p-b)(p-c)}$

（5）温度转换。华氏温度C和摄氏温度F有这样的运算关系：$F=\dfrac{9}{5}C+32$；

（6）已知各科成绩求总分平均分等。

2. 灵活使用各类函数实现处理过程

例2-2： 生成两个100以内的随机整数，将两数交换。分别输出交换前后两数的值。

算法实现：

在Python IDLE中创建新文件ch2-2.py，内容为

```
import random
a=random.randint(0,100)
b=random.randint(0,100)
print('交换前:a=%d,b=%d'%(a,b))
a,b=b,a
print('交换后:a=%d,b=%d'%(a,b))
```

运行结果：

```
交换前:a=50,b=93
交换后:a=93,b=50
```

例2-3：给定平面两点坐标（$x1, y1$）和（$x2, y2$），求这两点之间的距离。

在Python IDLE中创建文件ch2-3.py，内容为

```
import math
x1,y1=eval(input('输入第一个点的坐标(x1,y1):'))
x2,y2=eval(input('输入第二个点的坐标(x2,y2):'))
dist=math.hypot(x2-x1,y2-y1)
print('两点的坐标=(%.2f,%.2f),(%.2f,%.2f)'%(x1,y1,x2,y2))
print('两点间的距离=%.2f'%(dist))
```

运行结果：

```
输入第一个点的坐标(x1,y1):1,3
输入第二个点的坐标(x2,y2):2,5
两点的坐标=(1.00,3.00),(2.00,5.00)
两点间的距离=2.24
```

分析：

其中的dist=math.hypot（x2-x1, y2-y1）一句也可以用dist=math.sqrt（（x2-x1）**2+（y2-y1）**2）来实现。

小 结

本章学习了Python的基本语法、输入输出语句、常用内置函数和两个标准库。学习完本章，读者可掌握Python合法标识符的定义，熟悉常量和变量的定义和使用，掌握Python输入和输出的方法，熟悉和掌握常用内置函数的使用功能方法，熟悉math、random两个标准函数库的使用，能够编写顺序结构的程序来解决一些简单的问题。

习题二

一、单选题

1. 下面（　　）不是有效的变量名。

   A. _demo　　B. my-score　　C. Number　　D. banana3

2. 以下运算符中，优先级最高的运算符为（　　）。

   A. （）　　B. /　　C. //　　D. *

3. 表达式256==0x100的结果是（　　）。

   A. false　　B. False　　C. true　　D. True

4. 表达式eval（'500/10'）的结果是（　　）。

   A. '500/10'　　B. 500/10　　C. 50. 0　　D. 50

5. 下列数据类型中，Python不支持的是（　　）。

   A. int　　B. float　　C. complex　　D. char

6. 在Python中，正确的赋值语句是（　　）。

   A. x+y=a+10　　B. x=x-5*y　　C. 2x=100　　D. y+1=y

7. 执行下列语句后的显示结果是（　　）。

```
>>> word='world'
>>> print('Hello'+word)
```

A. 'Hello' word　　　B. 'Hello' 'world'

C. Helloword　　　D. Helloworld

8. 执行下列语句后的显示结果是（　　）。

```
>>> a=1
>>> b=2*a/4
>>> a="one"
>>> print(a,b)
```

A. one 0　　　B. 1 0　　　C. one 0. 5　　　D. one，0. 5

9. 执行下列语句后的显示结果是（　　）。

```
>>> s="hi"
>>> print("hi",2*s)
```

A. hihihi　　　B. "hi" hihi　　　C. hi hihi　　　D. hi hi hi

10. 下列说法错误的是（　　）。

A. random. uniform(100, 0)可生成一个0~100之间的随机实数

B. random. randint(100, 0)可生成一个0~100之间的随机整数

C. random. uniform(0, 100)可生成一个0~100之间的随机实数

D. random. randint(0, 100)可生成一个0~100之间的随机整数

二、填空题。

1. Python表达式4. 5/2的值为________，4. 5//2的值为________，4. 5%2的值为________。-4. 5/2的值为________，-4. 5//2的值为________，-4. 5%2的值为________。

2. 已知x=2，语句x*=x+1执行后，x的值是________。

3. 语句x=input()执行时，如果从键盘输入12并按回车键，则x的值是________。

4. Python表达式20//3*4+51%2**3的值为________。

5. 表达式30<50<100的值是________，表达式10<60!=60的值是________。表达式10 and 20的值是________，表达式10 or 20的值是________。

6. 表达式round(213. 799)的值是________，表达式round(213. 799, 2)的值是________，表达式round(213. 799, -1)的值是________，round(-213. 799)的值是________。

7. 表达式int(213. 799)的值是________，int(-213. 799)的值是________。

8. 表达式math. copysign(-3. 14, 57)的值是________。

9. 表达式divmod(40, 3)的值是________。

10. 表达式eval("12+19")的值是________，表达式eval("12"+"19")的值是________。

三、写出合法的Python表达式，假设已导入math、random模块。

1. $y=2x^2+5x-3$。

2. $\dfrac{(x+y)^2}{(x-y)}-3x+4(y-1)$。

3. $S=\sqrt{p(p-a)(p-b)(p-c)}$。
4. $\cos 60°$ 的值。
5. area=πr^2。
6. 判断整数a能否同时被3和5整除。
7. 判断score在[0, 100]的范围。
8. 判断ch是字母。
9. 将数值x的小数点后保留两位有效数字。
10. x是复数，分别输出x的实部和虚部。

四、判断题（正确打√，错误打×）

1. print（'同学', '你好！'）的运行结果是：同学，你好！（ ）
2. 逻辑运算的结果要么是True，要么是False。（ ）
3. int()函数可以截尾取整，floor()函数可以向下取整，round()函数可以四舍五入取整。（ ）
4. Python的标准库和第三方库都需要下载、安装之后，方可使用。（ ）
5. Python的保留字允许重新定义成变量名来使用。（ ）
6. Python中sin（30）的值是0. 5。（ ）
7. 运行a=input()，输入123，那么a将得到一个整数123。（ ）
8. Python中的变量需要先定义数据类型，再赋值使用。（ ）
9. Python中同一变量可以先后赋予不同数据类型的值。（ ）
10. x=3+j，那么x是一个复数。（ ）

五、程序填空题

1. 随机选择一个手机品牌并输出。

```
import__(1)__
brandlist=['华为','小米','OPPO','中信','魅族']
name=__(2)__(brandlist)
print(name)
```

2. 将商品总价去掉小数点后面的零头，取整收款。

```
import math
a,b,c=__(1)__(input('输入三件商品的价格:'))
price=a+b+c                             #计算总价
total=__(2)__                           #取整
print('商品总价=%.2f'%(price))
print('实付金额=%d'%(total))
```

3. 商品价格有元角分，将商品求总价，将分四舍五入至角付款。

```
a,b,c=__(1)__(input('输入三件商品的价格:'))
price=a+b+c                             #计算总价
total=__(2)__                           #取角
print('商品总价=%.2f'%(price))
print('实付金额=%d'%(total))
```

4. 输入一个十进制数，转换成二进制和十六进制数输出。

```
a=(1)(input('输入一个十进制数:'))
print('二进制数是',bin(a))
print('十六进制数是',(2))
```

5. 用随机函数生成一个大写字母的ASCII码，将其转换成字母后输出，再转换成小写字母并输出。

```
import random
ch=random.(1)
print('ASCII=%d'%(ch))
print('大写字母=%c'%(chr(ch)))
print('小写字母=%c'%((2))
```

6. 数位拆分。生成一个随机的三位整数，拆分出它的每一位并输出。

```
import random
num=__(1)__
ge=num%10
shi=__(2)__
bai=num//100
print('num=',num)
print('个位是%d,十位是%d,百位是%d'%(ge,shi,bai))
```

7. 给定一个半径值，有$V=\frac{4}{3}\pi r^3$，求球的体积，并输出半径，输出体积。

```
#求球的体积
import__(1)__
r=float(input('请输入球的半径(厘米):'))
v=4/3*math.pi*__(2)__
print('球半径=%.2f,体积=%.2f'%(r,v))
```

8. 运行以下代码，输出结果是__(1)__ __(2)__。

```
a=80
print(False and a)
print(True and a)
```

六、编程题

1. 一个大圆内套一个小圆。分别输入圆半径，求两圆之间圆环的面积。输出大圆小圆的半径，输出圆环的面积，小数点后保留两位有效数字。

2. 给定某同学数学、语文、英语三门课的成绩，求该生的总分和平均分，小数点后保留两位有效数字。

3. 总成绩=作业成绩×20%+期中成绩×30%+期末考试成绩×50%，成绩可以有小数。

输入作业成绩、期中成绩、期末成绩，计算出总成绩，四舍五入取整。

输出作业成绩、期中成绩、期末成绩，输出总成绩。

4. 输入三角形的三条满足条件的边长a、b、c，求三角形的面积。输出三边长，输出面积。

提示：海伦公式$p=\frac{(a+b+c)}{2}$，$S=\sqrt{p(p-a)(p-b)(p-c)}$

5. 生成一个两位的随机数做摄氏温度C，求华氏温度F，有$F=\frac{9}{5}C+32$。输出C，F的值。

6. 有一元二次方程$ax^2+bx+c=0$，给定a，b，c的值，求方程的根。设$b^2-4ac>0$。

7. 给定三角形的两边及其夹角，求三角形的面积。输出两边及其夹角，输出三角形的面积。

8. 给定两个整数，求它们的最大公约数和最小公倍数。输出这两个数，输出它们的最大公约数和最小公倍数。

第3章 容器数据类型

上一章介绍的数值型、布尔型、字符型和日期时间类型等都是基本数据类型。在Python中，可以将若干个基本类型数据组合起来，形成组合类型数据，将其作为一个数据对待，进行整体操作，可极大地简化用户程序设计，这是Python语言的一个重要特点。

本章介绍内置的组合数据类型，又称之为容器数据类型，包括字符串（string）、列表（list）、元组（tuple）、字典（dict）、集合（set）。

本章思维导图

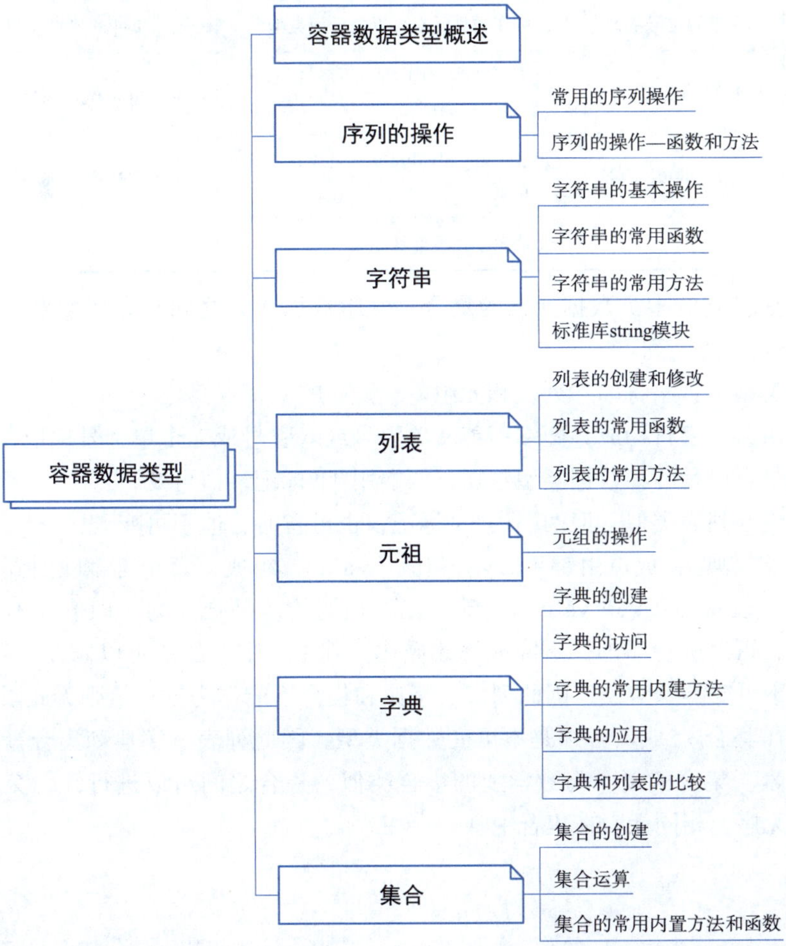

3.1 容器数据类型概述

容器数据类型有一个明显的特征，即每一个数据都包含多个数据元素（也称为成员），根据容器各自的特性可分为：序列类型、映射类型、集合类型。

序列是有序排列的多个数据元素的集合，一组数据元素之间有先后关系，可以通过索引（下标）访问Python的序列。

常见序列类型有：字符串、列表和元组。

字典是一种映射类型，其中的成员由键（key）和值（value）组成，每个键都映射到一个值上，称为一个键值对，表示为（key：value）。

容器类型数据有一个明显的特征，即每一个数据都包含多个数据元素（也称为成员），根据容器各自的特性可分为：序列类型、映射类型、集合类型。容器数据类型概述见表3-1。

表3-1　容器数据类型概述

名　称	标　记	特　点	示　例
字符串（string）	"或""	值不可变类型元素为字符	s='I am ok!'
列表（list)）	[ ]元素间逗号隔开	值可变类型元素可以是任何类型	L=['a'，'b'，'c'，'d'，3，4]
元组（tuple）	()元素间逗号隔开	值不可变类型圆括号(可省)括起来元素可以是任何类型	season=('春'，'夏'，'秋'，'冬')
字典（dict）	{key：value，....}	元素由key和value成对组成，字典中key不重复	dict={'姓名'：'张三'，'年龄'：'20'}
集合（set）	{ }	元素无序且不重复	set={1，3，5}

序列是有序排列的多个数据元素的集合，一组数据元素之间有先后关系，可以通过索引（下标）访问Python的序列。

常见序列类型有：字符串、列表和元组。

字符串：由若干字符构成，两端用英文单引号或双引号或三个单引号标记，值不可变；

列表：成员可以是各种数据类型数据，两端用"[]"标记，值可变；

元组：元组与列表类似，但两端用"()"标记，也可省略，值不可变。

映射类型（字典）：成员由键（key）和值（value）组成，每个键都映射到一个值上，称为一个键值对，表示为（key:value）。键是互不相同的，是唯一的，而值并不唯一。字典是一种可变类型，可以进行添加、删除或修改操作。其中，字典的值可以修改，而键不可修改，并且键只能是不可变类型对象，因此列表、字典和集合不能作为键，值则无此限制。

集合类型（集合）:成员必须是不可变数据类型，因此列表、字典和集合等数据类型不能作为集合的元素。集合的概念与数学上的集合类似，集合之间可以进行并、交、差等集合运算。元素之间无序，相同元素在集合中唯一存在。

3.2 序列的操作

3.2.1 常用的序列操作

序列数据类型：字符串、列表、元组有很多共同的操作，如获取长度、连接、重复、切片等，本节主要介绍序列的常用操作，见表3-2。

表3-2 序列的常用操作

功　能	操　作
创建序列	[1，2，3]，(1，2，3)，"hello world"
序列的索引	seq[i]
序列的切片	seq[startindex：remainindex：stepvalue]
是否成员	elem in/not in seq
连接合并	seq1 + seq2，.join，extend
序列的重复	seq * n

1. 创建序列

可通过对变量直接赋值来创建该序列类型。

```
>>> list1=[1,2,3]
#创建了一个列表类型对象list1
>>> str1="hello world "
#创建了一个字符串类型对象str1
>>> tuple1=(10,32,20,16)
#创建了一个元组类型对象tuple1
```

2. 索引操作

索引：指序列中成员的下标，可以根据索引从序列中直接获取对应成员。格式为

```
seq[i]
```

正向索引i：0，1，2，3，…，n−1；此时，索引的值从0开始，对于拥有n个成员的序列，最后一个成员的索引就是n−1，如图3-1所示。

反向索引-i：−n，−（n−1），…，−3，−2，−1；此时，索引的值从−1开始，表示序列中的最后一个成员，对于拥有n个元素的序列，第一个成员的索引为−n，如图3-1所示。

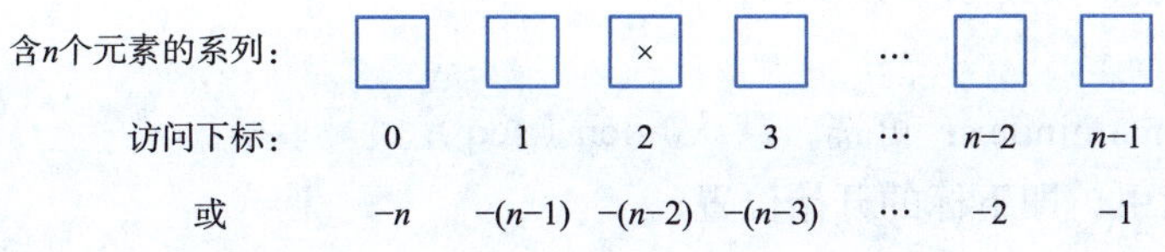

图3-1 序列索引样例图

示例：元组的索引。

```
>>> season=('春','夏','秋','冬')
```

```
>>> season
('春','夏','秋','冬')
```

分析：season元组索引图如图3-2所示

season	'春'	'夏'	'秋'	'冬'
正向索引	0	1	2	3
反向索引	−4	−3	−2	−1

图3-2　season元组索引图

```
>>> season[0]
'春'
>>> season[-4]
'春'
>>> season[3]
'冬'
>>> season[-1]
'冬'
```

示例：包含9个成员的列表L。

```
>>> L=[10,11,12,13,14,15,16,17,18]
>>> L[0]  #等同于L[-9]
10
>>> L[-1]  #等同于L[8]
18
>>> L[3]  #等同于L[-6]
13
>>> L[-3]  #等同于L[6]
16
```

示例：字符串的索引。

```
>>> S='Hello World'
>>> S[3]
'l'
>>> S[-3]
'r'
```

3. 切片操作

切片：访问一定范围内的成员。格式为

```
seq[startindex :remainindex :stepvalue]
```

即seq[起始索引：终止索引：步长]

说明：

startindex和remainindex：可选，默认0~len（seq）；

startindex：索引，即下标的开始位置；

remainindex：结束+1的索引位置，即操作取到该索引前一个数为止，不包含该索引值；

stepvalue（步长）：默认是1，即逐个切取。以步长为取数的依据，从起始索引开始取数，一直取到终止索引，但是不包含终止索引，呈左闭右开的形式。当步长为正数时，表示从左向右取；如果为负数，表示从右向左取，如-1为倒着一个一个地取。步长不能为0。

示例：L = ['a', 'b', 'c', 'd', 'e', 'f']。

```
>>> L[0:3]                         #取索引为0, 1, 2的成员
['a','b','c']
>>> L[2:-1:2]
   #从索引为2的成员开始，一直到倒数第一个成员，每次索引增长2，即索引为2和4的成员
[ 'c','e']
```

步长省略时默认是1；

步长>0时，省略起始索引默认是0，省略终止索引默认到最后一个成员；

步长<0时，省略起始索引默认是最后一个成员，省略终止索引默认到0位置成员。

示例：L = [10, 11, 12, 13, 14, 15, 16, 17, 18]。

```
>>> L[:]                  #取所有成员，等同于L[::]或L[0:]，或L[0:len(L)]
[10,11,12,13,14,15,16,17,18]
>>> L[::-1]               #等同于L[-1:-len(L)-1:-1]
[18,17,16,15,14,13,12,11,10]
```

示例：L = ['a', 'b', 'c', 'd', 'e', 'f']。

```
>>> L[0:-1:2]             #第0为始隔一个取一个，遍历列表成员除最后一个
['a','c','e']
>>> L[::2]                #同L[0:len(L):2]
['a','c','e']
>>> L[0::2]               #同L[0:len(L):2]
['a','c','e']
>>> L[:2]                 #从第0位始，取第0，1位，省略步长
['a','b']
>>> L[-2:]                #从倒数第2位开始，最后一位结束
['e','f']
>>> L[1:3]                #取第1，2位
['b','c']
```

对比：

```
>>> L[1]                  #取第1位，索引操作，不是切片
'b'
>>> L[-2]                 #取倒数第2位，索引操作，不是切片
'e'
```

比较对序列索引操作和切片操作的区别，通过结果可以发现，序列切片得到的结果还是序列，而索引操作得到的是序列中的某个成员的值，类型就是序列中成员的类型。

4. 关系操作

关系运算符：in/not in，格式为

```
elem in/not in seq
```

判断elem对象是否是seq序列中的成员。seq是字符串时，既可判断一个字符判断是否是成员；也可判断一串字符是否是其子串。

示例：s = "hello world"。

```
>>> "x" in s              #判断"x"字符是否是字符串序列s的成员
False
```

```
>>> "world" in s          #判断"world"字符串是否是字符串序列s的子串
True
```

seq是列表或者元组时，只能判断某个元素是否是成员，不能做子序列判断。

示例：列表成员判断。

```
>>> L = [11,13,17,19]
>>> 12 not in L                              #判断12是否是列表序列L的成员
True
>>> [11,13] in L                             #判断[11,13]是否是列表L的成员
False
>>> L=[[11,13],17,19]                        #判断[11,13]是否是列表L的成员
>>> [11,13] in L
True
```

示例：元组成员判断。

```
>>> t=(1,2,3)
>>> 3 in t                                   #判断3是否是元组序列t的成员
True
>>> (2,3)in t                                #判断(2,3)是否是元组序列t的成员
False
>>> 5 not in t
True
```

5. 连接合并操作 1："+"

连接合并操作"+"适合于各种序列对象。格式为

```
seq1 + seq2
```

将seq1和seq2序列中的成员拼接成一个序列。

示例：字符串拼接1。

```
>>> "Hello"+"World"                          #字符串
"HelloWorld"
>>> [1,2,3]+[2,3,4]                          #列表
[1,2,3,2,3,4]
>>>(1,2)+('a','b','c')                       #元组
(1,2,'a','b','c')
```

6. 连接合并操作 2：.join()

.join()操作适合于字符串对象。格式为

```
joinchar.join(stringlist)
```

其中，joinchar指连接符，stringlist指各连接项字符串。表示使用连接符joinchar将stringlist中的各个字符串成员拼接起来。

示例：字符串拼接2。

```
>>> "".join(['wel','come'])   #此时连接符为空，表示各字符串之间没有间隔，紧密连接
'welcome'
>>> " ".join(["Hello","World"])       #各字符串用空格连接
'Hello World'
>>> "*".join(["Happy","New","Year"])#各字符串用*连接
'Happy*New*Year'
```

7. 连接合并操作 3：. extend()

extend操作适用于列表对象，会改变列表本身的值。格式为

```
list1.extend(list2)                    #等价于list1=list1+list2
```

表示将list2中的成员依次添加到list1中，此时会改变list1的值。

示例：

```
>>> L1=[1,2,3]
>>> L1.extend([2,3,4])
>>> L1
[1,2,3,2,3,4]
>>> L1.extend('123')
>>> L1
[1,2,3,2,3,4,'1','2','3']
>>> L1.extend((1,2,3))
>>> L1
[1,2,3,2,3,4,'1','2','3',1,2,3]
```

8. 重复操作

重复操作：将序列中的元素重复多次，生成新序列。格式为

```
seq * n
```

示例：序列重复。

```
>>> s="hello"
>>> s*3
"hellohellohello"
>>> L=[1,2]
>>> L*4
[1,2,1,2,1,2,1,2]
>>> T=(1,2,3)
>>> T*2
(1,2,3,1,2,3)
```

3.2.2 序列的操作——函数和方法

除了常用的序列操作外，还有多种常用的序列函数和方法可以从序列中获取有用的信息，如获取序列中的最大值、最小值，查找对应元素的位置等。常用的序列函数和方法见表3-3。

表3-3 常用的序列函数和方法

格　式	含　义
len(seq)	求序列中的成员个数
max(seq，key = func)	按要求求序列最大值
min(seq，key = func)	按要求求序列最小值
sum(seq)	求序列成员之和
seq.index(x[，y])	从y处开始查找，根据序列成员x找到位置
seq.count(x)	计算序列成员在序列中出现的次数

续表

格　式	含　义
sorted(seq)	序列排序，不改变原序列
s.sort(key = func)	序列排序，改变原序列
del(seq)	删除序列

1. len() 函数

len()函数是获取序列的长度，即计算序列中的成员个数。格式为

```
len(seq)
```

示例：创建一个列表类型对象list1，并获取列表中元素的个数。

```
>>> list1=[1,[1,2,3],'a',(1,2),4]
>>> list1
[1,[1,2,3],'a',(1,2),4]
>>> len(list1)
5
```

2. max() 函数

max()函数是求序列中成员的最大值。格式为

```
max(seq,key=func)
```

说明：

（1）序列元素是数值：直接比较大小。

（2）序列元素是字符、中文汉字：依次比较序列中每个字符、汉字的Unicode编码。

（3）序列元素是序列：依次比较序列中的每一个值，如不相等，则直接输出较大元素所处的序列；如相等，则比较下一位。

（4）序列元素是逻辑值：返回第一个最大值，True或者1。

（5）key参数可以指定比较依据，常使用lambda()函数，默认不写的情况下比较的是序列中每个元素的大小。

示例：数值、字符的比较。

```
>>> max([10,39,34,26,30])                #比较大小
39
>>> s="Hello World"                      #比较Unicode码
>>> max(s)
'r'
>>> ord('我')                            #ord()函数可以输出字符，汉字的Unicode编码
25105
>>> ord('们')                            #查Unicode码
20204
>>> max('我们')                          #比较Unicode码
'我'
```

示例：序列、逻辑值的比较。

```
>>> max( [10,20],[20,30],[10,20,30])
                              #取3个序列的第一个元素10、20、10进行比较
```

```
[20,30]
>>> max(1,True,False)          #1和True相等，因为是逻辑值的比较，输出第一个
1
>>> max(True,1,False)
True
```

示例：key参数的比较。

```
>>> L=[[1,2],"abcdef",(10,20,30)]
>>> max(L,key = lambda item:len(item))
#这里的lambda表达式表示求每个序列的长度，此时max()函数得到的就是长度最长的序列，此时各个序列的长度分别位2,5,3,因此输出结果为
'abcdef'
>>> L=[('a',20),('b',30),('c',15)]
>>> max(L,key=lambda item:len(item))
                                   #比较各序列长度，相等则输出第一个序列
('a',20)
>>> max(L,key=lambda item:item[0])   #比较各序列第一项
('c',15)
>>> max(L,key=lambda item:item[1])   #比较各序列第二项
('b',30)
```

3. min() 函数

min()函数是求序列中成员的最小值。格式为

```
min(seq,key = func)
```

使用方法与max()函数类似。

示例：序列求最小值。

```
>>> min([10,39,34,26,30])
10
>>> s="Hello World"
>>> min(s)
'H'
>>> min( [10,20],[20,30],[10,20,30])
[10,20]
>>> min(1,True,False)
False
>>> min(True,0,False)
0
>>> L=[("a",20),("b",30),("c",15)]
>>> min(L,key = lambda item:item[1])
('c',15)
```

4. sum() 函数

sum()函数是求序列元素之和。格式为

```
sum(seq)
```

使用sum()函数时序列中的元素只能是可求和类型，如数值型和逻辑型。

示例：序列求和。

```
>>> sum([1.0,2.5,3.0])
```

```
6.5
>>> sum((1,True))
2
```

5. 匹配 index() 方法

格式为

```
seq.index(elem,startindex,remainindex)
```

从序列中的第一个元素开始查找，当序列中的某个元素与所要查找的elem相等，则输出此时元素的索引，如果序列中所有元素全部遍历完仍没有找到与elem相等的元素，则会触发异常，提示找不到elem元素。

startindex起始索引默认为0，remainindex终止索引默认到最后一个，当指定remainindex的值时，不包含remainindex所处的位置。

示例：s = "hello world"。

```
>>> s.index("o")                    #从0位置匹配
4
>>> s.index("l",5)                  #从5位置匹配
9
>>> s.index("or")                   #从0位置匹配子序列
7
>>> L=[10,20,30]
>>> L.index(20)
1
```

6. 统计 count() 方法

格式为

```
seq.count(elem,startindex,remainindex)
```

统计次数方法count()：计算指定元素elem在序列seq中出现的次数，指定startindex和remainindex可以限定用来查找的范围，当指定remainindex的值时，不包含remainindex所处的位置。

示例：L = [1，2，3，2，2，3]。

```
>>> L.count(2)
3
```

字符串序列可统计子串出现的次数。

```
>>> s="hello world.hello everyone."
>>> s.count("o")
4
>>> s.count("lo")                      #统计子串
2
>>> s.count("hello")                   #统计子串
2
>>> s.count("o",0,20)                  #从索引0到19的这段序列上统计"o"出现的次数
3
```

7. 序列的操作 - 排序 sorted() 函数

排序函数sorted()：将序列中的元素按照大小进行排序，输出排序后的序列，原序列保持

不变。格式为

```
sorted(seq,key=func,reverse=False)
```

默认reverse = False，序列中的元素按升序排列，当reverse = True时，元素按降序排列。可根据key参数的设置对元素内容进行排序，一般使用lambda表达式。

示例：序列排序1。

```
>>> L=[12,34,20,19]
>>> sorted(L)
[12,19,20,34]
>>> L                                    #L本身不受影响
[12,34,20,19]
>>> sorted(L,reverse=True)
[34,20,19,12]
>>> s="hello"
>>> sorted(s)
['e','h','l','l','o']
>>> T=(2,4,0,9)
>>> sorted(T)
[0,2,4,9]
```

示例：序列排序2。

```
>>> L=[(12,34),(20,12),(1,10),(12,30),(12,37)]
>>> sorted(L)
[(1,10),(12,30),(12,34),(12,37),(20,12)]
>>> sorted(L,key=lambda item:item[1])        #对每个序列中索引为1的元素进行排序
[(1,10),(20,12),(12,30),(12,34),(12,37)]
>>> L                                        #L不受影响
[(12,34),(20,12),(1,10),(12,30),(12,37)]
```

8. 排序 sort() 方法

排序sort()方法：在原序列的基础上，将序列排成有序序列。格式为

```
seq.sort(key=func,reverse=False)
```

示例：L = [12，34，20，19]。

```
>>> L.sort()
>>> L
[12,19,20,34]                            #结果直接修改了原序列
```

示例：L = [（"a"，20），（"b"，32），（"c"，24）]。

```
>>> L.sort(key=lambda item:item[1])#对每个序列中索引为1的元素进行排序
>>> L
[('a',20),('c',24),('b',32)]
```

排序sorted()函数与sort()方法的区别：

（1）sorted()函数返回排序后的结果，但原序列保持不变。

（2）sort()方法直接在原序列的基础上进行排序，会改变原序列。

（3）可变序列（列表）才有sort()方法。

示例：L = [12，34，20，19]。

```
>>> sorted(L)
```

```
[12,19,20,34]
>>> L
[12,34,20,19]                    #原序列未发生改变
>>> L.sort()
>>> L
[12,19,20,34]                    #结果直接修改了原序列
```

示例：

```
>>> s=['21','4','35']
>>> s.sort()
>>> s
['21','35','4']
#虽然sort方法可以改变原序列的值，但字符串是不可修改的类型，因此这里字符串不会发生变化
```

9. 删除 del

删除序列del，原序列不再存在。格式为

```
del seq/del(seq)
```

删除后再访问序列，则系统报错。

示例：

```
>>> s=(1,2)
>>> s
(1,2)
>>> del s
>>> s
Traceback(most recent call last):
  File "<pyshell#9>",line 1,in <module>
    s
NameError:name 's' is not defined
```

示例：

```
>>> s='2345'
>>> s
'2345'
>>> del(s)
>>> s
报错，如上例
```

10. 序列类型转换

序列类型可以根据需要自由地变换数据类型，三种序列之间可以相互转换，如图3-3所示。

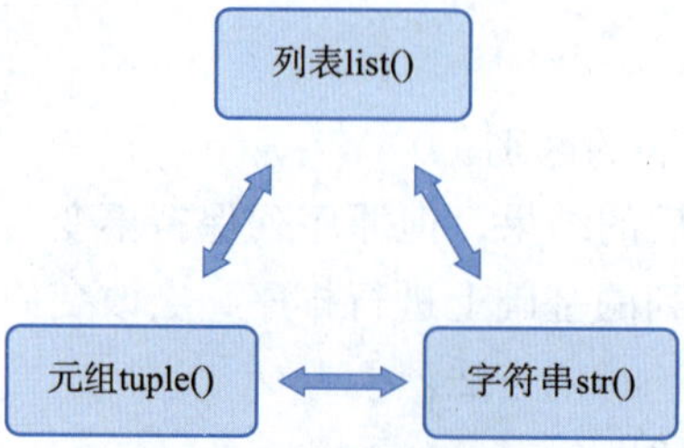

图3-3　序列类型转换

示例：序列转换。

```
>>> a=[1,2,'3','4']
>>> b=tuple(a)
>>> b
(1,2,'3','4')
>>> c=str(b)
>>> c
"(1,2,'3','4')"
>>> d=list(b)
>>> d
[1,2,'3','4']
```

3.3 字符串

字符串是一个字符序列，可以通过两端加单引号（'）、双引号（"）、三个单引号（'''）或三个双引号（"""）来创建。

单引号、双引号、三单引号、三双引号还可以互相嵌套，用来表示复杂的字符串。

字符串属于不可变类型，因此无法直接修改字符串中的某个或某些成员，但可以通过切片、连接等操作生成新的字符串。

示例：字符串示例。

```
'0123456789'
'abcdefg'
"好好学习,天天向上"
''123+456''
''Let's go to school ''
'''Jack says :''Let's go to school'''''
' '或'' ''或''' '''表示空字符串
```

3.3.1 字符串基本操作

1. 创建字符串

通过赋值语句即可创建一个字符串类型的序列。

示例：字符串创建。

```
>>> s=""                    #创建一个空字符串s
>>> s="hello world"         #创建一个内容为"hello world"的字符串s
>>> type(s)                 #通过type()函数查看变量s的类型，str代表是字符串类型
<class 'str'>
```

2. 字符串的连接和重复

字符串可以使用“+”运算符进行合并以生成新字符串，或者用“*”运算符进行重复操作。

示例：字符串连接、重复。

```
>>>print('Aa'+'Bb'+'Cc')
 AaBbCc
>>>print('Abc'*5)
```

```
AbcAbcAbcAbcAbc
```

3. 字符串的文本块

通过单引号或双引号可以标记单行字符串；通过三个单引号（或双引号）可以标记多行内容构成的（块、段）字符串。

示例：文本块。

```
>>> s='''Python is a programming language.
I like it.'''
>>> print(s)
Python is a programming language.
I like it.
>>> s                          #与print(s)对比
'Python is a programming language.\nI like it.'
```

4. 字符串的转义字符

反斜杠（\）为转义字符，通常读取字符串内容时，若读到“\”，则继续读取下一个字符，以获取特殊含义。常用转义字符的有“\n”表示换行符，“\r”表示回车符，“\t”表示制表符，“\\”表示反斜杠字符本身等，详细内容见表3-4。

表3-4　转义字符

转义字符	意　义	ASCII码值（十进制）
\a	响铃	7
\b	回退	8
\f	换页符	12
\n	换行符	10
\r	回车符	13
\t	水平制表符	9
\v	垂直制表符	11
\\	反斜线字符	92
\'	单引号字符	39
\"	双引号字符	34
\?	问号字符	63
\0	空字符(NULL)	0

示例：转义字符。

```
>>>s='What's this? It's a book.'
SyntaxError:invalid syntax
>>>s='What\'s this? \nIt\'s a book.'
>>>print(s)
What's this?
It's a book.
```

转义字符的使用说明：

（1）单引号括住的字符串里面又有单引号时，就必须使用转义字符。例如：

```
str='They\'re students.'
```

（2）如果不需要反斜杠发生转义，可以在字符串前面添加字母r或R表示原始字符串，但字符串的最后一个字符不能是反斜杠符号。例如：

```
>>>print(r"d:\computer\note")
d:\computer\note
```

（3）反斜杠可以作为续行符，表示下一行是上一行的延续。例如：

```
>>>print("This is a Python \
Program.")
This is a Python Program.
```

（4）字符串的切片生成

字符串是不可修改类型，不能直接修改字符串中元素的值。

若需插入或删除某元素，可通过切片和连接的方式生成新的字符串再赋值给原对象。

示例：字符串的切片生成。

```
>>> s="helloworld"
>>> s=s[:5] + " " + s[-5:]                #在s中的"hello"和"world"之间增加空格
>>> s
'hello world'
```

（5）字符串的比较大小

字符串进行比较：按顺序比较各个位置的Unicode编码大小，如相同，则比较下一位的Unicode编码。

示例：字符串的比较大小。

```
>>> "Python">"Language"
#P的Unicode编码比L的大，因此后续的字符可以不用比较，直接输出True
True
>>> "Python">"Panguage"
True
#两个字符串的第一位P相等，这时比较第二位的y和a，此时y的Unicode编码大于a，后续的字符不再比较,直接输出True
>>> ord('我')
25105
>>> ord('们')
20204
>>> '我'>'们'
True
```

3.3.2 字符串的常用函数

1. 转换字符串 str() 函数

str()函数可以将其他类型的数据转换为字符串类型。格式为

```
str(obj)
```

示例：序列转换为字符串类型。

```
>>> n = 123
>>> str(n)
'123'
>>> b = True
>>> str(b)
'True'
>>> L = [1,2,3]
>>> str(L)
'[1,2,3]'
```

2. 转换字符 chr() 函数

chr()函数可以将Unicode编码转换为字符类型。格式为

```
chr(n)
```

示例：转换字符示例。

```
>>> chr(97)
'a'
>>> chr(98)
'b'
>>> chr(65)
'A'
>>> chr(48)
'0'
>>> chr(2000)
'ߐ'
>>> chr(20034)
'乂'
>>> chr(100)
'd'
>>> chr(40056)
'鱸'
```

3. 字符编码 ord() 函数

ord()函数可以获得给定字符的Unicode编码。格式为

```
ord(ch)
```

示例：字符编码示例。

```
>>> ord('a')
97
>>> ord('b')
98
>>> ord('A')
65
>>> ord('0')
48
>>> ord('你')
20320
```

```
>>> ord('%')
37
>>> ord('?')#英文的问号
63
>>> ord('？')#中文的问号
65311
```

3.3.3 字符串的常用方法

字符串常用方法分类有：大、小写字母转换类、连接分割类、字符串搜索类、字符串判断类、删除字符类、替换字符类。

1. 分离 split() 和合并 join() 方法

split()方法格式为

```
stringlist.split("splitchar")
```

其中，stringlist表示需要分离的字符串，splitchar表示用于分隔字符串的分隔符。

示例：

```
>>> s="I have a dream"
>>> s.split("")                          #按空格隔断
['I','have','a','dream']
>>>s ="12,23,34,10"
>>> s.split(",")                         #按逗号隔断
['12','23','34','10']
```

join()方法和split()方法互逆，格式为

```
joinchar.join(stringlist)
```

示例：

```
>>> "".join(['wel','come'])
'welcome'
>>> "  ".join(["Hello","World"])
'Hello  World'
>>> "*".join(["Happy","New","Year"])
'Happy*New*Year'
```

2. 大小写转换 upper() 和 lower() 方法

示例：转换为大写：str.upper()。

```
>>> s="I have a dream"
>>> s.upper()
'I HAVE A DREAM'
>>> s                                    #原字符串未改变
'I have a dream'
```

示例：转换为小写str.lower()。

```
>>> s="I have a dream"
>>> s.lower()
'i have a dream'
```

```
>>> s                                    #原字符串未改变
'I have a dream'
```

3. 判断是否大小写 isupper() 和 islower() 方法

示例：判断字符串是否是大写：str.isupper()。

```
>>> "HELLO WORLD".isupper()
True
>>> "HAPPY2018".isupper()
True
```

示例：判断字符串是否是小写str.islower()。

```
>>> "Hello World".islower()
False
```

4. 字符串是否为数字 isnumeric() 方法

示例：判断字符串是否均由数字构成的方法str.isnumeric()。

```
>>> "2018".isnumeric()
True
>>> "happy2018".isnumeric()
False
```

5. 替换字串 replace() 方法

格式为

```
str.replace(old,new[,count])
```

替换方法replace：将源字符串str中的子串old换成指定子串new，count指明替换多少处。

示例：字符串替换。

```
>>> s="I have a dream"
>>> s.replace(" ",",")                   #使用","替换s中的空格
'I,have,a,dream'
>>> s.replace(" ",",",2)                 #使用","替换s中的前两个空格
'I,have,a dream'
>>> s                                    #原字符串未改变
'I have a dream'
```

6. 查找字符串位置匹配 find() 方法

格式为

```
seq.find(elem,startindex,remainindex)
```

从字符串seq中startindex位置开始，remainindex位置结束，在此范围内查找是否有子串与elem相等，如找到，则返回elem中第一个元素的索引，如有多个子串能够匹配，返回第一个字串的索引，如找不到，则返回-1。起始位置默认为0，终止位置默认到最后一个。find()方法只能用于字符串的匹配。

示例：查找字符串位置。

```
>>> s="hello world world"
```

```
>>> s.find("llo")
2
>>> s.find("wo")
6
>>> s.find("oo")
-1
```

分析比较字符串匹配方法index()与find()的区别：

（1）字符串、列表及元组三者均有index()方法；

（2）字符串类型的序列有find()方法，列表及元组无find()方法；

（3）若源字符串中无待查找之子串，使用index()方法时抛出异常，并给出错误提示；

（4）若源字符串中无待查找之子串，使用find()方法时返回-1，表示找不到子串。

示例：字符串查找方法对比。

```
>>> s="hello world"
>>> s.find('o')
4
>>> s.index('o')
4
>>> s.find('t')
-1
>>> s.index('t')
Traceback(most recent call last):
  File "<pyshell#2>",line 1,in <module> s.index('t')
ValueError:substring not found
```

字符串、列表及元组三者均有index()方法，而只有字符串类型的序列有find()方法，列表及元组无find()方法。

示例：序列find()方法示例。

```
>>> list1=[1,2,3,4,5]
>>> list1.find(2)
Traceback(most recent call last):
  File "<pyshell#6>",line 1,in <module>
    list1.find(2)
AttributeError:'list' object has no attribute 'find'
>>> list1.index(2)
1
>>> t=(1,2,3,4,5)
>>> t.find(2)
Traceback(most recent call last):
  File "<pyshell#9>",line 1,in <module>
    t.find(2)
AttributeError:'tuple' object has no attribute 'find'
>>> t.index(2)
1
```

3.3.4 标准库 string 模块

标准库string模块提供了一些字符串相关的常量和函数。使用前先导入：import string。

示例：string.whitespace应用。string.whitespace返回所有空白符构成的字符串。包括：回车符，制表符，换行符等。

```
>>> string.whitespace
' \t\n\r\x0b\x0c'                              #x0b是竖直制表符，x0c是换页符
```

（1）string.whitespace：返回所有空白符构成的字符串。包括回车符、制表符、换行符等。

```
>>> string.whitespace
' \t\n\r\x0b\x0c'                              #x0b竖直制表符，x0c换页
```

（2）string.punctuation：返回所有标点符号构成的字符串。

```
>>> string.punctuation
'!"#$%&\'()*+,-./:;<=>?@[\\]^_`{|}~'
```

（3）string.printable：返回所有可打印字符构成的字符串。

```
>>> string.printable
'0123456789abcdefghijklmnopqrstuvwxyzABCDEFGHIJKLMNOPQRSTUVWXYZ!"#$%&\
'()*+,-./:;<=>?@[\\]^_`{|}~ \t\n\r\x0b\x0c'
```

（4）string.ascii_lowercase：返回所有小写字母构成的字符串。

```
>>> string.ascii_lowercase
'abcdefghijklmnopqrstuvwxyz'
```

（5）string.ascii_uppercase：返回所有大写字母构成的字符串。

```
>>> string.ascii_uppercase
'ABCDEFGHIJKLMNOPQRSTUVWXYZ'
```

（6）string.ascii_letters：返回所有字母构成的字符串。

```
>>> string.ascii_letters
'abcdefghijklmnopqrstuvwxyzABCDEFGHIJKLMNOPQRSTUVWXYZ'
```

（7）string.digits：返回所有十进制数字构成的字符串。

```
>>> string.digits
'0123456789'
```

（8）string.hexdigits：返回所有十六进制数字构成的字符串。

```
>>> string.hexdigits
'0123456789abcdefABCDEF'
```

（9）string.octdigits：返回所有八进制数字构成的字符串。

```
>>> string.octdigits
'01234567'
```

3.4 列 表

列表是使用方括号[ ]括起来的一组数据序列的集合。列表是可修改的序列，其长度和内容都可变，可进行插删改操作。

列表元素个数不需要预先定义，数据类型可以不一致。列表属于序列，序列的操作符和函数对列表都有效。

3.4.1 列表的创建和修改

（1）新建列表。

```
>>> x=[]                                    #x为空列表
>>> y=['a']                                 #y为一个元素的列表
>>> z=['a','b','c',[1,2,3],'d']             #z为嵌套的列表
>>> m=[1,2,3,4,5,6,7,8,9,10]
>>> p=m                        #p和m指向同一列表，对p修改会导致m的值改变，反之亦然
>>> q=m[2:5]                   #q=[3,4,5]，q为一个新列表，和m没关系
>>> k=list(range(1,6)) #k=[1,2,3,4,5]
```

（2）通过生成序列函数range()得到列表，格式为

```
range([start,]stop,[step])
```

得到一个从start开始，到stop结束的数列，左闭右开，不包括stop，step为数列的步长，默认为1，表示元素之间的差值，start默认从0开始。

```
>>> list(range(10))            #产生[0,9]之间的整型数值构成的序列
[0,1,2,3,4,5,6,7,8,9]
>>> list(range(10,20))         #产生[10,19]之间的整型数值构成的序列
[10,11,12,13,14,15,16,17,18,19]
>>> list(range(1,20,3))        #产生从1开始，差为3，最后一个数<20的等差序列
[1,4,7,10,13,16,19]
```

（3）修改列表元素。

```
>>> m=[1,2,3,4,5]
>>> m[4]=11                    #将索引4位置的元素修改为11
>>> m
[1,2,3,4,11]
>>> n=['a','b']
>>> m[2:3]=n                   #将索引2位置的元素用n中的两个元素代替
>>> m
[1,2,'a','b',4,11]
>>> t=[7]
>>> m[3:5]=t                   #将索引3和4两个位置的元素用t中的一个元素代替
>>> m
[1,2,'a',7,11]
```

3.4.2 列表的常用函数

除了序列中通用的函数外，列表专属的函数有list()函数将其他类型的序列转换成列表，del()函数将列表中的元素删除，以及sort()函数对列表中的元素排序。列表的常用函数见表3-5。

表3-5 列表常用的函数

函　数	描　述
list(seq)	将字符串或元组序列转换成列表
del L[m：n]	删除列表元素m到n-1
sorted(seq)	排序函数，自身不变
s.sort(seq)	排序方法，自身改变

1. 转换函数 list()

示例：使用转换函数list()可在不改变原变量类型的基础上得到一个列表。

```
>>> s="hello"
>>> n=list(s)
>>> n
['h','e','l','l','o']
>>> s        #字符串中的内容不会改变
'hello'
>>> t=(10,20,30)
>>> m=list(t)
>>> m
[10,20,30]
>>> t
(10,20,30)
```

2. 删除列表元素 del L[m : n]

del L[m：n]是删除列表中索引m到索引n之间的所有元素，包含m不包含n。

```
>>> L=list(range(10))                           #产生[0,9]之间的整型数值构成的列表
>>> L
[0,1,2,3,4,5,6,7,8,9]
>>> del L[3:7]
>>> L
[0,1,2,7,8,9]
```

3. 列表操作——sorted 排序

问题：s= [1，2，3，4，5，6，7，8，9，10]将s中偶数位的数从大到小排序之后，重新插入到偶数位置，即变为：s= [1，10，3，8，5，6，7，4，9，2]。

通过交互方式实现：

```
>>> s=list(range(1,11))
>>> s
[1,2,3,4,5,6,7,8,9,10]
>>> m=s[1::2]                                #s1:取出偶数位的数字
>>> m
[2,4,6,8,10]
>>> t=sorted(m,reverse=True)                 #s2:由大到小排列
>>> t
[10,8,6,4,2]
>>> s[1::2]=t                                #s3:插回原列表
>>> s
[1,10,3,8,5,6,7,4,9,2]
```

通过脚本文件方式实现：

```
s=list(range(1,11))
print(s)
m=s[1::2]                                    #s1:取出偶数位的数字
t=sorted(m,reverse=True)                     #s2:由大到小排列
s[1::2]=t                                    #s3:插回原列表
```

```
print(s)
```

运行结果：

```
[1,2,3,4,5,6,7,8,9,10]
[1,10,3,8,5,6,7,4,9,2]
```

4. 列表操作——sort 排序方法

通过交互方式实现方法：

```
>>> s=list(range(1,11))
>>> s
[1,2,3,4,5,6,7,8,9,10]
>>> m=s[1::2]                                    #s1:取出偶数位的数字
>>> m
[2,4,6,8,10]
>>> m.sort(reverse=True)                         #s2:由大到小排列
>>> m
[10,8,6,4,2]
>>> s[1::2]=m                                    #s3:插回原列表
>>> s
[1,10,3,8,5,6,7,4,9,2]
```

通过脚本文件方式实现：

```
s=list(range(1,11))
print(s)
m=s[1::2]                                        #s1:取出偶数位的数字
m.sort(reverse=True)                             #s2:由大到小排列
s[1::2]=m                                        #s3:插回原列表
print(s)
```

运行结果：

```
[1,2,3,4,5,6,7,8,9,10]
[1,10,3,8,5,6,7,4,9,2]
```

3.4.3 列表的常用方法

除了序列通用的操作之外，列表还有属于自己的专属方法，如append()方法可以将元素添加到列表的末尾，pop()方法可以将列表末尾的元素取出，clear()方法可以清空列表中的元素等，列表的常用方法见表3-6。

表3-6 列表常用的方法

方 法	描 述
s.append(obj)	在列表s末尾添加新的对象obj
s.extend(t)	在列表s末尾一次性追加另一个序列t中的多个值
s.insert(index，obj)	将对象obj插入列表s索引index的元素所在处
s.pop(obj=list[-1])	移除列表s中的一个元素(默认最后一个元素)，并且返回该元素的值

续表

方　法	描　述
s.remove(obj)	移除列表s中某个值的第一个匹配项
s.clear()	清空s中所有元素
s.reverse()	将列表s中元素反转，就地逆置

1. append() 和 extend() 方法

```
格式:list.append(object)
```

追加对象方法append()：在列表末尾追加对象object。

```
格式:list.extend(t)
```

扩展元素方法extend()：在列表s末尾一次性追加另一个序列t中的多个值（用新列表扩展原来的列表）s = s + t或s += t。

示例：append()和extend()对比。

```
>>> L=[1,2,3]
>>> L.append(4)
>>> L
[1,2,3,4]
>>> t=[1,2]
>>> t
[1,2]
>>> L.append(t)
>>> L
[1,2,3,4,[1,2]]                      #追加了一个子列表
>>> L.extend(t)
>>> L
[1,2,3,[1,2],1,2]
```

2. 列表插入方法 insert()

```
格式: list.insert(index,object)
```

插入对象方法insert()：将对象object插入列表list索引index的元素所在处。

示例：L = [10，20，30，40]。

```
>>> L.insert(1,15)
>>> L
[10,15,20,30,40]
>>> L.insert(1,[1,2])
>>> L
[10,[1,2],15,20,30,40]
```

要点：L[1：1] = [15]替换语句L.insert（1，15）也可得到相同结果。

```
>>> L=[10,20,30,40]
>>> L[1:1]=[15]                 #插入
>>> L
[10,15,20,30,40]
```

区分插入操作与替换操作。

```
>>> L[1]='abc'
>>> L
[10,'abc',20,30,40]
```

3. 根据元素位置移除方法 pop()

```
格式:list.pop([index])
```

移除元素方法pop()：删除列表指定位置的元素，默认是删除最后一个，即-1的位置，与append()方法互逆。

示例：

```
>>> L=[12,23,34,45]
>>> L.pop()                              #移除最后一个元素
45
>>> L
[12,23,34]
>>> L.pop(0)                             #移除12
12
>>> L
[23,34]
```

4. 根据元素值移除方法 remove()

```
格式:list.remove(value)
```

移除元素方法remove()：根据元素值从列表中移除元素。调用该方法一次只能删除第一个值为value的元素，当value不存在时报错。

示例：L = [10，20，30，20，10]。

```
>>> L.remove(20)#删除第一个值20的元素
>>> L
[10,30,20,10]
>>> L.remove(50)#报错
Traceback(most recent call last):
  File "<pyshell#5>",line 1,in <module>
    L.remove(50)
ValueError:list.remove(x):x not in list
```

比较del()函数、pop()方法、remove()方法的区别：

- del()函数，下标或切片方式操作，无返回值；
- pop()方法，按下标操作，返回删除的数；
- remove()方法，按值操作，无返回值。

示例：del()函数、pop()方法、remove()方法的区别。

```
>>> L=list(range(0,100,10))
>>> L
[0,10,20,30,40,50,60,70,80,90]
>>> del L[2]                             #删除第3个元素
>>> L
[0,10,30,40,50,60,70,80,90]
```

```
>>> del L[7:]                           #删除第7-最后一个元素
>>> L
[0,10,30,40,50,60,70]
>>> L.pop()                             #删最后一个
70
>>> L
[0,10,30,40,50,60]
>>> L.pop(2)                            #删第3个
30
>>> L
[0,10,40,50,60]
>>> L.remove(40)                        #删值为40的元素
>>> L
[0,10,50,60]
```

5. 列表元素清空方法 clear()

```
格式:list.clear()
```

列表元素清空方法clear()：删除列表中的所有元素。

示例：clear()方法示例。

```
>>> L = [1,2,3,2,1]
>>> L.clear()
>>> L
[]
```

对比：del()函数的功能是删除列表。

```
>>> L = [1,2,3,2,1]
>>> del(L)
>>> L
出错
```

6. 列表元素就地逆转方法 reverse()

```
格式:list.reverse()
```

反向方法reverse()：将列表元素就地逆转。

```
>>> L = [12,23,34,45,10]
>>> L.reverse()
>>> L
[10,45,34,23,12]
```

3.5 元 组

元组是只读序列，用圆括号“()”括起，括号可省略。元组不可改变，所以代码更安全。序列的操作符和函数对元组都有效，但元组不能使用append()、insert()、pop()、sort()等动态方法，其他静态方法如index()、find()、count()和列表一样。

1. 元组的新建与赋值

示例：

```
>>> a=()                                    #a为空元组
>>> b=(3,)                                  #b为只包含一个元素的元组，逗号不能省
>>> type(b)                                 #'tuple'表示元组类型
<class 'tuple'>
```

对比：c是个变量，不是元组。

```
>>> c=(3)                                              #对比:c是个变量，不是元组
>>> c
>>> type(c)
<class 'int'>
>>> animal='cat','dog','rabbit','mouse','horse'   #省略了()
>>> animal
('cat','dog','rabbit','mouse','horse')
```

2. 转换函数 tuple()

```
格式:tuple(seq)
```

转换函数tuple()：将序列、字符串或列表序列转换成元组。

```
>>> m=tuple(range(1,10))
(1,2,3,4,5,6,7,8,9)
>>> n=tuple(range(5))
(0,1,2,3,4)
>>> d=tuple([1,2,3])                             #转换列表为元组
(1,2,3)
>>> e=tuple('test')                              #转换字符串为元组
('t','e','s','t')
```

3. 元组的“修改”操作

元组是不可修改类型，因此其中的元素不能修改，但是可以通过对元组切片及连接操作生成一个新的元组。

```
>>> t=(1,2,3,4)
>>> t[2]=30                                      #报错
>>> t=t[:2]+(30,)+t[3:]
>>> t
(1,2,30,4)
```

对比：

```
>>> t=('a','b','c',[1,2,'and'],'test')        #元组创建，元组包含了一个列表
>>> t[2]='e'                                    #元组元素不能修改，会出错
>>> t[3][2]=t[3][2].upper()                     #元素t[3]是列表，列表内元素可以修改
>>> t
('a','b','c',[1,2,'AND'],'test')
```

4. 元组的应用：多变量赋值和两数交换

可以通过元组给多变量赋值。

示例：多变量赋值。

```
>>> x,y,z=1,3,5                         #多变量赋值
>>> x,y,z
(1,3,5)
>>> a,b,c=z,y,x                         #对位赋值
>>> a,b,c
(5,3,1)
>>> x,y=4,5                             #多变量赋值
>>> x,y=y,x                             #对位赋值，实现交换
>>> x,y
(5,4)
```

3.6 字 典

整个字典用大括号“{}”括起，字典的每个元素都是一对数据，称为键值对。键值对中的键和值用冒号分开，每个键值对之间用逗号分开。格式为

```
d={key1:value1,key2:value2,key3:value3}
```

字典的值可以是任意数据类型，键必须唯一。在字典中可以根据键查找到对应的值，格式：字典变量[键]，如d[key1]的值是value1。

字典在Python是一种非常常见的数据结构。在字典中，每个键值对都是由一个键和一个值组成。其中，键是一个不可变的类型，而值则可以是任意类型。那么，Python中字典的键可以为哪些类型呢？下面将进行详细介绍。

1. 数字类型

数字类型是Python中最基本的数据类型之一。数字类型包括整数、浮点数、复数等。其中，整数和浮点数可以作为字典的键。例如：

```
d={1:'one',2:'two',3:'three'}
```

2. 字符串类型

字符串类型是Python中用的最多的数据类型之一。字符串类型可以作为字典的键。例如：

```
d={'apple':1,'banana':2,'orange':3}
```

3. 元组类型

元组类型是Python中比较常见的数据类型之一。元组类型中的元素可以是不同类型的数据，而且元组类型是不可变的。因此，元组类型可以作为字典的键。例如：

```
d={('John','Smith'):1,('Tom','Hanks'):2,('Brad','Pitt'):3}
```

4. 布尔类型

布尔类型是Python中用来表示真假的数据类型。布尔类型可以作为字典的键。例如：

```
d={True:'yes',False:'no'}
```

5. None 类型

None类型是Python中用来表示空值的数据类型。None类型可以作为字典的键。例如：

```
d={None:'nothing'}
```

Python中字典的键可以为数字类型、字符串类型、元组类型、布尔类型和None类型。在使用字典时，应该根据需要来选择最适合的键类型，以便于提高代码的效率和可读性。

3.6.1 字典的创建

（1）创建一个空字典。

```
>>> dict1={}
>>> dict1
{}
```

（2）直接对变量赋值，创建字典对象。

```
>>> dict2={'name':'Tom','age':18,'sex':'Male'}
>>> dict2
{'age':18,'name':'Tom','sex':'Male'}
```

（3）用函数dict()创建字典对象。

示例：新建一个不包含任何项的空字典。

```
>>> dict3=dict()
>>> dict3
{}
```

示例：将包含双元素子序列的序列转换为字典。

```
>>> dict4=dict((['x',1],['y',2]))
>>> dict4
{'y':2,'x':1}
```

示例：用dict()函数将形如name=value的赋值语句形式转换为字典。

```
>>> dict(a=1,b=2,c=3)
{'a':1,'b':2,'c':3}
```

（4）dict()和zip()函数组合创建字典对象。

zip()函数用于将可迭代的对象作为参数，将对象中对应的元素打包成一个个元组，使用list()函数可以返回由这些元组组成的列表。

如果各个迭代器的元素个数不一致，则返回列表长度与最短的对象相同。

利用*号操作符，可以将元组解压为列表。

示例：zip()函数。

```
>>> a=[1,2,3]
>>> b=[4,5,6]
>>> c=[4,5,6,7,8]
>>> list(zip(a,b))                    #list()转换为列表
[(1,4),(2,5),(3,6)]
>>> list(zip(a,c))                    #元素个数与最短的列表一致
[(1,4),(2,5),(3,6)]
```

示例：zip（*）函数

```
#zip(*)可理解为解压，返回二维矩阵式
>>> a1,a2=zip(*zip(a,b))
>>> list(a1)
[1,2,3]
>>> list(a2)
[4,5,6]
```

可以用dict()函数和zip()函数来创建字典。

示例：将两个列表转换为字典。

```
>>> dict(zip(['a','b','c'],[1,2,3]))
{'a':1,'b':2,'c':3}
```

示例：将两个字符串或其他序列转换为字典。

```
>>> dict(zip('abc','123'))
{'a':'1','b':'2','c':'3'}
>>> dict(zip('abc',range(1,4)))
{'a':1,'b':2,'c':3}
```

3.6.2 字典的访问

（1）字典通过键来访问或查找对应的值。

示例：字典的访问。

```
>>> dict1={'name':'Tom','age':18,'sex':'Male'}
>>> dict1['name']
'Tom'
```

如果访问的键不在字典中，则会得到一个异常。

```
>>> dict1['address']
Traceback(most recent call last):
  File "<pyshell#1>",line 1,in <module>
     dict1['address']
KeyError:'address'
```

（2）遍历字典中所有的键值。

遍历：通过for语句访问整个字典中所有的键，输出键和对应的值。字典是无序的，所以键的出现没有特定顺序。

```
>>> dict1={'name':'Tom','age':18,'sex':'Male'}
>>> dict1['name']
'Tom'
>>> for key in dict1:                          #key为变量名
          print(key,dict1[key])
```

运行结果：

```
age 18
name Tom
sex Male
```

（3）字典求和。

对字典求和，即对字典中所有键值对的键求和，若键非数值类型，则报错。

示例：字典的求和。

```
>>> d={1:3,2:5,3:4}
>>> sum(d)                                    #对key求和
6
>>> a=[1,2,3,4]
>>> b=['a','cd','ert','a']
>>> d=dict(zip(a,b))
>>> d
{1:'a',2:'cd',3:'ert',4:'a'}
>>> sum(d)                                    #对key求和
10
>>> d={'a':3,'b':5,'c':4}                     #对键求和，因键不是数值类型，报错
>>> sum(d)
Traceback(most recent call last):
  File "<pyshell#3>",line 1,in <module>
    sum(d)
TypeError:unsupported operand type(s)for +:'int' and 'str'{1:'a',2:
'cd',3:'ert',4:'a'}
```

（4）判断键是否存在in /not in。

用in操作符判断键是否存在于字典中，not in判断键是否不存在于字典中。

```
>>> dict1={'name':'Tom','age':18,'sex':'Male'}
>>> 'name' in dict1
True
>>> 'Tom' in dict1
False
>>> 'Tom' not in dict1
True
```

（5）字典添加键值对。

向字典添加一个新的键值对，只要将值赋给字典名[键]即可。

```
>>> dict1={'name':'Tom','age':18,'sex':'Male'}
>>> dict1['Address']='B105'
>>> dict1
{'name':'Tom','age':18,'sex':'Male','Address':'B105'}
```

（6）字典中值的修改。

字典中的键是没有重复的，当给一个已存在的字典名[键]再次赋值，就会修改这个键所对应的值。

```
>>> dict1={'name':'Tom','age':18,'sex':'Male'}
>>> dict1['name']='Jerry'
>>> dict1
{'name':'Jerry','age':18,'sex':'Male'}
```

（7）删除键值。

del键：删除一个指定键值对。

```
>>> dict1={'name':'Tom','age':18,'sex':'Male'}
>>> del dict1['name']
>>> dict1
{'age':18,'sex':'Male'}
```

（8）删除字典。

del字典：删除整个字典。

```
>>> del dict1
>>> dict1
Traceback(most recent call last):
  File "<pyshell#7>",line 1,in <module>
    dict1
NameError:name 'dict1' is not defined
```

3.6.3 字典常用的内置方法

在字典中有许多专属的内置方法，如可通过keys获取字典中的所有键，通过values获取字典中所有值，具体情况见表3-7。

表3-7 字典中常用的内置方法

函 数	说 明
s.keys()	返回字典s的所有键
s.values()	返回字典s的所有值
s.items()	返回字典s的所有键值对
s.update()	修改或添加键值对
s.copy()	复制字典给另一字典，各自id不变
s.get(key，<default>)	key存在返回值，否则返回default值
s.pop(key，<default>)	key存在返回值，删除键值对，否则返回default值
s.popitem()	删除一个键值对，以元组(key-value)形式返回
s.setdefault(key，<default>)	插入新键值对，或返回键对应的值
s.clear()	清空所有键值对

1. keys() 方法

keys()方法：可以获得字典中的所有键。

操作将以键的迭代形式返回字典中所有的键dict_keys()，为键的视图，这种形式不需要时间和空间来创建返回的列表，对大型的字典非常有用，可以用list()函数得到键组成的列表。

示例：获取字典的键。

```
>>> dict1={'name':'Tom','age':18,'sex':'Male'}
>>> dict1.keys()                              #返回键的迭代形式
dict_keys(['name','age','sex'])
>>> 'age' in dict1.keys()                     #判断键是否存在
True
>>> list(dict1.keys())                        #返回键构成的列表
```

```
['name','age','sex']
```

2. values() 方法

values()方法：可以获得字典中的所有值。

```
>>> dict1.values()                          #值的迭代形式
dict_values(['Tom',18,'Male'])
>>> list(dict1.values())                    #值的列表
['Tom',18,'Male']
```

3. items() 方法

items()方法：获得字典中的所有项（即键值对）。

```
>>> dict1.items()
dict_items([('name','Tom'),('age',18),('sex','Male')])
>>> list(dict1.items())                     #转换成(键,值)对的列表
[('name','Tom'),('age',18),('sex','Male')]
```

使用items()方法，用for语句遍历字典中的键和值。

```
>>>for k,v in dict1.items():
    print(k,v)
```

运行结果：

```
name Tom
age 18
sex Male
```

除此之外，可以使用for遍历字典中所有的键，再通过键访问字典中的值：

```
for key in dict1:
    print(key,dict1[key])
```

4. update() 方法

```
格式:dict1.update(dict2)
```

修改字典，将字典dict2的键值对复制到另一个字典dict1中去。

如果dict2字典中的某个键与dict1字典中的某个键相同，则修改dict1字典中相应键所对应的值；否则把dict2字典的所有键值对添加到dict1字典中。

示例：update()方法1。

```
>>> dict1={'name':'Tom','age':18,'sex':'Male'}
>>> dict2={'name':'John'}
>>> dict1.update(dict2)                     #对dict1中的name修改
>>> dict1
{'name':'John','age':18,'sex':'Male'}
```

示例：update()方法2。

```
>>> dict1={'name':'John','age':18,'sex':'Male'}
>>> dict3={'address':'B105','Tel':'666666'}
>>> dict1.update(dict3)                     #将dict3中的键值对添加到dict1中
>>> dict1
```

```
{'name':'John','age':18,'sex':'Male','address':'B105','Tel':'666666'}
```

示例：update()方法3。

```
>>> list=[('email','John@Python.org')]              #元组列表
>>> dict1.update(list)
>>> dict1
{'name':'John','age':18,'sex':'Male','Tel':'666666','email':'John@Python.org'}
```

5. copy() 方法

copy()方法：复制一个字典中的所有内容到新的字典中。

```
>>> dict1={'name':'Tom','age':18,'sex':'Male'}
>>> dict2=dict1.copy()
>>> dict1['name']='Mike'                            #修改dict1中的内容
>>> dict1
{'name':'Mike','age':18,'sex':'Male'}
>>> dict2                                           #dict2中的内容不发生变化
{'name':'Tom','age':18,'sex':'Male'}
```

此时dict1和dict2虽然内容相等，但是所引用的并不是同一个对象，对dict1中内容的修改并不会影响dict2的内容。

copy()和=的对比：用=赋值方法复制的字典，和原字典引用的是同一个对象，对任一字典的修改会导致其他字典也变化。

```
>>> dict1={'name':'Tom','age':18,'sex':'Male'}
>>> dict2=dict1
>>> dict1['name']='Mike'                            #修改dict1中的内容
>>> dict1
{'name':'Mike','age':18,'sex':'Male'}
>>> dict2                                           #dict2中的内容也会发生变化
{'name':'Mike','age':18,'sex':'Male'}
```

6. get() 方法

get()方法：根据键查询并返回对应的值。

```
格式:dict.get(k[,d])
```

其中，dict为字典名，k为键，d为默认值。如果所访问的键k存在于字典dict中，则返回键对应的值；如果所访问的键k在字典dict中不存在，若定义了默认值d，则返回默认值d，否则没有返回值。

```
>>> dict1={'name':'Tom','age':18,'sex':'Male'}
>>> dict1.get('name')
'Tom'
```

若键存在，返回键对应的值。

```
>>> dict1.get('name','Mike')
#若字典中有name，就返回name对应的值，若字典中没有name，则返回Mike
'Tom'
```

若键'tel'不存在，无返回值。

```
>>> dict1.get('tel')
```

若键'tel'不存在，有默认值参数，则返回默认值。

```
>>> dict1.get('tel','没有此信息')
'没有此信息'
```

get()方法也可用于遍历字典。

```
>>> dict1={'name':'Tom','age':18,'sex':'Male'}
>>> for i in dict1:
    print(i,dict1.get(i))                       #等价于dict1[i]
```

运行结果：

```
name Tom
age 18
sex Male
```

7. pop() 方法

```
格式:dict.pop(key[,default])
```

如果键key在字典dict中，则将其移出并返回key对应的值，否则返回默认值default；如果未给定默认值default且字典dict中没有该键key，则会导致异常keyError。

```
>>> dict1={'name':'Tom','age':18,'sex':'Male'}
>>> dict1.pop('age')                            #键key在字典中
18
>>> dict1
{'name':'Tom','sex':'Male'}
```

若键不在字典中，返回默认值。

```
>>> dict1.pop('address','不知道')
'不知道'
```

若键不在字典中，且未给出默认值，会出错。

```
>>> dict1.pop('address')
Traceback(most recent call last):
  File "<pyshell#28>",line 1,in <module>
    dict1.pop('address')
KeyError:'address'
```

8. popitem() 方法

使用popitem()方法，可以从字典中删除并返回任意（键，值）对，如果字典为空，则将导致异常keyError。

```
>>> dict1={'name':'Tom','age':18,'sex':'Male'}
>>> dict1.popitem()
('sex','Male')
>>> dict1.popitem()
('age',18)
>>> dict1.popitem()
('name','Tom')
>>> dict1
{}
```

```
>>> dict1.popitem()
Traceback(most recent call last):
  File "<pyshell#34>",line 1,in <module>
    dict1.popitem()
KeyError:'popitem():dictionary is empty'
```

9. setdefault（key[，default]）() 方法

使用setdefault（key[，default]）()方法：

- 若键不在字典中，有default参数，插入一个新键值对，并返回其键对应的值。
- 若键不在字典中，没有default参数，则插入一个新键值对，其键所对应的值为None。
- 若键在字典中，无论有没有default参数，则返回该键所对应的值。

示例：setdefault()方法。

```
>>> dict1={'name':'Tom','age':18,'sex':'Male'}
>>> dict1.setdefault('address','B105')#插入
'B105'
>>> dict1
{'name':'Tom','age':18,'sex':'Male','address':'B105'}
```

示例：若键不在字典中，没有default参数，则插入一个新键值对，其键所对应的值为None。

```
>>> dict1={'name':'Tom','age':18,'sex':'Male'}
>>> dict1.setdefault('address')                    #插入
>>> dict1
{'name':'Tom','age':18,'sex':'Male','address':None}
```

示例：若键在字典中，无论有没有default参数，返回该键所对应的值。

```
>>> dict1={'name':'Tom','age':18,'sex':'Male','address':'B105'}
>>> dict1.setdefault('address','A110')
'B105'
```

10. clear() 方法

clear()方法：清空字典里所有的键值对。

```
>>> dict1={'name':'Tom','age':18,'sex':'Male'}
>>> dict1.clear()
>>> dict1
{}
```

对比：

```
>>> del dict1
>>> dict1
Traceback(most recent call last):
  File "<pyshell#7>",line 1,in <module>
    dict1
NameError:name 'dict1' is not defined
```

3.6.4　字典的应用

（1）综合操作示例。

```
>>> s={'江苏':'南京','山西':'太原','陕西':'西安'}
>>> s
{'江苏':'南京','山西':'太原','陕西':'西安'}
>>> s.keys()
dict_keys(['江苏','山西','陕西'])
>>> s.values()
dict_values(['南京','太原','西安'])
>>> s.items()
dict_items([('江苏','南京'),('山西','太原'),('陕西','西安')])
>>> s.get('江苏')
'南京'
>>> s.get('浙江')
>>> s.get('浙江','不知道')
'不知道'
>>> s.pop('山西')
'太原'
>>> s
{'江苏':'南京','陕西':'西安'}
>>> '江苏' in s
True
```

（2）统计字符串中出现了哪些字符以及字符出现的次数。

分析：（注意输出语句的缩进位置）

```
st=input("请输入字符串:")
dict1=dict()                          #dict1={  }
for ch in st:
    if ch not in dict1:
      dict1[ch]=1
    else:
      dict1[ch]+=1
    print(dict1)
```

运行结果：

```
请输入字符串:this is a test
{'t':1}
{'t':1,'h':1}
{'t':1,'h':1,'i':1}
{'t':1,'h':1,'i':1,'s':1}
{'t':1,'h':1,'i':1,'s':1,' ':1}
{'t':1,'h':1,'i':2,'s':1,' ':1}
{'t':1,'h':1,'i':2,'s':2,' ':1}
{'t':1,'h':1,'i':2,'s':2,' ':2}
{'t':1,'h':1,'i':2,'s':2,' ':2,'a':1}
{'t':1,'h':1,'i':2,'s':2,' ':3,'a':1}
{'t':2,'h':1,'i':2,'s':2,' ':3,'a':1}
{'t':2,'h':1,'i':2,'s':2,' ':3,'a':1,'e':1}
{'t':2,'h':1,'i':2,'s':3,' ':3,'a':1,'e':1}
{'t':3,'h':1,'i':2,'s':3,' ':3,'a':1,'e':1}
```

解法一：只输出结论（注意输出语句的缩进位置）。

```
st=input("请输入字符串:")
dict1=dict()                    #dict1={ }
for ch in st:
    if ch not in dict1:
        dict1[ch]=1
    else:
        dict1[ch]+=1
print(dict1)
```

运行结果：

```
请输入字符串:this is a test
{'t':3,'h':1,'i':2,'s':3,' ':3,'a':1,'e':1}
```

解法二：

```
st=input("请输入字符串:")
dict1=dict()
for ch in st:
    dict1.setdefault(ch,0)
    dict1[ch]+=1
print(dict1)
```

解法三：

```
st=input("请输入字符串:")
dict1=dict()
for ch in st:
    dict1[ch]=dict1.get(ch,0)+1
print(dict1)
```

3.6.5 字典和列表的比较

通过容器的元素是否有序，以及查找、访问元素的速度三个方面，可以分析出字典和列表的不同，字典和列表对比见表3-8。

表3-8 字典和列表对比

项　目	字　典	列　表
元素有序/无序	无序	有序
访问元素速度	通过键值key	使用下标(索引)
查找元素速度	有索引，查找速度快	逐个查找，列表越大查找速度越慢

3.7 集　合

集合（set）是一个无序的不重复元素数据集；可以使用大括号{}或set()函数创建集合，创建一个空集合必须用set()函数；集合元素类型必须是固定数据类型（如整型、浮点数、字符串或元组等）；列表、字典、集合本身都是可变数据类型，不能作为集合的元素；集合元素无序，不能使用下标和切片操作去访问集合；集合中的元素是不重复的，可以利用这一特性来去重。

3.7.1 集合的创建

（1）使用set()函数创建可变集合。创建一个空集合。

```
>>> s=set()
>>> s
set()
```

（2）使用大括号{}，将一组用逗号分隔的值括起来赋值给变量来创建集合。

```
>>> s1={12,13}
>>> s1
{12,13}
>>> set1={1,3,4,5,(1,2,3)}
>>> set1
{1,3,4,5,(1,2,3)}
```

注意：{}表示一个空字典，set()表示空集合。

```
>>> type(set())
<class 'set'>
>>> type({})
<class 'dict'>
```

（3）使用set()函数可以将其他类型转换为可变集合，并去掉重复值。

示例：将列表转换为集合。

```
>>> s1=set([1,2,3,4,5,6,1,2])
>>> s1
{1,2,3,4,5,6}
```

示例：将字符串转换为集合。

```
>>> s2=set('apple')
>>> s2
{'a','p','l','e'}
```

示例：将元组转换为集合。

```
>>> s3=set(('one','two','three'))
>>> s3
{'three','one','two'}
```

示例：将字典转换为集合时，只保留键。

```
>>> s4=set({1:'one',2:'two',3:'three'})
>>> s4
{1,2,3}
```

（4）集合的创建frozenset()函数。

返回一个冻结的集合，冻结后集合不能再添加或删除任何元素。

```
>>> t=frozenset('school')
>>> t
frozenset({'o','h','s','c','l'})
>>> type(t)
<class 'frozenset'>
```

（5）集合元素必须为不可变数据类型，即元素不能为列表、字典或集合。

```
>>> s5={1,2,3,[1,2,4]}          #当集合中的元素为列表、字典或集合时会报错
TypeError:unhashable type:'list'
>>> t=frozenset([1,2,3,{1,2,4}])
TypeError:unhashable type:'set'
```

（6）集合元素无序，不能使用下标和切片操作去访问集合。

```
>>> set1={1,3,4,5,9,0}
>>> set1
{0,1,3,4,5,9}  #无序
>>> set1[0]
Traceback(most recent call last):
  File "<pyshell#5>",line 1,in <module>
    set1[0]
TypeError:'set' object is not subscriptable
```

3.7.2 集合运算

并（|），交（&），差（-），异或（^），与数学意义上的运算类似，差运算不满足交换律。

in / not in判断是否存在；==、!=判断是否相等；<=、>=、<、>判断一个集合是否是另一个集合的子集、真子集。

（1）集合运算：并（|），交（&），差（-），异或（^）。集合运算表示如图3-4（a）~（d）所示。

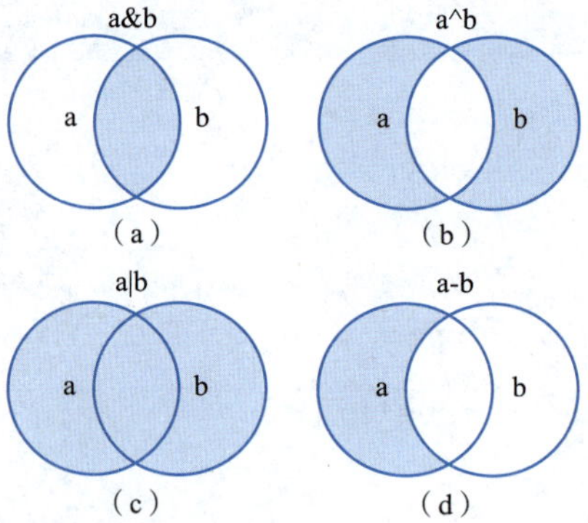

图3-4　集合运算表示

示例：集合运算示例1。

```
>>> a={1,2,3,4}
>>> b={3,4,5,6}
>>> print(a & b)
{3,4}
>>> print(a | b)
{1,2,3,4,5,6}
>>> print(a-b)
{1,2}
>>> print(a^b)
{1,2,5,6}
```

示例：集合运算示例2。

```
>>> s1=set('cheeseshop')
>>> s2=set('fishshop')
>>> s1|s2                                  #并运算
{'o','f','e','h','p','s','c','i'}
>>> s1&s2                                  #交运算
{'s','h','p','o'}
>>> s1-s2                                  #差运算，元素只属于集合s1，不属于集合s2
{'e','c'}
>>> s2-s1                                  #元素只属于集合s2，不属于集合s1
{'f','i'}
>>> s^t                                    #元素只属于集合s2，或只属于集合s1
{'e','f','i','c'}
```

（2）集合运算：in /not in。

in或not in操作符：测试元素是否存在于集合。

```
>>> s=set('apple')
>>> s
{'a','p','l','e'}
>>> 'a' in s
True
>>> 'a' not in s
False
```

（3）集合运算：判断集合是否相等==、!=。

```
>>> s={1,2,3,3,5,2}                        #s的值为{1,2,3,5}
>>> t={1,2,3,5}                            #t的值为{1,2,3,5}
>>> t==s
True
>>> t!=s
False
```

（4）集合运算：判断子集。

操作符<=或>=：判断集合t是集合s的子集，用表达式t<=s或s>=t。

```
>>> s={1,2,3,4,5,6}
>>> t={1,2,3}
>>> t<=s
True
>>> s>=t
True
>>> {1,2,3,4,5,6}<=s
True
```

（5）集合运算：包含<、>。

操作符<或>：判断集合t是集合s的真子集，用表达式t<s或s>t。

```
>>> s={1,2,3,4,5,6}
>>> t={1,2,3}
>>> t<s
True
```

```
>>> s>t
True
>>> {1,2,3,4,5,6}<s
False
```

3.7.3 集合的常用内置方法和函数

集合的常用内置函数和方法见表3-9。

表3-9 集合的常用内置函数和方法

函数和方法	说 明
s.add(x)	将元素x添加到集合s中
s.update(seq)	将序列x添加到集合s中
s.remove(x)	从集合s中删除元素x，如果不存在则引发KeyError
s.clear()	清空集合s里面的所有元素
s.copy()	复制集合s
s.discard(x)	如果在集合s中存在元素x，则删除
s.pop()	删除并且返回集合s中的一个不确定的元素，如果为空则引发KeyError
s.isdisjoint(t)	判断两个集合是不是不相交，并返回
len(s)	求集合s的元素个数

1. add() 方法

.add()方法：向集合中添加一个元素

示例：集合add()方法。

```
>>> s={1,2,3,4,5}
>>> s.add(6)
>>> s
{1,2,3,4,5,6}
```

2. update() 方法

.update()方法：更新集合，向集合中添加多个元素（自动去除重复）。

示例：集合update()方法。

```
>>> s={1,2,3,4,5}
>>> s.update([6,7,8])
>>> s
{1,2,3,4,5,6,7,8}
```

3. remove() 方法

.remove()方法：从集合中删除一个元素，删除一个不存在的元素时报错。

示例：集合remove()方法。

```
>>> s.remove(1)
>>> s
{2,3,4,5,6,7,8}
```

```
>>> s.remove(9)
KeyError:9
```

4. len() 函数

len()函数：返回集合中元素的个数。

示例：集合len()函数。

```
>>> len(s)
7
```

小 结

本章主要介绍了容器数据类型，可以按照属性分为序列类型、映射类型、集合类型，然后介绍了三种序列数据类型：字符串、列表、元组的通用操作和使用；最后学习了另外两种容器数据类型：字典、集合的创建和使用。

习题三

一、单选题

1. 序列由有序排列的多个成员组成，以下类型不是序列的是（　　）。

A. 字符串　　B. 列表　　C. 元组　　D. 字典

2. 以下有关列表的叙述中，错误的是（　　）。

A. 列表是可变的　　B. 列表中的元素必须是同一类型

C. 列表中的元素可以是列表　　D. 列表是一个序列

3. 已知a="abcdef"，执行语句"r=a[: -1]"后，r的值为（　　）。

A. "f"　　B. "abcdef"　　C. "fedcba"　　D. "abcde"

4. 下列能删除字符串s="ab23cd"中数字的语句（　　）。

A. del s[2: 4]　　B. s[2: 4]=[]　　C. s=s[0: 2]+s[-2:]　　D. s[2: 4]=""

5. 语句print（'%c，%c'%（'a'，98））执行后，显示的结果为（　　）。

A. a，9　　B. a，b　　C. 9，8　　D. a，98

6. 下面代码的输出结果是（　　）。

```
d={'a':1,'b':2,'c':3};
print(d['c']).
```

A. { 'c'：3}　　B. 2　　C. 3　　D. 1

7. 下面代码的输出结果是（　　）。

```
ls=[[1,2,3],'Python',[[4,5,'ABC'],6],[7,8]]
print(ls[2][1])
```

A. 'ABC'　　B. P　　C. 4　　D. 6

8. 下面代码的输出结果是（　　）。

```
ls=["2020","1903","Python"]
```

```
ls.append(2025)
ls.append([2020,"2020"])
print(ls)
```

A. ['2020', '1903', 'Python', 2020, [2025, '2020']]

B. ['2020', '1903', 'Python', 2020]

C. ['2020', '1903', 'Python', 2025, [2020, '2020']]

D. ['2020', '1903', 'Python', 2025, ['2020']]

9. 下面代码的输出结果是（　　）。

```
s=[4,2,9,1]
s.insert(3,3)
print(s)
```

A. [4, 2, 9, 1, 2, 3]　　B. [4, 3, 2, 9, 1]

C. [4, 2, 9, 2, 1]　　D. [4, 2, 9, 3, 1]

10. 下面程序的输出结果是（　　）。

```
t="the World is so big,I want to see"
s=t[20:21] + 'love' + t[:9]
print(s)
```

A. Ilove the　　B. Ilove World　　C. Ilove the World　　D. I love the Worl

二、填空题

1. 对于列表list1=[2, 4, 6, 8, 10, 12], list1[1:: 2]的结果为________。

2. 表达式'%10s' % '12345'的值为________。

3. [2, 3]in [1, 2, 3, 4]的结果为________。

4. 对于列表a=[[1],（2, 3), 45," 67"], 表达式len(a)的值为________。

5. 表达式"12"*3的值为________。

6. 现有集合s1={1, 2, 3}, 要向该集合中添加元素{6}可使用________。

7. 表达式set（[1, 2, 2, 3]）== {1, 2, 3}的值为________。

8. 已知字典x = {i: str（i+3）for i in range（3）}, 那么表达式sum(x)的值为________。

9. 已知x = [1, 2, 3, 2, 3], 执行语句x. remove（2）之后, x的值为________。

10. 已知x = {1: 2}, 那么执行语句x[2] = 3之后, x的值为________。

三、判断题

1. 已知x为非空列表, 那么表达式sorted（x, reverse=True）== x.sort(reverse=True)的值一定是True。（　　）

2. Python集合中的元素不允许重复。（　　）

3. Python集合可以包含相同的元素。（　　）

4. Python集合中的元素可以是列表。（　　）

5. Python列表中所有元素必须为相同类型的数据。（　　）

6. 在Python 3. x中语句print（*[1, 2, 3]）不能正确执行。（　　）

7. 对于列表而言, 在尾部追加元素比在中间位置插入元素速度更快一些, 尤其是对于包含大量元素的列表。（　　）

8. 假设有非空列表x，那么x. append（3）、x = x+[3]与x. insert（0，3）在执行时间上基本没有太大区别。 （ ）

9. 使用Python列表的方法insert()为列表插入元素时会改变列表中插入位置之后元素的索引。 （ ）

10. 假设x为列表对象，那么x. pop()和x. pop（-1）的作用是一样的。 （ ）

四、程序填空题

1. 运行下面代码，输出结果是___（1）___ ___（2）___。

```
num=[1,2,3]
num.append(5)
print(num)
num.insert(1,8)
print(num)
```

2. 运行下面代码，输出结果是___（1）___ ___（2）___。

```
fruit=['草莓','苹果','香蕉','芒果']
print(fruit[1])
fruit.remove('苹果')
print(fruit)
```

3. 运行下面代码，输出结果是___（1）___ ___（2）___。

```
L=[10,11,12,13,14,15,16,17,18]
print(L[0:9:2])
print(L[::-1])
```

4. 运行下面代码，输出结果是___（1）___ ___（2）___。

```
s="Hello" + "World"
print(s)
print(s*2)
```

5. 运行下面代码，输出结果是___（1）___ ___（2）___。

```
s="I have a dream"
print(s.upper())
print(s.split(" "))
```

6. 运行下面代码，输出结果是___（1）___ ___（2）___。

```
math_score={'Madonna':89,'Cory':99,'Annie':65,'Nelly':89}
math_score['Madonna']=100
print(math_score)
math_score['Madna']=88
print(math_score)
```

7. 运行下面代码，输出结果是___（1）___ ___（2）___。

```
math_score={'Madonna':89,'Cory':99,'Annie':65,'Nelly':89}
d=math_score. items()
print(d)
b=math_score. copy()
print(b)
```

8. 运行下面代码，输出结果是__(1)__ __(2)__。

```
math_score={'Madonna':89,'Cory':99,'Annie':65,'Nelly':89}
for i in math_score:
    print(i)
for k,v in math_score.items():
    print(k,v)
```

9. 运行下面代码，输出结果是__(1)__ __(2)__。

```
tuple1=(1,2,3)
tuple2=(4,5,6)
tuple3=tuple1+tuple2
print(tuple3)
print(min(tuple3))
```

10. 运行下面代码，输出结果是__(1)__ __(2)__。

```
set_1={1,3,5,777}
set_2={1,3}
print(set_1<set_2)
print(3 not in set_1)
```

五、编程题

1. 新建列表lst内容lst = [2，5，6，7，8，9，2，9，9]，请写程序完成下列操作：

（1）在列表的末尾增加元素15。

（2）在列表的中间位置插入元素20。

（3）将列表[2，5，6]合并到lst中。

（4）移除列表中索引为3的元素。

（5）翻转列表里的所有元素。

（6）对列表里的元素进行排序，从小到大一次，从大到小一次。

2. 现有列表lst = [1，[4，6]，True]，请将列表里所有数字修改成原来的两倍。

3. 使用字典保存信息。

（1）姓名张三，年龄20，性别男。

（2）修改姓名为李四。

（3）添加新的属性id为110。

（4）删除字典中的性别信息。

（5）清空字典。

第4章 程序的控制结构

在学习完容器数据类型后，可以使用Python来对问题进行编程建模，接下来学习如何使用Python解决问题。本章将重点介绍程序的控制结构：选择结构、循环结构以及选择、循环结构的嵌套使用。

本章思维导图

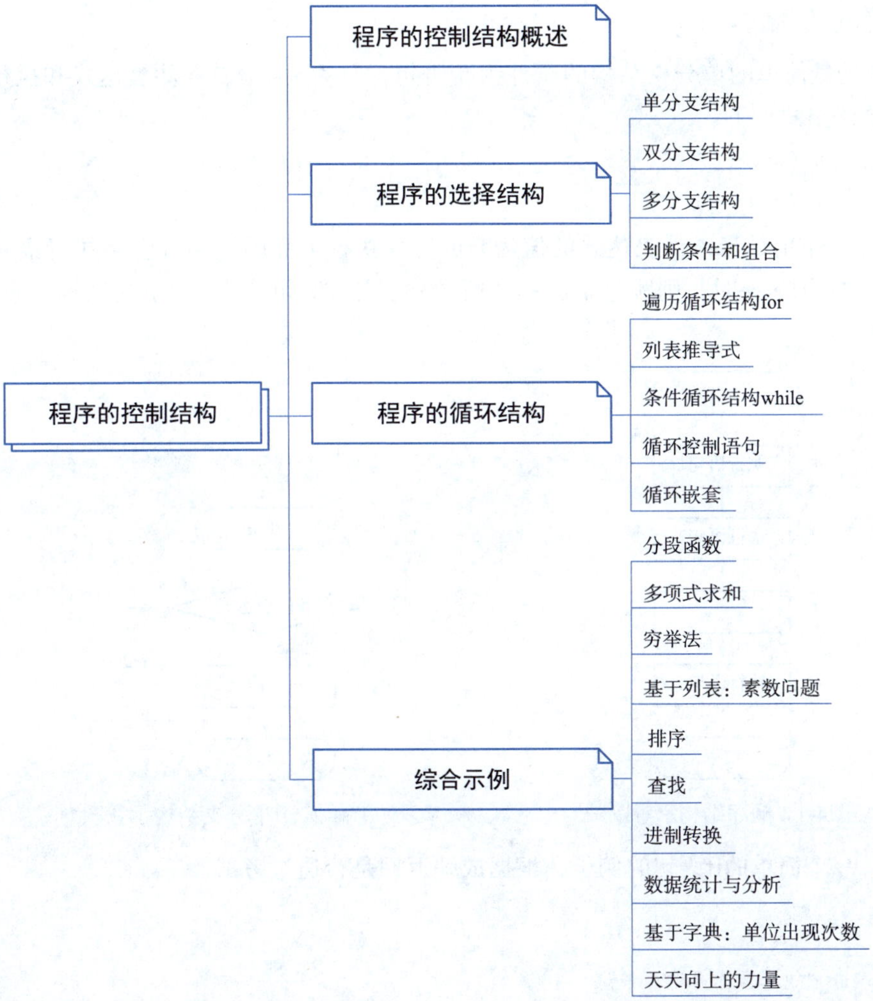

4.1 程序的控制结构概述

结构化程序设计主要包含三种基本控制结构：顺序结构、选择结构、循环结构。这些控制结构是程序的基础。

顺序结构是程序设计中最基本、最简单的结构。在此结构中，程序按照出现的先后顺序依次执行。顺序结构是任何程序的基本结构，即使在选择结构和循环结构中也包含有顺序结构。顺序结构程序段中的语句从上至下依次执行，依次执行语句1、语句2……语句*n*。顺序结构示意图如图4-1所示。

4.2 程序的选择结构

选择结构也就是条件判断语句，会根据程序中设定的条件来执行特定的语句。Python中支持if语句，if...else语句和if...elif...else语句三种基本的条件判断语句。

4.2.1 单分支结构

if语句是最简单的单分支结构的条件判断语句，由关键字if、条件表达式和执行语句三部分组成，语法格式如下：

```
if <条件表达式>:
    <执行语句>
```

该语句的作用是当条件表达式的值为True时，执行下面的一条或多条执行语句；若条件表达式的结果为False时，则跳过下面的执行语句，该if语句结束。if单支结构示意图如图4-2所示。

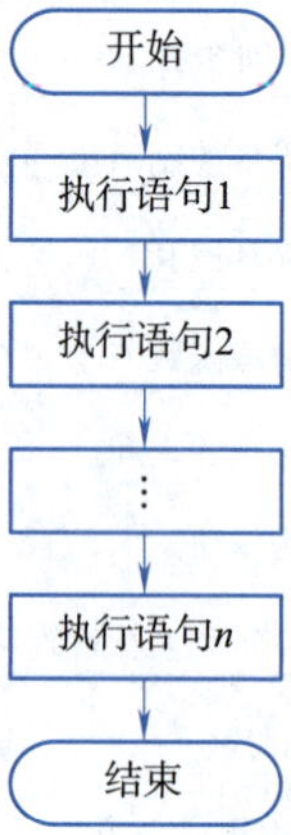

图4-1　顺序结构示意图

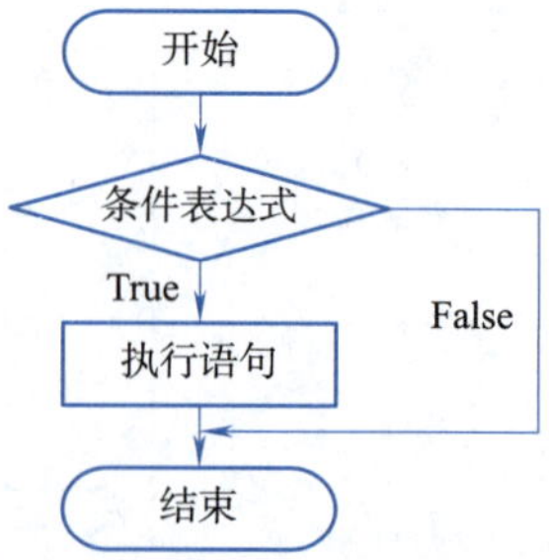

图4-2　if单分支结构示意图

示例：一个简单的if语句的例子，根据成绩返回是否通过考试。

```
score=95
if score>=60:
    print("恭喜你通过了考试!")
```

运行结果：

```
恭喜你通过了考试！
```

4.2.2 双分支结构

简单的if语句只规定了当条件为True时要执行的语句块，但是有时需要定义条件为False时执行的语句，那么可以使用if...else语句。其语法格式如下：

```
if <条件表达式>:
    <执行语句1>
else:
    <执行语句2>
```

该语句的作用是当条件表达式的值为True时，执行下面的执行语句1；若条件表达式的结果为False时，则执行面的执行语句2。if...else双分支结构示意图如图4-3所示。

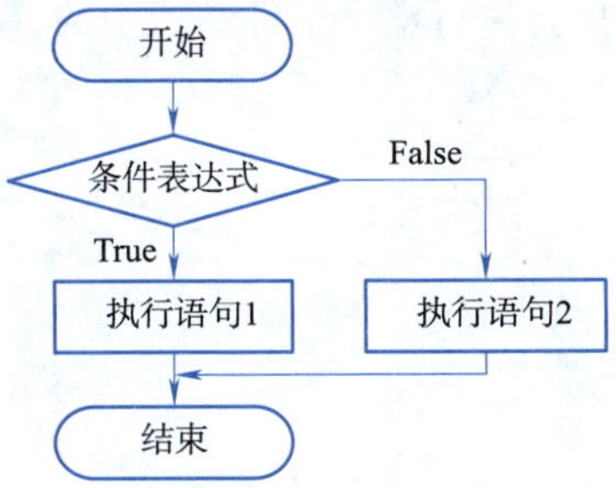

图4-3 if...else双分支结构示意图

示例：一个简单的if...else语句的例子，根据成绩返回是否通过考试。

```
score=55
if score>=60:
    print("你的考试及格了！")
else:
    print("你的考试不及格！")
```

以上程序中，当分数score大于等于60时，条件表达式的值为True，此时执行第一个print语句；当分数score小于60时，即条件表达式的结果为False，执行第二个print语句。由于score是55，条件表达式的值为False，执行第二个print语句，输出“你的考试不及格！”。

注意：

（1）if和else要左对齐。

（2）执行语句要缩进一格。

（3）if和else后面要加“:”。

练习：求两个数的较大值，并输出。

```
a,b=eval(input("a,b= "))
if a>=b:
    max=a
else:
    max=b
print("a={},b={}".format(a,b))
```

```
print('max={}'.format(max))
```

运行结果：

```
a,b=34.5,89.7
a=34.5,b=89.7
max=89.7

a,b=45,21
a=45,b=21
max=45
```

4.2.3 多分支结构

当需要判断的条件多于两种情况时，可以使用if...elif...else结构进行多条件检查判断。Python会从上往下依次检查每个代码块，直至遇见通过的条件时，执行后面的执行语句，并跳过余下的条件。也就是说Python只会执行整个条件结构中的一种情况。语法格式如下：

```
if <条件表达式1>:
    <执行语句1>
elif <条件表达式2>:
    <执行语句2>
elif <条件表达式3>:
    <执行语句3>
......
elif <条件表达式n>:
    <执行语句n>
else:
    <执行语句x>
```

它的基本语义是：先判断条件表达式1的值，如果为True，则运行后面的执行语句1，然后结束整个判断结构；如果为False，跳过执行语句1，继续判断elif后面的条件表达式2的值，如果条件表达式2为True，则运行后面的执行语句2，然后结束整个判断结构；否则继续判断条件表达式3，依此类推；如果前面所有的条件表达式的值都为False，则运行else后面的执行语句x。需要注意的是，最后的else语句块是可以省略的，也就是当所有条件都不满足时，不执行任何动作。if...elif...else结构的流程图如图4-4所示。

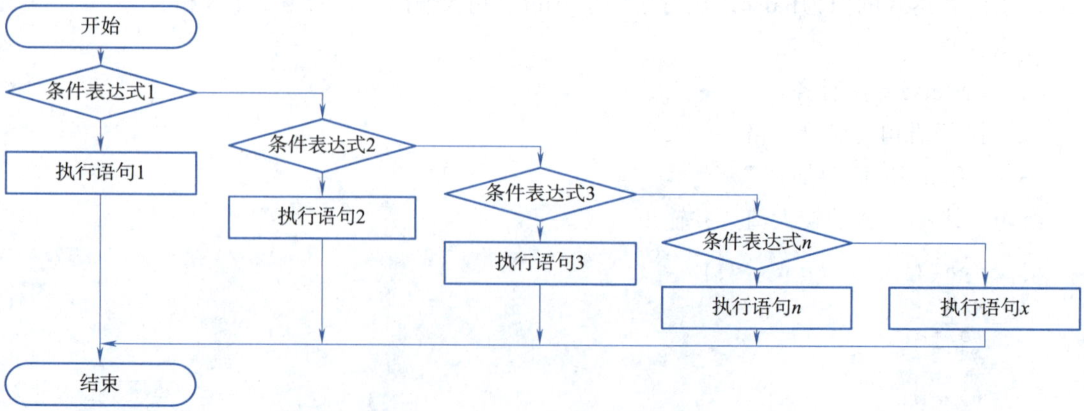

图4-4 if...elif...else结构的流程图

示例：再次改进根据成绩返回结果的例子，若大于或等于90分，则返回“优秀”，若小于90分，但大于等于60分，则返回“及格”；若低于60分，则返回分数并显示“不及格”。

```
score=int(input("输入的成绩是:"))
if score>=90:
    print("你的成绩是:优秀!")
elif score>=60:
    print("你的成绩是:及格!")
else:
    print("你的成绩是:不及格!")
```

运行结果：

```
输入的成绩是:86
你的成绩是:及格!
输入的成绩是:200
你的成绩是:优秀!
输出的成绩是:-10
你的成绩是不及格!
```

通过测试用例可以发现，输入的成绩有时是不符合逻辑的，该程序也输出了结果，输入的成绩应该在0~100之间，针对这种情况，可以通过条件语句的嵌套来实现。

4.2.4 判断条件和组合

在嵌套if语句中，可以把if...elif...else结构放在另外一个if...elif...else结构中，使得可以判断更为复杂的情况。if嵌套组合结构示意图如图4-5所示。

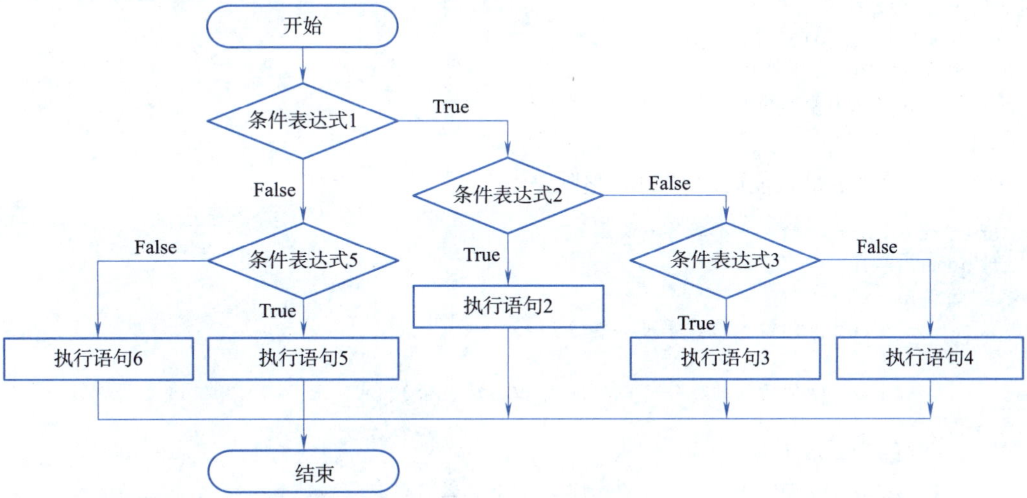

图4-5 if嵌套组合结构示意图

其语法格式如下：

```
if条件表达式1:
    执行语句1
    if条件表达式2:
        执行语句2
    elif条件表达式3:
```

```
        执行语句3
    else:
        执行语句4
elif条件表达式5:
        执行语句5
else:
    执行语句6
```

示例：再次改进根据成绩返回结果的例子，对输入的分数，首先判断是否在0~100之间。

```
score=int(input("请输入分数(0~100):"))
if 0<=score<=100:
    if score>=90:
        print("您的考试成绩为{},优秀!".format(score))
    elif score>=80:
        print("您的考试成绩为{},良好!".format(score))
    elif score>=70:
        print("您的考试成绩为{},中等!".format(score))
    elif score>=60:
        print("您的考试成绩为{},及格!".format(score))
    else:
        print("您的考试成绩为{},不及格!".format(score))
else:
    print("成绩为{},无效!".format(score))
```

运行结果：

```
请输入分数(0~100):198
成绩为198,无效!
请输入分数(0~100):75
您的考试成绩为75,中等!
请输入分数(0~100):-50
成绩为-50,无效!
```

示例：判断数字是否能同时被2和3整除。

```
num=int(input("输入一个数字:"))
if num%2==0:
    if num%3==0:
        print("你输入的数字可以整除2和3")
    else:
        print("你输入的数字可以整除2,但不能整除3")
else:
    if num%3==0:
        print("你输入的数字可以整除3,但不能整除2")
    else:
        print("你输入的数字不能整除2和3")
```

运行结果：

```
输入一个数字:6
你输入的数字可以整除2和3
输入一个数字:13
你输入的数字不能整除2和3
```

示例：判断是否为酒后驾车。

如果规定，车辆驾驶员的血液酒精含量小于20 mg/100 ml不构成酒驾；酒精含量大于或等于20 mg/100 ml为酒驾；酒精含量大于或等于80 mg/100 ml为醉驾。先编写Python程序判断是否为酒后驾车。

通过梳理思路，是否构成酒驾的界限值为20 mg/100 ml；而在已确定为酒驾的范围（大于20 mg/100 ml）中，是否构成醉驾的界限值为80 mg/100 ml。

```
proof=int(input("输入驾驶员每100ml血液酒精的含量:"))
if proof<20:
    print("驾驶员不构成酒驾.")
else:
    if proof<80:
        print("驾驶员已构成酒驾!")
    else:
        print("驾驶员已构成醉驾!")
```

运行结果：

```
输入驾驶员每100ml血液酒精的含量:100
驾驶员已构成醉驾!
```

4.2.5 选择结构：条件表达式

条件表达式语句格式如下：

```
<True部分> if <条件表达式> else <False部分>
```

含义：满足条件表达式时，值为True部分；不满足条件表达式时，值为False部分。

示例：判断x的奇偶，将结果记录在result中。

```
x=int(input("请输入一个整数: "))
if x%2==0:
    result="偶数"
else:
    result="奇数"
print("{}是{}".format(x,result))
```

该条件表达式等价于：

```
x=int(input("请输入一个整数: "))
result="偶数"if x%2==0 else"奇数"
print("{}是{}".format(x,result))
```

以上程序运行结果如下：

```
请输入一个整数: 34
34是偶数
请输入一个整数: 27
27是奇数
```

4.3 程序的循环结构

循环结构是根据条件重复多次执行一组语句，主要有for循环和while循环。

4.3.1 遍历循环结构 for

1. for 循环语句格式一

```
for <元素> in <数据集>:
    <循环体>
    .....
```

它的基本语义是：每次从可迭代对象中取出一个元素放在循环变量中，然后执行下面的执行语句，直到可迭代对象中的所有元素都被取尽为止。

示例：求自然数1~100的和。

```
sum=0
for i in range(1,101):
    sum += i
print("1 + 2 + 3 +…+ 100 = {}".format(sum))
```

运行结果：

```
1 + 2 + 3 +…+100 = 5050
```

上一章节中的列表、字符串、元组、字典和集合都可以使用for循环来遍历。可以使用for循环对容器数据类型遍历，依次访问容器中的值。

示例：列表。

```
list=["张三","李四","王五"]
for i in list:
    print(i)
```

运行结果：

```
张三
李四
王五
```

示例：字符串。

```
strings="Hello World!"
for s in strings:
    print(s)
```

运行结果：

```
H
e
l
l
o
```

```
W
o
r
l
d
!
```

示例：字典，根据字典中的键进行访问。

```
dict={"name":"Tom","Age":18,"Sex":"Male"}
for k in dict:
    print(k,dict[k])
```

运行结果：

```
Name Tom
Age 18
Sex Male
```

示例：集合。

```
sets={"张三","李四","王五"}
for s in sets:
    print(s)
```

运行结果：

```
王五
李四
张三
```

再次运行，结果如下：

```
张三
李四
王五
```

上述结果也验证了集合中的元素是无序的。

2. for 循环语句格式二

```
for <元素> in <数据集>:
    <循环体>
else:
    <语句组>
```

它的基本语义是：每取出数据集中的一个元素，执行一次循环体中的语句，当所有元素全部取出后，退出循环，执行else后的语句。

示例：从给定的范围内找到所有能同时被7和5整除的数。

```
startnum=int(input("请输入查找数据的起始值:"))
endnum=int(input("请输入查找数据的终止值:"))
for i in range(startnum,endnum + 1):
    if i % 7==0  and  i%5==0:
        print("找到数值{}符合要求".format(i))
else:
```

```
    print("查找完毕!")
```

运行结果：

```
请输入查找数据的起始值:100
请输入查找数据的终止值:200
找到数值105符合要求
找到数值140符合要求
找到数值175符合要求
查找完毕!
```

4.3.2 列表推导式

列表推导式是for语句的高级用法，在上章节学习列表的创建过程中使用的较多，先来看列表推导式的格式：

```
[表达式for i in可迭代对象(if条件)]
```

含义：从可迭代对象中找到（满足if条件的）元素，然后进行表达式运算，得到的结果组成列表。

示例：快速生成数据序列1。

```
list1=[i for i in range(1,5,2)]
print(list1)
```

运行结果：

```
[1,3]
```

上述代码等价于

```
list1=[]
for i in range(1,5,2):
    list1+=[i]
print(lis1t)
```

示例：快速生成数据序列2。

```
list2=[i**2 for i in range(10)if i%2==0]
```

运行结果：

```
[0,4,16,36,64]
```

上述代码等价于

```
list2=[]
for i in range(10):
    if i%2==0:
        list2+=[i**2]
print(list2)
```

示例：选出10以内能被2整除的数，并返回这个数的平方，使用列表保存结果。

```
list3=[]
for i in range(10):
    if i%2==0:
         list3.append(i**2)
print(list3)
```

运行结果：

```
[0,4,16,36,64]
```

上述代码等价于使用列表推导式创建列表。

```
list3=[i**2 for i in range(10)if i%2==0]
print(list3)
```

运行结果：

```
[0,4,16,36,64]
```

示例：删除所有的数字字符。

```
s=input("输入一个字符串:")
str=''.join([i for i in s if not i.isdigit()])
print(str)
```

运行结果：

```
输入一个字符串:123dfg67jkl90
dfgjkl
```

一个小变化，将“''.join”修改为“' '.join”：

```
s=input("输入一个字符串:")
str=' '.join([i for i in s if not i.isdigit()])
print(str)
```

运行结果：

```
输入一个字符串:asd56fg90hj
a s d f g h j
```

一个小变化，将“' '.join”修改为“'*'.join”：

```
s=input("输入一个字符串:")
str='*'.join([i for i in s if not i.isdigit()])
print(str)
```

运行结果：

```
输入一个字符串:cvf567nm[]12
c*v*f*n*m*[*]
```

4.3.3 条件循环结构 while

while是一种条件控制循环，当条件满足时重复执行语句，直到条件不满足为止。使用for循环能实现的功能，while循环都能实现，且while循环应用更广。

1. while 循环语句格式 1

```
while <条件表达式>:
        <执行语句1>
        <执行语句2>
        ......
```

它的基本语义是：当条件表达式的值为True时，就执行下面的执行语句，当条件表达式的值为False时，结束循环。执行语句中应有更改条件表达式值的功能，以便结束循环。

示例：求自然数1~100的和。

```
sum=0
i=1
while i<=100:
    sum+=i
    i+=1
print("1+2+3+…+100=",sum)
```

运行结果：

```
1 + 2 + 3 + … + 100=5050
```

while循环需要在内部循环体中控制条件表达式是可变化的。

```
sum=0
i=1
while i<=100:
    sum+= i
print("1+2+3+…+100=",sum)
```

在上述示例中，因缺少控制条件变化的语句i+=1，无论经历多少次循环，i的值恒等于1，此时代码陷入无限重复的死循环，这样的代码没有任何意义。

示例：求自然数1+3+5+7+…+99的和。

```
sum=0
i=1
while i<=100:
    sum+=i
    i+=2
print("while:100以内奇数的和= {}".format(sum))
```

运行结果：

```
while:100以内奇数的和= 2500
```

2. while 循环和 for 循环对比

上述示例使用for循环实现。

```
sum=0
for i in range(1,101,2):
    sum+=i
print("for:100以内奇数的和={}".format(sum))
```

运行结果：

```
for:100以内奇数的和= 2500
```

结合代码可以发现：while是条件循环，无须知道循环次数；而for是遍历循环，要求明确循环次数。

3. while 循环语句格式 2：

```
while <条件表达式>:
    <循环体>
```

```
else:
        <语句组>
```

else分句的使用方法与for类似，循环条件满足时，执行循环体，不满足时，执行else后的语句组，并退出循环

示例：假设有一足够大的纸，其厚度为0.15mm，编程计算对折多少次后其厚度能超过珠穆朗玛峰的高度（8848.43m）。

```
high=0.00015
n=0
while high<8848.43:
    n+=1
    high*=2
else:
    print("计算结束!")
print("对折{}次后，纸的厚度能超过珠穆朗玛峰的高度".format(n))
```

运行结果：

```
计算结束!
对折26次后，纸的厚度能超过珠穆朗玛峰的高度
```

4. 死循环问题

条件表达式恒等于True时，将陷入死循环。

示例：判断一个年份是否是闰年。

闰年判断的条件：年份值能够被4整除，不能被100整除；年份值能够被400整除。

```
while True:
    year=int(input("请输入需要查询的年份:"))
    if(year%100!=0 and year%4==0)or year%400==0:
        print("{}年是闰年".format(year))
    else:
        print("{}年不是闰年".format(year))
```

运行结果：

```
请输入需要查询的年份:2022
2022年不是闰年
请输入需要查询的年份:2008
2008年是闰年
请输入需要查询的年份:
```

无论输入多少次年份，都会弹出提示“请输入需要查询的年份：”，此时代码陷入死循环。为了解决这种问题，需要使用下面介绍的循环控制语句。

4.3.4 循环控制语句

1. break 语句

break语句用于强制跳出当前层的循环。如果break语句出现在嵌套循环中时，它会结束当前的一层循环。break语句流程图如图4-6所示。

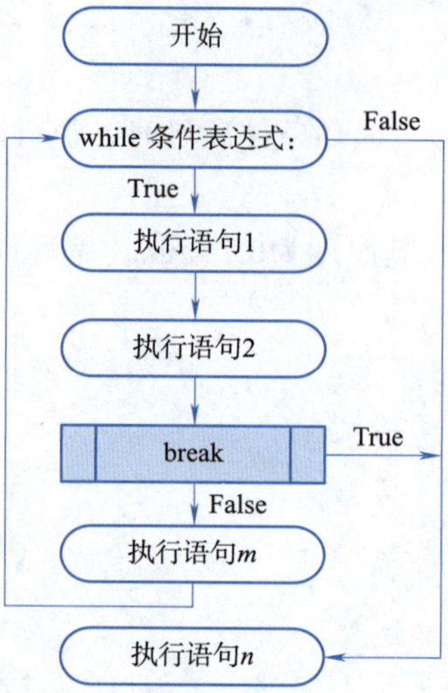

图4-6　break语句流程图

示例：使用while循环找到1到10之间第一个能被3整除的数。

```
i=1
while i<11:
    if i%3==0:
        print("1到10之间第一个能被3整除的数是:",i)
        break
          #当找到第一个能被3整数的数时，使用break提前结束while循环，不再遍历之后的数
    i+=1
```

运行结果：

```
1到10之间第一个能被3整除的数是:3
```

示例：修改上例判断闰年的例子，管理员输入0退出循环。

```
while True:
    year=int(input("请输入需要查询的年份(0则退出):"))
    if year==0:                          #输入0时退出，否则继续循环
        break
    if(year % 100!=0 and year % 4==0)or year % 400==0:
        print("{}年是闰年".format(year))
    else:
        print("{}年不是闰年".format(year))
```

运行结果：

```
请输入需要查询的年份(0则退出):2022
2022年不是闰年
请输入需要查询的年份(0则退出):2008
2008年是闰年
请输入需要查询的年份(0则退出):0
```

示例：查找给定的范围内满足条件的第一个数。

```
startnum=int(input("请输入查找数据的起始值:"))
endnum=int(input("请输入查找数据的终止值:"))
```

```
for i in range(startnum,endnum + 1):
    if i%7==0 and i%5==0:
        print("找到数值{}符合要求".format(i))
        break
else:
    print("该范围内找不到符合要求的数")
```

运行结果：

```
请输入查找数据的起始值:10
请输入查找数据的终止值:30
该范围内找不到符合要求的数

请输入查找数据的起始值:10
请输入查找数据的终止值:40
找到数值35符合要求
```

2. continue 语句

continue语句用于结束本次循环，直接进入下次循环。continue语句流程图如图4-7所示。

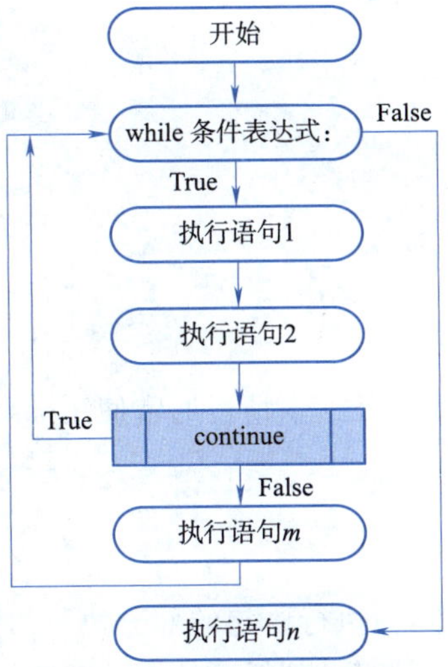

图4-7　continue语句流程图

示例：使用while循环找到1到10之间所有不能被3整除的数。

```
i=1
print("1到10之间所有不能被3整除的数:")
while i < 11:
    if i%3==0:
        i+=1
        continue
    print(i)
    i+=1
```

运行结果：

```
1到10之间所有不能被3整除的数:
1
```

```
2
4
5
7
8
10
```

为了更好地区分break和continue之间的区别，我们对同一串代码分别使用break和continue，查看两者结果之间有何区别。

示例：使用break和continue。

```
i=1
while i<10:
    if i%3==0:
        i+=1
        break
    print(i)
    i+=1
```

```
i=1
while i<10:
    if i%3==0:
        i+=1
        continue
    print(i)
    i+=1
```

运行结果（左-break，右-continue）：

```
1
2
```

```
1
2
4
5
7
8
```

3. pass 语句

pass语句表示空代码，程序不做任何事情。通常使用pass语句作为占位符来使用，用来标记留待以后开发的代码。

4.3.5 循环嵌套

循环嵌套就是在循环语句内部，执行语句的部分执行另一个循环语句。当内部循环语句执行结束时，才会跳出内部循环，结束外部循环的本次循环，开始下一次循环。

示例：

```
List=[[1,2,3,4,5,6,7],
      [8,9,10,11,12,13,14],
      [15,16,17,18,19,20,21]]
```

对于一个包含3个子列表的列表List，想要依次访问其中的所有元素，可以通过for循环嵌套的方式来访问。首先使用第一层for循环遍历所有的子列表，然后使用第二层for循环依次遍历子列表中的元素。

```
for i in List:
    for j in i:
        print(j,end=' ')
```

运行结果：

```
1 2 3 4 5 6 7 8 9 10 11 12 13 14 15 16 17 18 19 20 21
```

示例：画出九九乘法表。

```
product=0
for i in range(1,10):
    for j in range(1,i+1):
        product=i*j
        print('%d×%d=%d' %(i,j,product),end="\t")
    print()
```

运行结果：

```
1×1=1
2×1=2  2×2=4
3×1=3  3×2=6   3×3=9
4×1=4  4×2=8   4×3=12  4×4=16
5×1=5  5×2=10  5×3=15  5×4=20  5×5=25
6×1=6  6×2=12  6×3=18  6×4=24  6×5=30  6×6=36
7×1=7  7×2=14  7×3=21  7×4=28  7×5=35  7×6=42  7×7=49
8×1=8  8×2=16  8×3=24  8×4=32  8×5=40  8×6=48  8×7=56  8×8=64
9×1=9  9×2=18  9×3=27  9×4=36  9×5=45  9×6=54  9×7=63  9×8=72  9×9=81
```

在上述代码中，外层的for循环i控制的是输出的行数，第i次循环就代表输出乘法表的第i行，内层的for循环j控制的是输出的列数，第j次循环代表输出乘法表的第j列，也就是输出第i行，第j个乘法公式的计算和打印。当内层循环执行完毕后，也就是第i行所有公式都计算、打印完毕。

对于for循环实现的代码，可以使用while循环进行改写，代码如下：

```
product=0
i=1
while(i<10):
    j=1
    while(j<i+1):
        product=i*j
        print("%d x %d=%d"%(i,j,product),end="\t")
        j+=1
    i+=1
    print()
```

4.4 综合案例

通过灵活的运用各种控制结构，可以编写出功能性较强的应用程序。常见的问题包括：分段函数问题、多项式求和问题、穷举法、素数问题、排序问题、查找问题、进制转换问题、基于字典的统计次数问题。接下来逐个问题进行分析。

1. 分段函数

$$y=\begin{cases}-x+2.5 & (0\leqslant x<5)\\ 2-1.5\times(x-3)\times(x-3) & (5\leqslant x<10)\\ x/2-1.5 & (10\leqslant x<20)\end{cases}$$

问题：根据输入值x的值，自动地使用对应的计算方式计算出y。

```
x=int(input("输入你要计算的数:"))
if x>=0 and x<5:                    #0<=x<5
    y=2.5-x
elif x>=5 and x<10:                 #5<=x<10
    y=2-1.5*(x-3)**2
elif x>=10 and x<20:                #10<=x<20
    y=x/2-1.5
print("分段函数计算的值为:",y)
```

运行结果：

```
输入你要计算的数:2
分段函数计算的值为:0.5
输入你要计算的数:6
分段函数计算的值为:-11.5
输入你要计算的数:15
分段函数计算的值为:6.0
```

2. 多项式求和

$$s=1+\frac{1}{1\times 2}+\frac{1}{1\times 2\times 3}+\cdots+\frac{1}{1\times 2\times 3\times\cdots\times 50}$$

思路：要求多项式的和，首先得分析每一项是怎么来的。通过表4-1，我们不难发现规律，第n项的值$t_n=t_{n-1}\times(1/n)$。因此我们可以使用for循环，通过从第一项累加到第n项的方式来求出多项式的和。

表4-1　多项求和

项数	1	2	3	4	…	n
分式	$t_1=1/1$	$t_2=1/(1\times 2)$	$t_3=1/(1\times 2\times 3)$	$t_4=/(1\times 2\times 3\times 4)$	…	$t_n=1/(1\times\cdots\times n)$
	$t_1=1\times 1$	$t_2=t_1\times(1/2)$	$t_3=t_2\times(1/3)$	$t_4=t_3\times(1/4)$	…	$t_n=t_{n-1}\times(1/n)$

代码如下：

```
sum=0                               #sum记录多项式的和
n=int(input("请输入一个整数n:"))
incre=1                             #incre记录每一项的值
for i in range(1,n+1):              #i<=n, i控制对应的项数
    incre=incre*1/i                 #上一项的值*1/n得到这一项的值
    sum=sum+incre
print("%f" %sum)
```

运行结果：

```
请输入一个整数n:50
1.718282
```

3. 穷举法

问题：有三个数字：1、2、3，能组成多少个互不相同且无重复数字的三位数?分别是什么?

思路：既然是组成互不相同且无重复的三位数，首先以1作为百位，2、3作为十位和个位组成三位数，然后以2作为百位，1和3作为十位和个位，最后以3作为百位，1和2作为十位和

个位。在这个过程中，可以外循环使用for考虑1、2、3作为百位的情况，然后第二层循环考虑十位的情况，第三层循环考虑个位的情况，因为题目要求是互不相同，所以将三个位置相同的数去掉，就得到了最终的结果。代码如下：

```
count=0
for i in range(1,4):                          #第一层循环考虑百位
    for j in range(1,4):                      #第二层循环考虑十位
        for k in range(1,4):                  #第三层循环考虑个位
            if i!=j and j!=k and k!=i:        #去掉三位数相同的情况
                print(i,j,k)
                count+=1
print("共有%d种组合"%count)
```

运行结果：

```
1 2 3
1 3 2
2 1 3
2 3 1
3 1 2
3 2 1
共有6种组合
```

4. 基于列表：素数问题

问题：设计一个算法，找出1~100之间的所有素数。素数是除了1和自身，没有其他数能整除。

思路：要找到1~100之间所有的素数，首先可以使用for循环对1~100所有的数进行遍历，然后使用内循环for来判断素数，将这个数除以从2到自身所有的数，如果只能整除自身，就将数保存到列表中，换而言之，如果内循环中判断能整除自身以外的数，说明这个数不是素数，就不需要继续往下进行内循环了，使用break结束内循环，开始执行外循环，判断下一个数是不是素数。代码如下：

```
List=[]
for i in range(2,101):
    for j in range(2,i):
        if i%j==0:
            break
    else:
        List.append(i)
print("1~100的素数有:",List)
```

运行结果：

```
1~100的素数有:[2,3,5,7,11,13,17,19,23,29,31,37,41,43,47,53,
59,61,67,71,73,79,83,89,97]
```

5. 排序

（1）冒泡排序。

思路：从第一个数开始，每次访问相邻的两个数，比较两个数的大小，如果前一个数大于后一个数，则两数交换位置，这样一直访问到数组最后一个元素，每经过一次冒泡排序，

都会找到一个最大的值，就像泡泡从水底向上冒出来越来越大一样，称为冒泡排序算法。

分析：当两数比较时，如果当前的数比后一个数小，则不做任何操作直接进入下一次循环；如果当前的数比后一个数大，则两数交换位置，并进入下一次循环，由刚才交换的更大的数继续和后一个数进行比较。每执行完一次对序列完整的遍历（冒泡），都能找到一个最大的数，把最大的数放在队尾，对于序列中的n个数，则当执行n-1次冒泡后，可以确定n-1个数的位置，此时留下的最后一个数即为序列中最小的数，不需要继续冒泡，直接得到排序好的序列。

冒泡排序过程如下：

```
原始序列:[32,74,42,43,75,55]
第一次冒泡结果:[32,42,43,74,55,75]
第二次冒泡结果:[32,42,43,55,74,75]
第三次冒泡结果:[32,42,43,55,74,75]
第四次冒泡结果:[32,42,43,55,74,75]
第五次冒泡结果:[32,42,43,55,74,75]
排序完成:[32,42,43,55,74,75]
```

代码实现如下：

```
arr=[32,74,42,43,75,55]
length=len(arr)
#遍历所有数组元素
for i in range(length-1):
#每执行一次循环把一个最大的数放在最后
    for j in range(0,length-1-i):
        if arr[j] > arr[j+1]:
            arr[j],arr[j+1]=arr[j+1],arr[j]
print("排序后的数组:")
for i in range(len(arr)):
    print("%d" % arr[i],end=' ')
```

运行结果：

```
排序后的数组:
32 42 43 55 74 75
```

通过对上述多次冒泡排序的结果观察可以发现，在第二次冒泡排序后序列已经处于一个有序的状态，因此可以对代码进行优化，使用变量flag记录当前循环是否发生两数交换，如没有发生两数交换，说明此时已经处于排好序的状态，此时可以直接输出当前序列，优化代码如下：

```
arr=[32,74,42,43,75,55]
length=len(arr)
for i in range(length-1):
    flag=False                  #使用flag来保存单次循环内是否进行过两数交换
    for j in range(0,length-i-1):
        if arr[j] > arr[j+1]:
            arr[j],arr[j+1]=arr[j+1],arr[j]
            flag=True           #如果两数交换过，则表示序列还没有排好序
    if flag==False:
        break
```

```
#如果单次循环内没有发生两数交换，表明序列已经排好序，使用break退出排序过程
print("排序后的数组:")
for i in range(len(arr)):
    print("%d" % arr[i],end=' ')
```

此时的冒泡排序过程如下：

```
原始序列:[32,74,42,43,75,55]
第一次冒泡结果:[32,42,43,74,55,75]          #flag = True表示发生了两数交换
第二次冒泡结果:[32,42,43,55,74,75]          #flag = True
第三次冒泡结果:[32,42,43,55,74,75]          #flag = False  没有发生两数交换
排序完成:[42,43,55,74,75]
```

（2）选择排序。

思路：将序列分成有序和无序两部分，通过每一轮的比较，找到对应位置应该存放的元素与目前存放的元素进行交换。

分析：首先在序列中找到最大元素，将其放到序列的末尾处，即将最大元素与序列末尾位置的元素交换位置；然后，再从剩余未排序元素中继续寻找最大元素，与末尾倒数第二个元素交换位置；以此类推，对于序列中的n个元素，每进行一次选择都可以确定一个当前最大的元素，当进行了n-1次选择时确定了n-1个元素的位置，此时留下的元素就是序列中的最小元素，不需要再进行选择，得到排好序的序列。

选择排序过程如下：

```
原始序列:[64,34,25,12,22,11,90]
第一次选择排序结果:[64,34,25,12,22,11,90]
第二次选择排序结果:[11,34,25,12,22,64,90]
第三次选择排序结果:[11,22,25,12,34,64,90]
第四次选择排序结果:[11,22,12,25,34,64,90]
第五次选择排序结果:[11,12,22,25,34,64,90]
第六次选择排序结果:[11,12,22,25,34,64,90]
排序完成:[11,12,22,25,34,64,90]
```

代码实现如下：

```
arr=[64,34,25,12,22,11,90]
length=len(arr)
for i in range(length):
                #用来保存值最小的数所在的位置(索引)
    min_idx=i
    for j in range(i+1,length):
        if arr[min_idx]>arr[j]:
            min_idx=j
#将当前最小的数放到队首
    arr[i],arr[min_idx]=arr[min_idx],arr[i]
print("排序后的数组:")
for i in range(length):
    print("%d" %arr[i],end=' ')
```

运行结果：

```
排序后的数组:
11 12 22 25 34 64 90
```

6. 查找

（1）顺序查找。

顺序查找是最简单的查找算法，就是对查找的数据序列，从第一个数开始一个一个的向后访问。

思路：依次将序列seq中的元素和要查找的数x比较，如果相等，则输出该元素的下标，如果不相等，就访问下一个元素；当整个序列中的元素都被访问过一遍仍没有找到x，就返回查找失败的信息。代码如下：

```
Seq=[47,64,25,74,84,50,89,18,15,5,92,53,23,20,95,5,55,3,10,80]
print("序列是:",Seq)
x=int(input("输入你要从序列中查找的数:"))
for i in range(len(Seq)):
    if x==Seq[i]:
    print("找到了你要找的数:%d,它是序列中的第%d个数"%(x,i))
    break
else:
    print("你输入的数没有在序列中找到")
```

运行结果：

```
序列是:[47,64,25,74,84,50,89,18,15,5,92,53,23,20,95,5,55,3,10,80]
输入你要从序列中查找的数：74
找到了你要找的数:74,它是序列中的第3个数
序列是:[47,64,25,74,84,50,89,18,15,5,92,53,23,20,95,5,55,3,10,80]
输入你要从序列中查找的数：2
你输入的数没有在序列中找到
```

（2）二分查找。

相对于顺序查找，二分查找要求序列seq必须按照从小到大或者从大到小的顺序排好序。

思路：对于排序好的序列，找到这些数的中位数，比较中位数和要查找的数的大小，如果一致则返回下标，如果中位数比要查找的数大，就将范围缩小到中位数左边的序列，如果中位数比要查找的数小，就将范围缩小到中位数右边的序列，这样范围不断地缩小，直到找到要查找的数。代码如下：

```
Seq=[3,6,14,18,20,29,30,39,44,47]
left=0
right=len(Seq)-1
print("序列为:",Seq)
x=int(input("输入你要查找的数:"))
while left<=right:
    mid=(left + right)//2
    if x==Seq[mid]:
        print("查找的数下标为:",mid)
        break
    elif x>Seq[mid]:
        left=mid+1
    else:
        right=mid-1
else:
```

```
    print("查无此数!")
```

运行结果：

```
序列为:[3,6,14,18,20,29,30,39,44,47]
输入你要查找的数:44
查找的数下标为:8
序列为:[3,6,14,18,20,29,30,39,44,47]
输入你要查找的数: 21
查无此数!
```

分析：对于序列[3，6，14，18，20，29，30，39，44，47]，要查找44。

Left = 0 Right = 9 Mid = 4，此时44比下标4位置的20大，因此左半边可不看，向右查找；

Left = 5 Right = 9 Mid = 7，此时44比下标7位置的39大，因此左半边可不看，向右查找；

Left = 8 Right = 9 Mid = 8，此时44与下标8位置的44相等，因此返回下标8。

7. 进制转换

十进制正整数转换为十六进制使用的方法为除16取余法，如将十进制数值300转换为十六进制。300除以16，得到商18，余数12，对其商继续除以16获取商和余数，直到商为0结束。将获得的余数逆序输出即为转换的十六进制数值，不过要注意，因为每一个余数代表一位，所以当余数为10~15时，应写作A~F。

思路：通过Dnum获取出待转换为十六进制的十进制正整数。将其除以16，获取商和余数，若商不为0，则继续用商除以16，获取新的商和余数，直到商为0结束。此处重复操作“除以16获取商和余数”，因此可以用循环实现，每一轮循环获取Dnum除以16的商和余数，若商为0则结束，否则将商赋给Dnum，进入下一轮循环。

十六进制每一位有16种状态，即生成的余数有可能出现10~15，而10~15需转换为A~F，因此可以设计一个字符串序列"0123456789ABCDEF"，该序列中的每个字符对应的下标恰恰就是这个十六进制数字代表的十进制数值大小。因此可以将获得的余数作为下标来获取其对应的十六进制数字。

因为余数需逆序输出，即先获得余数排在后面，后生成的余数排在前面。因此每次获得的十六进制数字要接在已获得的结果前面。代码如下：

```
Dnum=int(input("请输入十进制数:"))
if Dnum==0:
    Hnum="0"
else:
    Hnum=""
    Hdigits="0123456789ABCDEF"
    while Dnum!=0:
        remainder=Dnum%16
        Hnum=Hdigits[remainder]+Hnum
        Dnum=Dnum//16
print("对应的十六进制数为:",Hnum)
```

运行结果：

```
请输入十进制数:16
对应的十六进制数为:10
```

```
请输入十进制数:300
对应的十六进制数为:12C
```

8. split 平均年龄

问题：通过键盘输入一组人员的姓名、性别、年龄等信息，信息间以空格分隔，每人一行，空行回车结束录入，示例格式如下：

```
张力      男      37
李青      女      17
王天      男      29
胡月      女      32
```

计算并输出这组人员的平均年龄（保留一位小数）和其中女性人数。

思路：通过input()函数从键盘接收输入信息，输入的信息分为“姓名、性别和年龄”三部分的内容，之间以空格间隔，可以通过split()函数将输入的信息按照空格划分，一一对应赋值给变量进行保存，或者通过下标0、1、2访问对应的内容，要求平均年龄，只需将所有输入信息下标为2的值累加求和再求平均即可。代码如下：

```
pnum=0                          #总人数
sage=0                          #年龄之和
wnum=0                          #女性人数
data=input("请输入一组人员的姓名性别年龄:")
while data:
    name,sex,age=data.split(' ')
    pnum+=1
    sage+=int(age)
    if sex=='女':
        wnum+=1
        data=input("请输入一组人员的姓名性别年龄:")
avg=sage/pnum
print("一共{0:}人,平均年龄是{1:.1f}岁".format(pnum,avg))
print("女性{}人".format(wnum))
```

运行结果：

```
请输入一组人员的姓名性别年龄:张力    男      37
请输入一组人员的姓名性别年龄:李青    女      17
请输入一组人员的姓名性别年龄:王天    男      29
请输入一组人员的姓名性别年龄:胡月    女      32
请输入一组人员的姓名性别年龄:
这组人员的平均年龄28.8岁,其中女性人数2人
```

9. 基于字典：单词出现次数

问题：通过键盘输入如下一组汉语词汇并以空格分隔，统计各词汇重复出现的次数，按次数的降序输出词汇及对应次数，以英文冒号分隔。

示例格式如下：

```
江苏  上海  浙江  安徽  山西  安徽  江苏  江苏  上海  安徽  陕西
```

输出格式如下：

```
江苏:3
安徽:3
上海:2
浙江:1
山西:1
陕西:1
```

思路：当列表中含有多个字符串时，就要用到for的双重循环来遍历整个列表。为了统计单词出现的次数，需要同时保存单词的值和单词出现的次数两个量，因此可以使用字典类型来进行保存。分析发现由于输入的英文单词之间有空格分隔，因此为了方便统计，使用split()函数根据空格将英文短句分隔成多个英文单词，使用列表进行容纳保存。代码如下：

```
txt=input("输入省份词汇(以空格分隔):")
list1=txt.split(" ")
print('\nlist1:',list1)
d={}
for x in list1:
    d[x]=d.get(x,0)+1
print('\nd:',d)
ls=list(d.items())
print('\nls:',ls)
ls.sort(key=lambda x:x[1],reverse=True)
print('\nls-sort:',ls)
for k in ls:
    print("{}:{}".format(k[0],k[1]))
```

运行结果：

```
输入省份词汇(以空格分隔):江苏 上海 浙江 安徽 山西 安徽 江苏 江苏 上海 安徽 陕西
list1: ['江苏', '上海', '浙江', '安徽', '山西', '安徽', '江苏', '江苏',
 '上海', '安徽', '陕西']
d: {'江苏': 3, '上海': 2, '浙江': 1, '安徽': 3, '山西': 1, '陕西': 1}
ls: [('江苏', 3), ('上海', 2), ('浙江', 1), ('安徽', 3), ('山西', 1),
('陕西', 1)]
ls-sort: [('江苏', 3), ('安徽', 3), ('上海', 2), ('浙江', 1), ('山西',
 1), ('陕西', 1)]
江苏:3
安徽:3
上海:2
浙江:1
山西:1
陕西:1
```

10. 天天向上的力量

“天天向上”的力量有多强大呢？这里用Python程序来演算一下。

示例：一年365天，以第1天的能力值为基数，记为1.0，当好好学习时能力值相比前一天提高1‰，当没有学习时能力值相比前一天下降1‰，将每天努力和每天放任进行对比，一年下来的能力值相差多少呢？

根据题目，天天向上的力量是$(1+0.001)^{365}$，放任或向下的力量是$(1-0.001)^{365}$，可以使用

for循环计算得到，代码如下：

```
dayup,daydown=1,1
for i in range(365):
    dayup=dayup *(1+0.001)
    daydown=daydown *(1-0.001)
print("365天向上:{:.2f},向下:{:.2f}".format(dayup,daydown))
```

运行结果：

```
365天向上:1.44,向下:0.69
```

示例：每天努力1‰，一年下来将提高44%，看起来好像不多，但是跟放任一年相比，已经是放任的2倍之多。

一年365天，如果好好学习时能力值相比前一天提高1%，当放任时相比前一天下降1%，效果相差多少呢？

此时，天天向上的力量是$(1+0.01)^{365}$，相反的力量是$(1-0.01)^{365}$。从0.001到0.01，这个每天努力的因素根据需求的不同而不断变化，因此，新代码中采用dayfactor变量表示这个值。这种改变的好吃是每次只需要修改这个变量值即可，而不需要修改后续于该变量相关位置的代码。代码如下：

```
dayfactor=0.01
dayup,daydown=1,1
for i in range(365):
    dayup=dayup*(1+dayfactor )
    daydown=daydown*(1-dayfactor )
print("365天向上:{:.2f},向下:{:.2f}".format(dayup,daydown))
```

程序运行结果如下，每天努力1%，一年下来将提高37倍。这相当惊人吧！

```
365天向上:37.78,向下:0.03
```

示例：一年365天，一周5个工作日，如果每个工作日都很努力，可以提高1%。仅在周末放任一下，能力值下降1%，效果如何呢？

当前水平值为N，则工作日水平变化是$N(1+0.01)$，非工作日是$N(1-0.01)$。由于水平值并非每天都乘以此相同系数，因此，这个程序采用循环方式实现，代码如下：

```
dayfactor=0.01
dayup=1
for i in range(365):
if i%7 not in [5,6]:
dayup=dayup*(1+dayfactor )
else:
dayup=dayup *(1-dayfactor )
print("5天向上2天向下的力量:{:.2f}".format(dayup))
```

运行结果：

```
5天向上2天向下的的力量:4.72
```

每周努力5天，而不是每天，一年下来，水平仅是初始的4.72倍！与每天坚持所提高的37倍相去甚远。这就是天天向上的力量！

小　结

本章主要讲解了Python的控制结构，包括顺序结构、选择结构（if、elif、else）、循环结构（for、while）、循环控制结构（break、continue、pass）。控制语句是Python程序设计中最基本的语法结构。在实际应用中，控制语句是实现各种功能的基础。希望通过本章的学习，读者能够掌握Python控制语句的语法，并且能够熟练地应用Python控制语句解决实际问题。

习题四

一、单选题

1. 执行语句"list = [i for i in range（1，5，2）]"后list值为（　　）。

A. [1，5，2]　　B. [1，3]　　C. [1，3，5]　　D. [1，2，3，4，5]

2. 执行下面代码：

```
L=[]
for i in range(10):
  if i%2==0:
     continue
  L+=[i]
print(L)
```

则打印出的结果为（　　）。

A. [1，3，5，7，9]　　B. [0，2，4，6，8]

C. []　　D. [0]

3. 现执行下面代码：

```
s=input("请输入一个正整数:")
result=" "
for ch in s:
  result+=ch
print(result)
```

若用户的输入是1234，则输出结果为（　　）。

A. 1234　　B. 10　　C. 空　　D. 4321

4. 下面代码的输出结果是（　　）。

```
for s in "HelloWorld":
    if s=="W":
        continue
    print(s,end="")
```

A. Hello　　B. HelloWorld　　C. Helloorld　　D. World

5. 给出下面代码：

```
k=10000
while k>1:
    print(k)
```

```
k=k/2
```

上述程序的循环次数是（　　）。

A. 14　　B. 1000　　C. 15　　D. 13

6. 下面代码的输出结果是（　　）。

```
for s in "PythonNCRE ":
  if s=="N":
     break
  print(s,end=" ")
```

A. PythonCRE　　B. N　　C. Python　　D. PythonNCRE

7. 下面代码的输出结果是（　　）。

```
for i in "miss":
  for j in range(3):
      print(i,end='')
      if i==" i":
          break
```

A. missmissmiss　　B. mmmissssss　　C. mmmiiissssss　　D. mmmssssss

8. 下面代码的输出结果是（　　）。

```
letter=['A','B','C','D','D','D']
for i in letter:
   if i=='D':
      letter.remove(i)
print(letter)
```

A. ['A', 'B', 'C']　　B. ['A', 'B', 'C', 'D', 'D']

C. ['A', 'B', 'C', 'D', 'D', 'D']　　D. ['A', 'B', 'C', 'D']

9. 下面代码的输出结果是（　　）。

```
a=[]
for i in range(2,10):
    count=0
    for x in range(2,i-1):
        if i % x==0:
            count+=1
    if count==0:
        a.append(i)
print(a)
```

A. [3, 5, 7, 9]　　B. [2, 3, 5, 7]　　C. [4, 6, 8, 9, 10]　　D. [2, 4, 6, 8]

10. 下面代码的输出结果是（　　）。

```
ls=[[0,1],[5,6],[7,8]]
lis=[]
for i in range(len(ls)):
  lis.append(ls[i][1])
print(lis)
```

A. [1, 6, 8]　　B. [0, 5, 7]　　C. [0, 6, 8]　　D. [0, 1]

二、填空题

1. 表达式5 if 5>6 else（6 if 3>2 else 5）的值为________。

2. 表达式[x for x in [1，2，3，4，5] if x<3]的值为________。

3. 已知x = [3，5，3，7]，那么表达式[x. index（i）for i in x if i==3]的值为________。

4. 已知vec = [[1，2]，[3，4]]，则表达式[col for row in vec for col in row]的值为________。

5. 已知vec = [[1，2]，[3，4]]，则表达式[[row[i] for row in vec] for i in range（len（vec[0]））]的值为________。

6. 已知x = [3，7，5]，那么执行语句x. sort（reverse=True）之后，x的值为________。

7. 对于带有else子句的for循环和while循环，当循环因循环条件不成立而自然结束时______（会？不会？）执行else。

8. 在循环语句中，________语句的作用是提前结束本层循环。

9. 在循环语句中，________语句的作用是提前进入下一次循环。

10. Python关键字elif表示________和________两个单词的缩写。

三、判断题

1. 如果仅仅是用于控制循环次数，那么使用for i in range（20）和for i in range（20，40）的作用是等价的。（　　）

2. 在循环中continue语句的作用是跳出当前循环。（　　）

3. 在编写多层循环时，为了提高运行效率，应尽量减少内循环中不必要的计算。（　　）

4. 循环语句for i in range（-3，21，4）的循环次数为6次。（　　）

5. 已知x = {1：1，2：2}，那么语句x[3] =3无法正常执行。（　　）

6. 已知x是一个列表，那么x = x[3：] + x[：3]可以实现把列表x中的所有元素循环左移3位。（　　）

7. 表达式{1，3，2} > {1，2，3}的值是True。（　　）

8. 已知列表x中包含超过5个以上的元素，那么语句x = x[：5]+x[5：]的作用是将列表x中的元素循环左移5位。（　　）

9. Python语句"for i in range（1，21，5）：print（i，end=''）"的输出结果为1，6，11，15。（　　）

10. 对于带有else子句的循环语句，如果是因为循环条件表达式不成立而自然结束循环，则执行else子句中的代码。（　　）

四、程序填空题

1. 打印输出1~1 000内6的倍数的最大值通过键盘输入如下一组汉语词汇并以空格分隔，输入内容共一行。示例格式如下：

```
k=1000
while k > 0:
  if___(1)___;
   print(k)
   break
  ___(2)___
```

2. 打印四个数字（1、2、3、4）组成的互不相同且无重复数字的三位数。

```
for i in range(1,5):
  for j in range(1,5):
    for k in range(1,5):
      if__(1)__:
          print__(2)__)
```

3. 找出1 000以内各位数字的平方和是3的倍数的数（例如，112，1×1 + 1×1 +2×2 = 6，6是3的倍数，所以112是符合条件的数），请将程序补充完整。

```
L=[]
for i in range(1,1001):
    istr=str(i)
    __(1)__
    for ch in istr:
    __(2)__
    if isum%3==0:
        L+=[i]
print(L)
```

4. 根据成绩返回结果，大于或等于90分则返回分数并显示“优秀”；小于90但大于60分，则返回分数并显示“通过”；若低于60分，则返回分数并显示“未通过”。

```
score=int(input("请输入分数:"))
__(1)__:
    print("您的考试成绩为{},优秀! ".format(score))
__(2)__:
print("您的考试成绩为{},通过! ".format(score))
else:
    print("您的考试成绩为{},未通过! ".format(score))
```

5. 求自然数1~100的和。

```
sum=0
for i in __(1)__:
  sum=__(2)__
print("1+2+3+…+100={}".format(sum))
```

6. 在给定的数据范围内找出第一个符合要求的数据，若找不到符合要求的数，则返回“该范围内找不到符合要求的数。”

```
startnum=int(input("请输入查找数据的起始值:"))
endnum=int(input("请输入查找数据的终止值:"))
for i in range(startnum,endnum + 1):
  if  i % 7==0:
     print("找到数值{}符合要求".format(i))
     __(1)__
__(2)__
  print("该范围内找不到符合要求的数")
```

7. 估算我国总人口多少年后达到20亿。

```
population=14. 13
years = 0
```

```
    (1)
      (2)
    population*=1+0.0059
print("{}年后,我国总人口达到20亿".format(years))
```

8. 判断年份是否是闰年。

```
while  (1)  :
    year = int(input("请输入需要查询的年份:"))
    if  (2)  :
        print("{}年是闰年".format(year))
    else :
        print("{}年不是闰年".format(year))
```

9. 打印输出100以内所有的素数。素数即符合以下条件的数：除了1和本身，没有其他因子；该数是大于1的自然数。

```
primelist=[]
for i in range(2,101):
    (1)  :
        if i % j==0:
            break
        else:
            (2)
print(primelist)
```

10. 采用顺序查找法在序列seq中，查找给定值x所在的位置。

```
import random
#生成随机序列searchseq
  (1)
for i in range(20):
    searchseq+=[random.randint(1,100)]
print("查找序列:{}".format(searchseq))
#在序列searchseq中查找x的位置
x=int(input("请输入待查找数值:"))
for i in range(  (2)  ):
    if searchseq[i]==x:
        print("{}在查找序列中的下标为{}".format(x,i))
        break
else:
    print("查无此数")
```

五、编程题

1. 编写程序，输入x，根据如下公式计算分段函数y的值。请分别利用单分支结构、双分支结构以及条件运算语句等方法实现。运行结果样例x=-1.0时，y=46.347938。

$$y=\begin{cases}\dfrac{x^2-3x}{x+1}+2\pi+\sin x & x\geqslant 0\\ \ln(-5x)+6\sqrt{|x|+e^4-(x+1)^3} & x<0\end{cases}$$

2. 利用条件运算符的嵌套完成下述逻辑：学习成绩大于等于90分的学生用A表示，60~89之间用B表示，60分以下的用C表示。

3. BMI指身体质量指数，BMI的计算公式为：BMI=体重/身高^2。BMI指数小于18.5为体重过轻，在18.5到25之间为正常，在25到28之间为超重，大于等于28的为肥胖。给定一个人的体重（kg）和身高（m），计算其BMI指数值，并指明对应的身体情况。

4. 通过键盘输入如下一组水果名称并以空格分隔，输入内容共一行。示例格式如下：

```
苹果 芒果 草莓 芒果 苹果 草莓 芒果 香蕉 芒果 草莓
```

统计各词汇重复出现的次数，按次数的降序输出词汇及对应次数，以英文冒号分隔。输出格式如下：

```
芒果:4
草莓:3
苹果:2
香蕉:1
```

5. 编写程序，实现将列表ls = [51，33，54，56，67，88，431，111，141，72，45，2，78，13，15，5，69]中的素数去除，并输出去除素数后列表的元素个数。

6. 键盘输入两个大于0的整数，按要求输出这两个整数之间（不包括这两个整数）的所有素数。素数又称质数，是指除了1和它本身以外不能被其他整数整除的数。

7. 现有一个集合{10，3，4，23，43，12，5，33，19，38}，请编写程序将所有大于等于20的值保存在字典的第一个键key1的值中，将小于20的值保存在第二个键key2的值中。

8. 将十进制的数转换成八进制的数。

9. 随机产生5个两位正整数构成的序列，并采用冒泡排序法进行升序排列。

10. 猴子吃桃问题：猴子第一天摘下若干个桃子，当即吃了一半，还不过瘾，又多吃了一个，第二天早上又将剩下的桃子吃掉一半，又多吃了一个。以后每天早上都吃了前一天剩下的一半零一个。到第10天早上想再吃时，只剩下一个桃子了。求第一天共摘了多少个桃子？

第5章 函数

当程序的长度在几十行甚至超过百行时，如果不划分模块，程序的可读性是非常糟糕的。解决这一问题的最好的方法就是一段程序划分为若干个短小的程序段，每一段完成一个功能。函数就是这种程序段的具体实现，本章节先介绍了函数的定义，包括函数的定义与调用以及函数的调用过程，再介绍了函数的实参与形参、实参与形参的传递、返回值、无参函数、位置参数、默认参数与关键参数、可变长参数，还介绍了一种匿名函数和变量的作用域，最后介绍了函数的递归调用。

本章思维导图

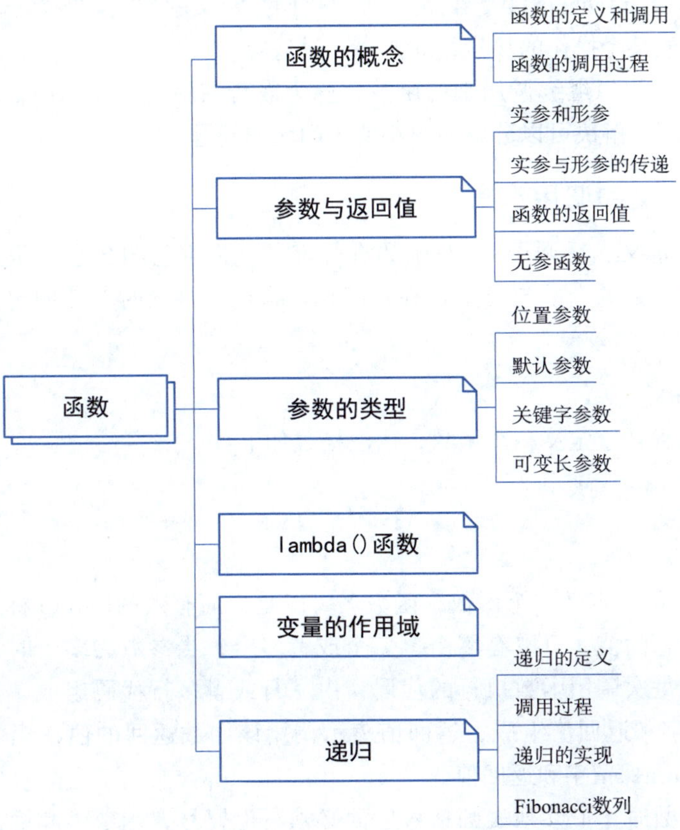

5.1 函数的概念

Python函数是一种可重复使用的代码块，用于执行特定任务或实现特定功能。每一个函数可以看作是一段具有名称的子程序，函数通过函数名进行调用，在需要的地方进行调用。在一段程序中，将功能相同的代码编写为函数，在需要的地方进行函数调用；通过将一组相关代码封装在函数中，可以将复杂的问题分解为更小的可管理的部分，减少代码编写的数量，增加程序的可读性。在调用函数时可以提供不同类型和数量的参数作为输入，实现对不同的任务进行处理，函数执行完毕，还反馈响应的处理结果。

Python中的函数包括内置函数、标准库函数、第三方库、用户自定义函数等。

（1）内置函数：Python提供的，安装Python后即可直接使用的函数，如print()、int()，len()等函数。

（2）标准库函数：通过import导入对应库即可使用，如math库、random库。

（3）第三方库：需要先安装，然后import导入使用，如jieba库。

（4）用户自定义函数：需程序员通过def关键字先定义该函数，并编写对应功能的实现代码，然后才可以通过调用语句进行使用。

在Python中也包括一些特定的函数，如匿名函数、递归函数等。

匿名函数也称为lambda()函数，它是一种简化函数定义的方式。匿名函数通常用于需要一个简短的函数来完成某个操作的场景，如排序、过滤等。

函数执行过程中可以继续调用别的函数，称为嵌套调用。如果调用自己，称为递归调用函数。递归函数常用于解决可以分解为更小的子问题的问题，如阶乘、斐波那契数列等。

5.1.1 函数的定义和调用

函数必须“先定义，后调用”。对函数进行定义，指定它的名字、函数返回值类型、函数实现的功能以及参数的个数与类型。在程序执行自定义函数时，按照定义时所指定的功能执行。

1. 函数的定义

Python使用def保留字定义一个函数，语法格式如下：

```
def <函数名>(<形参列表>):
    <函数体>
    return <返回值>
```

def是关键字，用于定义一个函数；函数名可以是任何有效的Python标识符；形参列表是调用函数时传递给它的值，可以有零个、一个或者多个，当参数为多个时，参数之间用逗号隔开；函数体是指每次调用函数执行的代码，由一行或者多行代码组成。当函数需要返回值时，用return保留字和返回值组成，返回值表示调用该函数返回的值；当函数不需要返回值时，函数中没有return保留字和返回值。

注意： 定义函数时，形参列表圆括号后面必须写上冒号，函数体和返回值前面缩进为一个Tab键（4个空格）。

示例：定义一个函数求两个点的欧氏距离。

```
import math
def distance(point1,point2):                     #定义函数
    x1,y1=point1                                 #获取点坐标
    x2,y2=point2
    d=math.sqrt((x2-x1)**2+(y2 - y1)**2)
    return d                                     #返回两点距离
```

上述代码表示定义了一个函数名为distance的，形参列表为point1、point2两个参数，函数体为获取两点的坐标、计算两点之间的欧式距离并将结果赋值给distance，返回值为distance。

2. 函数的调用

函数的调用格式如下：

```
函数名([<实参列表>])
```

<实参列表>为待传递给函数执行的数据。函数只有被调用后，函数才会开始执行。每调用一次函数，函数中定义的函数体执行一遍。如果需要多次执行函数的功能，只需要多次调用该函数即可。

对上述定义的求欧式距离函数distance进行调用，下面演示调用两次。

示例：函数多次调用。

```
pointA=(1,2)                              #指定点A坐标
pointB=(4,6)                              #指定点B坐标
d1=distance(pointA,pointB)                #调用函数，计算AB两点距离
print(d1)                                 #打印AB两点距离
pointC=(-1,-2)                            #指定点C坐标
pointD=(6,4)                              #指定点D坐标
d2=distance(pointC,pointD)                #调用函数，计算CD两点距离
print("%.2f"%d2)                          #打印CD两点距离，并保留两位小数
===================== RESTART:D:/Python/ch5/1.py =====================
5.00
9.22
```

5.1.2　函数的调用过程

在程序中调用函数需要执行以下四个步骤。

（1）调用处暂停：在需要使用该函数的地方，可以直接使用函数名称后加圆括号来调用函数，原程序处暂停执行。

（2）传递参数：如果函数有参数，需要在函数调用时传递相应的参数。

（3）执行函数体代码：函数被调用时，程序会从函数定义的地方开始执行函数体内的代码。

（4）返回结果：函数执行完成后，可以通过return语句返回一个结果，如果没有return语句，则返回None。

对5.1.1中的distance()函数进行调用分析，为了方便描述，本文对该段代码每行进行了标注如图5-1所示，第1~5行为定义的distance()函数代码，因此，前5行代码刚开始不运行。程序首先从第6行开始运行，第7、8行为给A和B两点赋值坐标。第9行代码为调用distance()函数计

算AB两点的距离，当程序运行到此处时，程序会暂停，将实参赋值给形参，代码如下：

```
1   def distance(point1, point2):
2       x1, y1 = point1
3       x2, y2 = point2
4       d = math.sqrt((x2 - x1)**2 + (y2 - y1)**2)
5       return d
6   import math
7   pointA = (1, 2)
8   pointB = (4, 6)
9   d1 = distance(pointA, pointB)
10  print(d1)
```

图5-1　distance()函数代码及标注

```
point1 = pointA
point2 = pointB
```

然后，用实参代替形参继续执行函数体的内容。当函数体执行完毕后，将返回值d赋值给d1，程序重新回到第9行暂停处。

distance()函数调用过程如图5-2所示，图中1表示调用distance()函数，程序暂停，2表示将实参赋值给形参，3表示执行函数体中的内容，4表示返回值赋值给d1，程序回到暂停处并继续执行下面程序。

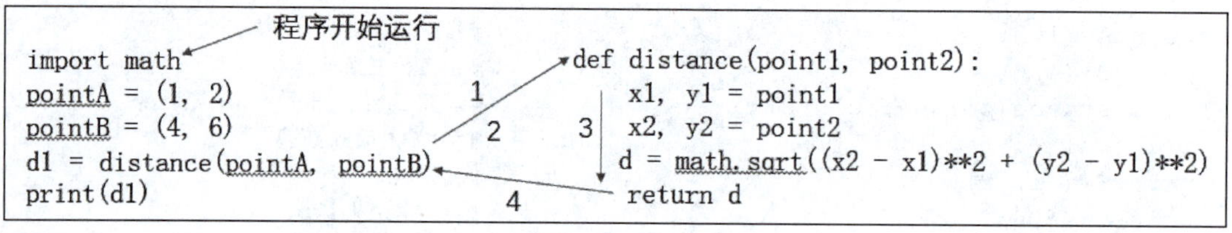

图5-2　distance()函数调用过程

5.2　函数的参数与返回值

5.2.1　实参和形参

形式参数是在函数（也称为被调函数）定义时声明的变量，用于接收函数（也称为主调函数）调用时传递的值，简称“形参”。形参的作用是定义函数需要接收的数据类型和数量，以及参数的名称。

实际参数是在函数调用时实际传递的值，用于给形参赋值，简称“实参”。实参的作用是提供给函数执行所需的具体数据。

下面将演示判断一个字符数字是否在列表中，在被调函数定义时，形参列表共有两个参数，第一个参数为数字item，第二个参数为列表list1。在主调函数调用时，实参与形参是按照位置顺序一一对应的，因此，在调用时，实参第一个参数传入数字，第二个参数传入列表。

示例：判断一个字符数字是否在列表中。

```
>>> def isInclude(item,list1):
```

```
        if item in list1:
            return True
        else:
            return False
>>> isInclude(3,[1,2,3,4,5])
True
```

5.2.2　实参与形参的传递

形参只存在于被调函数的定义中，并不占用内存空间。通过定义函数时的形参，可以指定函数所需的输入类型和数量。

实参是在主调函数调用中传递给函数的值，它们用来实际传递给函数进行处理。实参通过主调函数调用时的参数传递给被调函数，并占用内存空间。

实参和形参的内存地址不会直接改变。当传递一个对象作为参数时，实参与形参将引用同一个对象的内存地址。这意味着在函数内部对该对象的任何修改都会影响到实参。

当传递的值是不可变的对象（如整数、字符串和元组）时，如果函数体不修改变量的值，那么实参和形参指向同一内存地址，即实参与形参相统一。

示例：不可变对象实参与形参相统一。

```
>>> def func(a,b):
        print("传入的a值:",a)
        b=a+b
        print("传出的a值:",a)
        return a

>>> origa=10
>>> origb=2
>>> print("实参origa的值:",origa)
实参origa的值:10
>>> newa = func(origa,origb)
传入的a值:10
传出的a值:10
>>> print("函数处理后传出的a值:",newa)
函数处理后传出的a值:10
```

Func()函数定义了两个形参，在函数体中只是对第一个变量进行引用，未对第一个变量进行修改。当调用函数newa = func（origa，origb），将两个实参origa和origb分别传给形参a、b，由于func()函数体未对第一个变量进行修改，因此，origa和a指向相同的内存地址，如图5-3所示，此时称为实参与形参相统一。

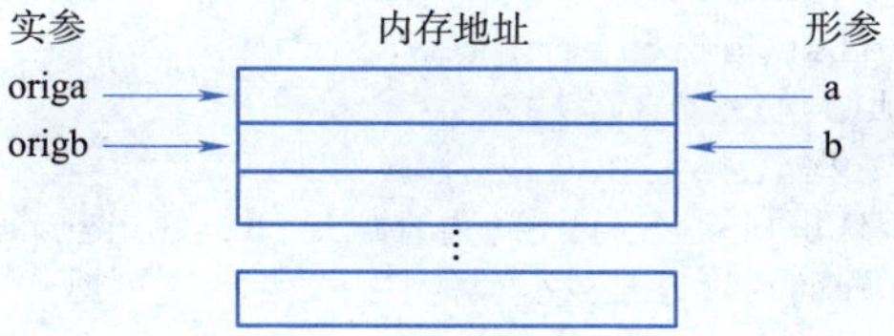

图5-3　不可变类型实参与形参相统一示意图

然而，观察func()函数中第二个变量b，在函数体中，将a+b的值赋值给b，第二个变量b值已发生了改变，下面修改程序打印变量b的内存，观察变量b的内存会怎样变化呢？

示例：不可变对象实参与形参不统一。

```
>>> def func(a,b):
        print("传入的b值的内存地址:",id(b))
        b=a+b
        print("传出的b值的内存地址:",id(b))
        return b
>>> origa=10
>>> origb=2
>>> print("实参origb的内存地址:",id(b))
实参origb的内存地址:1948984048
>>> newb=func(origa,origb)
传入的b值的内存地址:1948984048
传出的b值的内存地址:1948984368
>>> print("函数处理后传出b值的内存地址:",id(newb))
函数处理后传出b值的内存地址:1948984368
```

通过观察打印的实参origb的地址和传入形参b的地址可以发现，两者内存地址一致，如图5-3所示，当函数体执行b=a+b时，变量b发生变化并指向新的内存地址，如图5-4所示，此时内存地址已发生改变，origb和b指向不同的内存地址，此时称为实参与形参不统一。

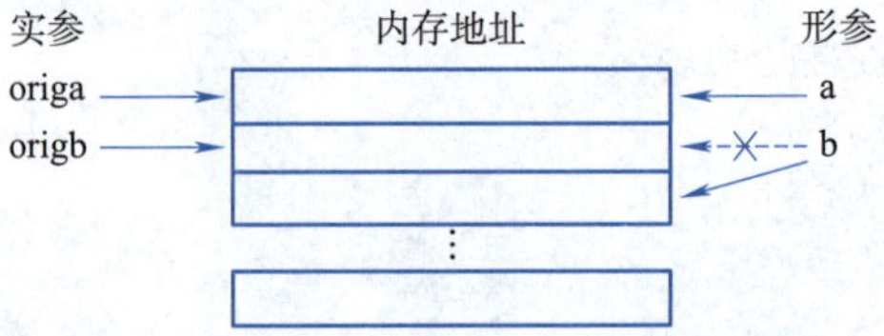

图5-4　不可变类型实参与形参不统一

当传递的值是可变的对象（如列表、字典等）时，如果实参和形参指向相同的内存地址，则称为实参与形参相统一。

示例：可变类型实参和形参相统一。

```
>>> def func(lst,item):
        print("传入的列表lst的内存地址:",id(lst))
        lst+=[item]                          #向列表中添加一项
        print("传出的列表lst的内存地址:",id(lst))
        return lst
>>> origlst=[1,2,3,4,5]
>>> origitem=6
>>> print("实参origlst的内存地址:",id(origlst))
实参origlst的内存地址:2442491390792
>>> newlst=func(origlst,origitem)
传入的列表lst的内存地址:2442491390792
传出的列表lst的内存地址:2442491390792
>>> print("函数处理后传出列表newlst的内存地址:",id(newlst))
函数处理后传出列表newlst的内存地址:2442491390792
```

在函数体中，虽然对列表进行添加操作，但是并未改变列表的内存地址，因此，仍称实参和形参相统一。那么可变类型实参与形式是否一直相统一呢？

示例：可变类型实参和形参不统一。

```
>>> def func(lst):
        print("传入的列表lst的内存地址:",id(lst))
        lst=[4,5,6]
        print("传出的列表lst的内存地址:",id(lst))
        return lst
>>> origlst=[1,2,3]
>>> print("实参origlst的内存地址:",id(origlst))
实参origlst的内存地址:2468988507720
>>> newlst=func(origlst)
传入的列表lst的内存地址:2468988507720
传出的列表lst的内存地址:2468987943688
>>> print("函数处理后传出列表newlst的内存地址:",id(newlst))
函数处理后传出列表newlst的内存地址:2468987943688
```

在函数体中，对传入的列表进行重新赋值，改变了列表的内存地址如图5-5所示，此时称实参和形参不统一。

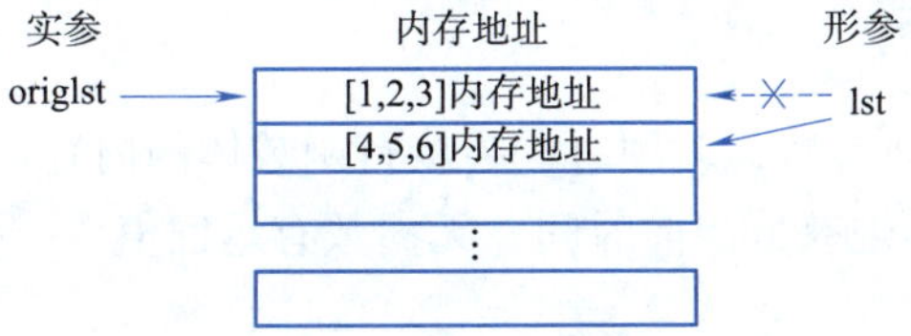

图5-5　可变类型实参和形参不统一

5.2.3　函数的返回值

Python函数的返回值指的是被调函数在执行完毕后通过return语句返回的值。返回值可以是任意类型的对象，包括数字、字符串、布尔值、列表、字典、元组等。

示例：两个数的加法并将结果返回。

```
>>> def add(a,b):
        result=a + b
        return result
>>> add(3,5)
8
```

add()函数接收两个参数a和b，将它们相加得到result，然后使用return语句将result作为返回值返回给调用者。

示例：函数返回多个值。

```
>>> def calculate(a,b):
        sum=a+b
        diff=a-b
        return sum,diff
>>> calculate(3,2)
(5,1)
```

calculate()函数接收两个参数a和b，然后计算它们的和sum和差diff，最后使用return语句返回一个包含sum和diff的元组。

函数也可以没有返回值。即完成某项任务后就结束。

5.2.4　无参函数

无参函数是指在定义函数时，函数名后面括号中没有参数列表，即函数没有参数。

Python的无参函数可以用来执行一些不需要输入参数的操作，例如，打印输出、获取当前时间等。对于这些操作，不需要传递任何参数给函数，因此可以定义为无参函数。

该函数定义的语法格式如下：

```
def <函数名>():
    函数体
```

示例：定义一个函数实现程序初始化。无参数无返回值。

```
>>> def welcome():
        print("欢迎使用Python进行编程.")
        print("程序初始化完成.")
>>> welcome()
欢迎使用Python进行编程.
程序初始化完成.
```

welcome()函数没有任何参数，调用时，会执行函数体的内容，打印输出。

示例：定义一个函数实现获取当前时间。无参数有返回值。

```
>>> import datetime
>>> def get_current_date():
        current_date=datetime.date.today()
        return current_date
>>> get_current_date()
datetime.date(2023,10,17)
```

get_current_date()函数没有任何参数，当调用时会返回当前的日期。

5.3　参数的类型

Python中可使用不同的参数类型来调用函数。参数类型包括：位置参数、默认值参数、关键字参数和可变长度参数。

5.3.1　位置参数

函数调用时的参数一般采用按位置匹配的方式，即在函数调用时，实参按顺序传递给函数定义时相应位置的形参，两者的数目和顺序必须完全一致。

示例：位置参数。

```
>>> def greet(name,age):
        print("Hello,"+name+"!")
        print("You are"+str(age)+"years old.")
```

greet()函数接受两个位置参数name和age。在调用函数时，按照定义的顺序传递相应的参数值。调用greet()函数的运行结果是：

```
>>> greet("Alice",25)
Hello,Alice!
You are 25 years old.
```

如果在调用函数时不按照定义的顺序传递参数值，将会导致错误。例如，以下调用会导致错误：

```
>>> greet(25,"Alice")
Traceback(most recent call last):
  File "<pyshell#3>",line 1,in <module>
    greet(25,"Alice")
  File "<pyshell#2>",line 2,in greet
    print("Hello,"+name+"!")
TypeError:Can't convert 'int' object to str implicitly
```

5.3.2 默认参数

默认参数是指在函数定义时给参数设置一个默认值，执行函数时如果没有传入该参数的值，则使用默认值。默认参数的定义方式是在函数定义时，使用赋值操作符“=”为参数设置默认值。

示例：默认参数。

```
>>> def greeting(name, age=20):
        print("Hello,{0}.You are {1} years old.".format(name,age))
>>> greeting("John")
Hello,John.You are 20 years old.
```

greeting()函数有两个参数，name和age。age参数是一个默认参数，其默认值为20。当调用函数时只传入一个参数name时，age参数会使用默认值20。

示例：默认值必须从最右边开始。

```
def F(a,b=1,c=2):
    print('a=',a,'b=',b,'c=',c)
F(1,2,3)
F(10,20)
F(55)
```

运行结果：

```
a=1 b=2 c=3
a=10 b=20 c=2
a=55 b=1 c=2
```

默认值必须从最右边开始。本例中，第一次函数调用使用位置参数，依次给a，b，c赋值为1，2，3。第二次只有两个参数，按默认从最右边开始的原则，c取默认值2，a，b分别被赋值为10，20。第三次调用进a被赋值为55，b，c均使用了默认值。

示例：默认值参数的应用。

```
def printWelcome(s="Python"):          #定义
    for i in range(60):
        print('=',end="")
    print()
```

```
    printstr="Welcome to "+s
    printstrlen=len(printstr)
    lspacelen=(60-printstrlen)//2
    rspacelen=60-printstrlen-lspacelen
    print('%s%s%s'%('='*lspacelen,printstr,'='*rspacelen))
    for i in range(60):
        print('=',end="")
    print()
printWelcome()                                          #默认值参数调用
print()
printWelcome("our country")                             #位置参数调用
```

运行结果：

```
============================================================
=====================Welcome to Python======================
============================================================

============================================================
===================Welcome to our country===================
============================================================
```

这个示例中，第一次调用时没有实参，使用默认值参数，形参s默认为"Python"。第二次调用时有实参则使用位置参数，形参s被赋值为"our country”。

5.3.3 关键字参数

关键字参数的格式如下：

```
形参名=实参值
```

关键字参数是指通过参数名来传递参数值，而不是通过顺序来传递参数值。关键字参数的优点是可以不按照函数定义时的参数顺序进行传值，而是通过参数名来指定传值的参数，因此可以跳过某些参数或脱离参数的顺序。

示例：关键字参数。

```
>>> def greeting(name,age=20):
        print("Hello,{0}.You are {1} years old.".format(name,age))
#使用关键字参数调用函数
>>> greeting(age=25,name="Amy")
Hello,Amy.You are 25 years old.
```

greeting()函数有两个参数，name和age，本例中，指定给age传参数值为25，给name传参数值为“Amy”。当使用关键字参数调用函数时，可以通过参数名来指定传入的参数值的顺序。

5.3.4 可变长度参数

在程序设计中，可能会遇到函数的参数个数不固定的情况，这是就需要用到可变长度的参数来实现预定功能。

可变长参数函数允许在函数定义中使用不定数量的参数。这意味着可以在调用函数时传递任意数量的参数，函数会将这些参数收集到一个可迭代对象中进行处理。

Python提供了两种类型的可变长参数：分别是元组（非关键字参数）*args和字典（关键字参数）**kwargs。

（1）*args用于传递不确定数量的非关键字参数，它将参数打包成一个元组（tuple）的形式，在函数体内可以使用这个元组进行迭代或操作。

（2）**kwargs用于传递不确定数量的关键字参数，它将参数打包成一个字典（dict）的形式，在函数体内可以使用这个字典进行访问或操作。

元组可变长度参数，需要在参数名前加*，可接收多个实参并将其放入一个元组中。

示例：元组作为唯一参数。

```
def F(*x):
    print(x)
F(1,2,3)
F(1)
```

运行结果:

```
(1,2,3)
(1,)
```

示例：元组不作为唯一参数。

```
def F(a,*x):
    print(a,x)
F(1,2,3)
F(1,2,3,4)
```

运行结果:

```
1(2,3)
1(2,3,4)
```

示例：元组作为可变长度参数的应用。计算一组数的平均数。输入一组不定长的数字，求出它们的平均值并返回。

```
>>> def average(*args):
        if len(args)==0:
            return 0
        else:
            return sum(args)/len(args)
>>> average(1,2,3,4,5)
3.0
>>> average(10,20,30)
20.0
>>> average()
0
```

该例中，不确定传入的参数有几个，均作为元组中的数据一并传递和接收。

字典可变长度参数，需要在参数名前加**，可以接收多个实参。

示例：字典作为可变长度参数。

```
>>> def F(**x):
        print(x)
>>> F(a=1,b=2)
```

```
{'a':1,'b':2}
>>> F(x=10,y=20,s='abc')
{'x':10,'y':20,'s':'abc'}
```

示例：字典作为可变长度参数的应用。

计算购物清单中所有物品的总价格。购物清单是一个字典，其中键是物品的名称，值是物品的价格。购物清单的长度和内容是不固定的。

```
>>> def calculate_total(**shopping_list):
        total=0
        for item,price in shopping_list.items():
            total+=price
        return total
>>> calculate_total(apple=5.0,banana=2.0,orange=1.5)
8.5
>>> calculate_total(book=18.0,pen=2.5,notebook=4.0,ruler=1.0)
25.5
```

特别地，内置函数print()也可以看作是可变长参数函数。

示例：print()函数的参数长度可变

```
>>> print("hello")
#结果为hello
>>> print(3,"+",2,"=",5)
#结果为3 + 2 = 5
```

示例：几种参数类型的综合应用，求参数的和。

```
def F(a,b=20,*x,**y):
    print(a)      #a是位置参数
    print(b)      #b是默认值参数
    print(x)      #x是元组，可变长度参数
    print(y)      #y是字典，可变长度参数
    s=a+b         #s是a、b的和值
    for i in x:
        s+=i      #s加上了元组x的每一个数值
    for i in y.values():
        s+=i      #s加上了字典y的每一个数值
    return s      #s返回了所有数值的和
Sum=F(2,10,1,2,3,4,c=10,d=20)
print(Sum)
```

运行结果：

```
2
10
(1, 2, 3, 4)
{'c': 10, 'd': 20}
52
```

5.4 lambda()函数

函数的定义除了5.1中介绍的显示定义的方法外，还有一种更简洁的方法定义一些简单的函数，称为匿名函数或lambda()函数。匿名函数并非没有名字，而是将函数名作为函数结果返回。

语法格式如下：

```
<函数名>=lambda <参数列表>:<函数操作表达式>
```

等价于：

```
def <函数名>(<参数列表>):
    return <函数操作表达式>
```

Python匿名函数的特性如下：

（1）lambda()函数不需要通过def定义，无须提供函数名。这也是其“匿名函数”的本质所在。

（2）lambda()函数可以接受任意数量的参数，但只能有一个表达式。这个表达式的结果就是这个函数的返回值。

（3）lambda()函数可以很方便地定义在需要使用的地方，无须提前定义。

示例：使用lambda()函数实现两个数求和。

```
>>> add=lambda x,y :x + y
>>> type(add)
<class 'function'>
>>> add(2,3)
5
```

示例：使用lambda()函数实现列表的排序功能。

```
>>> lst=[('apple',35),('orange',15),('banana',45),('lemon',25)]
>>> sorted_lst=sorted(lst,key=lambda x:x[1])
>>> sorted_lst
[('orange',15),('lemon',25),('apple',35),('banana',45)]
```

首先定义一个列表，列表中每个元素由水果品种和数量组成，使用sorted()函数对水果列表进行排序，传递了一个lambda()函数作为参数。lambda()函数指定根据水果的数量进行排序。lambda()函数的参数x表示每个水果对象，指定了要根据哪个字段进行排序。

示例：一个使用lambda()函数实现列表排序的扩展。

```
>>> stulist=[("张峰",96,86,90),("王涵",89,90,98),("李硕",90,70,100)]
```

其中，stulist为学生成绩列表，每个元素均为一个元组，元组中的元素依次为姓名、语文成绩、数学成绩、英语成绩。

若需根据语文成绩降序进行排序，则可执行语句：

```
>>> sorted(stulist,key=lambda stu:stu[1],reverse=True)
[('张峰',96,86,90),('李硕',90,70,100),('王涵',89,90,98)]
```

若需根据英语成绩升序进行排序，则可执行语句：

```
>>> sorted(stulist,key=lambda stu:stu[3])
[('张峰',96,86,90),('王涵',89,90,98),('李硕',90,70,100)]
```

若需根据总成绩降序进行排序，则可执行语句：

```
>>> sorted(stulist,key=lambda stu:sum(stu[1:]),reverse=True)
[('王涵',89,90,98),('张峰',96,86,90),('李硕',90,70,100)]
```

也可以用：

```
>>> sorted(stulist,key=lambda stu:stu[1]+stu[2]+stu[3]),reverse=True)
```

5.5 变量的作用域

Python变量的作用域是由变量被定义的位置决定的。变量根据其作用范围可以分为局部变量和全局变量。

1. 局部变量

函数内部定义的变量称为内部变量，也称为局部变量，只能在函数内部访问。当函数执行结束后，局部变量的作用域也就结束了，变量的生命周期也随之结束。

示例：局部变量。

```
>>> def func(x):
        x+=10
        print("函数内部打印x的值:",x)
>>> func(20)
函数内部打印x的值:30
>>> print("函数外部打印x的值:",x)
NameError:name 'x' is not defined
```

在上述代码中，变量x为函数内部定义的局部变量，因此只能在func()函数内部有效。在函数体中打印局部变量x可以有效的进行打印，但是在函数外部空间打印变量x值时，会产生报错。

如果想要在函数外部使用局部变量的值，可以将局部变量作为返回值，用return保留字传出。

2. 全局变量

全局变量是在函数外部定义的变量，在整个程序中都可以访问。全局变量在任何地方都可以引用。

示例：全局变量。

```
>>> x=10
>>> def func(n):
        n+=x
        print("函数执行时n的值:",n)
        print("函数执行时x的值:",x)
>>> func(20)
函数执行时n的值:30.0
函数执行时x的值:10.0
>>> print("函数执行后x的值:",x)
函数执行后x的值:10.0
```

变量n是函数内部定义的局部变量，只在函数内部有效，变量x是再函数外部定义的全局变量，在整个文件中均有效，因此在函数内外部均可以访问并打印其值。

3. global 关键字

在Python中，使用global关键字可以在函数内部声明使用全局变量。通常情况下，在函数中只能访问函数内部定义的变量（局部变量），无法直接修改外部的全局变量。但是，使用global关键字可以在函数内部修改全局变量的值。

示例：global的应用。

```
>>> x=10
>>> def func(n):
        x+=n
        print("函数执行时x的值:",x)
>>> func(20)
UnboundLocalError:local variable 'x' referenced before assignment
```

在以上程序中，定义了一个全局变量x，并赋值10，因此在函数体中也可以访问此变量，但在函数内部没有使用global关键字就想修改全局变量的值x+=n，发生异常。因此，在函数体内修改全局变量的值可以使用global关键字对该变量进行声明，然后再修改其值。

```
>>> x=10
>>> def func(n):
        global x
        print("函数执行前x的值:",x)
        x+=n
        print("函数执行中x的值:",x)
>>> func(20)
函数执行前x的值:10
函数执行中x的值:30
>>> print("函数执行后x的值:",x)
函数执行后x的值:30
```

4. 同名变量

当局部变量和全局变量的变量名一样时，以作用域小的（即局部变量）为优先。

示例：同名变量的处理。

```
>>> a=10                                  #定义全局变量a
>>> def func(b):                          #定义函数func()，参数为b
        a=5                               #定义局部变量a
        a+=b                              #计算a+b的值，并赋值给a
        print("函数内部打印a的值:",a)       #打印计算后的变量a的值
>>> func(20)                              #调用函数，传入实参20
函数内部打印a的值:25                        #函数内部print()函数打印的结果
>>> print("函数外部打印a的值:",a)
函数外部打印a的值:10
```

在func()函数外部定义全局变量a =10，在函数内部定义局部变量a=5；当执行调用函数func（20）时，执行func()函数的函数体，在计算a=a+b时，此时a指的是局部变量a=5。

5.6 递 归

5.6.1 递归的定义

一个函数内部可以调用其他函数，以实现较为复杂的功能。如果在一个函数中，直接或间接的调用函数自身，这个函数就称为递归函数。递归函数是一种非常实用的程序设计技术。许多问题都具有递归的特性，在某些情况下，使用其他方法很难解决的问题，利用递归可以很轻松解决。

示例：求数的阶乘。

阶乘是指一个数连乘自己和自己的前面所有整数的积，通过可将阶乘的求解分解为$n(n-1)!$，当$n=1$，直接定义阶乘的结果为1，具体见公式（5-1）。

$$f(n)=\begin{cases}1 & n=1\\ n(n-1)! & n>1\end{cases} \tag{5-1}$$

如果要计算4的阶乘，根据阶乘的定义，4！=4×3！，3！=3×2！，2！=2×1！，1！=1，因此，可求得4！。代码如下：

```
def Fact(n):
    if n==1:
        return 1
    else:
        return n*Fact(n-1)
print("%d! = %d"%(4,Fact(4)))
```

运行结果：

```
4! = 24
```

在该例中，定义一个Fact()函数来求解正整数的阶乘。当“n=1”时，函数直接返回值“1”，当“n>1”时，调用n*Fact（n-1）。

5.6.2 递归的调用过程

下面将以求解正整数4的阶乘来说明函数的递归调用过程。

递推过程是递归算法中的关键步骤，它将原始问题分解为一个或多个相似但规模较小的子问题。在递推过程中，通常会调用相同的函数，使用不同的参数，参数被修改以处理规模较小的子问题，以便在每次递归调用中接近问题的解决。如图5-6所示，1—4是递推过程，将求解Fact（4）问题分解为求多个功能相似但规模较小的子问题。

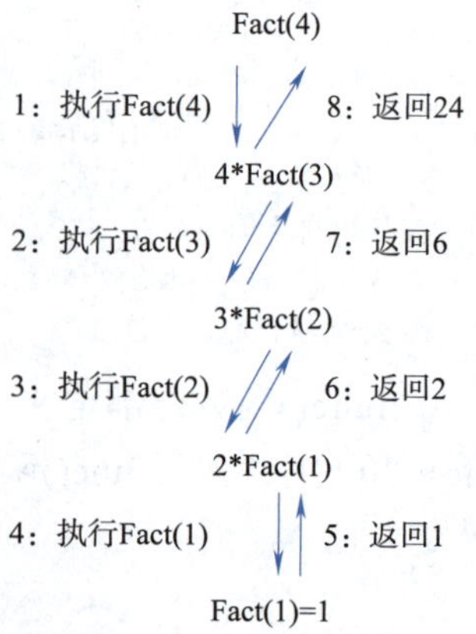

图5-6　Fact函数递归调用过程

回归过程是递归算法的基本情况或终止条件，它指定了在某些条件下递归应该停止。当问题被分解到足够小的规模时，回归过程会提供问题的直接解决方案，而不需要进一步的递归。回归过程的目的是防止递归无限进行。如图5-6所示，在递推过程中，将求解的问题划分到最小规模Fact（1）=1，步骤5—8直接返回每个子问题的结果。

根据上述的递归调用过程可以得出，所有的递归函数必须满足下列两点：

（1）递归出口，递归必须有终止条件和终止值，在求解阶乘的例子中，“n==1”是递归的终止条件，“1”是终止值。

（2）递归方向，向终止条件的方向发展。在求解阶乘的例子中，“Fact（n-1）”，规定了递归方向，不管n是多大，最终都会递减到1。

递推过程和回归过程的结合使得递归算法能够有效地解决复杂问题，将其分解为可管理的子问题，并在达到递归出口时停止递归。这种递归结构在许多算法和编程任务中都有广泛的应用，如树遍历、排序算法、图算法等。在Python中，编写递归函数通常需要谨慎处理递推步骤和递归出口，以确保递归不会陷入无限循环，同时能够正确地解决问题。

5.6.3　递归的实现

递归一般由函数+分支语句组成，因为递归本身是一个函数，所以需要用函数定义方式去描述。

在函数内部，采用分支语句对输入参数进行判断，根据递归出口和方向，分别编写对应代码。

下面用递归来求解猴子吃桃子问题。

示例： 猴子一天采摘若干个桃子，现在每天吃现有桃子数的一半多一个，第7天早上只剩下1个桃子，问猴子一共采摘了多少个桃子。

分析：设第n天桃子数量=（第n+1天桃子数量+1）×2，而第7天桃子数量为1，具体见公式（5-2）。

$$f(n)=\begin{cases}1 & n=7\\(f(n+1)+1)\times 2 & n<7\end{cases}\tag{5-2}$$

递归出口：第7天桃子数量为1。

递归方向：桃子数量从第1天到第7天递减。

```
>>> def func(n):
        if n==7:
            x=1
        else:
            x=(func(n+1)+1)*2
        return x
>>> func(1)
190
```

5.6.4　Fibonacci 数列

在自然界中的许多地方都会出现Fibonacci数列（斐波那契数列），例如，蜂巢中蜂的繁殖模式，花朵的花瓣数，贝壳的螺旋线等。此外，斐波那契数列在计算机编程和金融市场预测等领域也有应用。

Fibonacci数列的数学表示具体见公式（5-3）。

$$\mathrm{Fib}=\begin{cases}1 & n=0,1\\ \mathrm{Fib}(n-1)+\mathrm{Fib}(n-2) & n>1\end{cases} \tag{5-3}$$

所以这个数列的前几项会是：1、1、2、3、5、8、13、21等。从第三项开始，每一项都等于它前面的两项之和。

1. 多变量迭代

在多变量迭代方法中，可以采用三个变量f0、f1、f2完成。首先给f0和f1赋值为1，由于每个元素是前两个元素的和，f2=f1+f0。其次，通过f1+f2获取新元素的值，为了方便循环，将f1的值传递给f2，f0的值传递给f1，再通过f2=f1+f0获取新元素的值，其过程如图5-7所示。

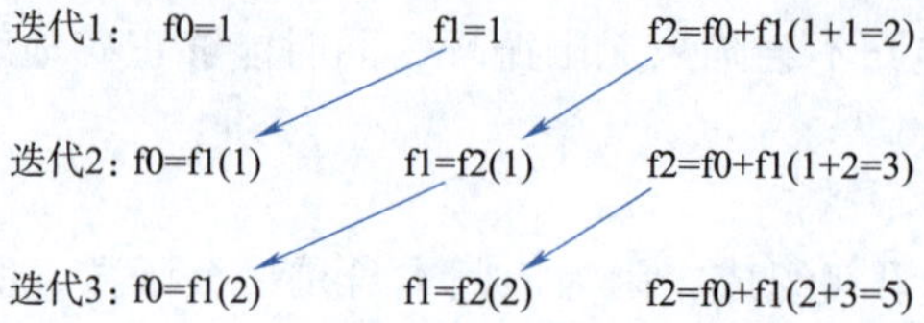

图5-7 Fibonacci数列多变量迭代过程（前4项）

```
>>> def Fib(n):
        f0=1
        f1=1
        for i in range(2,n+1):
                f2=f0+f1
                f0=f1
                f1=f2
        return f2
>>> Fib(4)
5
```

多变量迭代版本的优点是代码简单、执行速度快，因为它只做了简单的加法运算，没有涉及到复杂的数据结构。

本例的代码可简化为

```
>>> def Fib(n):
        f0=1
        f1=1
        for i in range(2,n+1):
                f0,f1=f1,f0+f1
        return f1
```

这里，巧妙地使用Python中元组功能，直接将原来的f1值作为新的f0，原来的f0+f1作为新的f1，省略了f2变量的使用。

2. 列表元素迭代

Python列表可以有序地存放多个元素，因此，也可以采用列表来实现Fibonacci数列。首先定义一个列表存放第一个和第二个值“[1，1]”，从第三个值开始，每增加一个元素都是前两个元素的和，其迭代过程如图5-8所示。

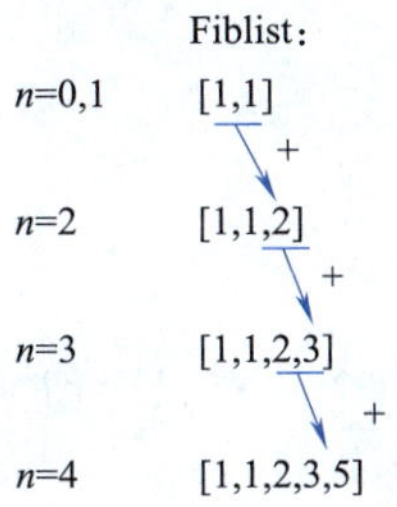

图5-8　Fibonacci数列列表迭代过程（前4项）

```
>>> def Fib(n):
        Fiblist=[1,1]
        for i in range(2,n+1):
            Fiblist+=[Fiblist[-2]+Fiblist[-1]]
        return Fiblist[n]
>>> Fib(4)
5
```

列表迭代版本的优点是逻辑清晰，容易理解，但是空间复杂度较高，每次迭代都会在列表末尾添加一个新元素，当n很大时，会消耗很多内存。

3. 递归实现

递归出口：n=0，1。

递归方向：由待求解的第n项向第二项递减。

```
>>> def Fib(n):
        if n==0 or n==1:
            return 1
        else:
            return Fib(n-1)+Fib(n-2)
>>> Fib(4)
5
```

在采用递归思想解决实际问题时，代码编写非常简单，但效率不一定高，在递归过程中，存在着大量的重复计算。如图5-9所示，在计算Fibonacci数列的前4项中，存在着重复计算。比如计算Fib（4）时，会计算Fib（3）和Fib（2）；计算Fib（3）时，会计算Fib（2）和Fib（1），其中计算Fib（2）被计算了两次，如果计算的n值非常大，将会产生大量的重复计算，导致大量的内存开销。

综合以上分析，Fibonacci数列的实现使用多变量迭代和列表元素迭代两种方案效率都很好，使用递归的方法实现对系统的时间和空间都有过大的消耗，并不适合使用。

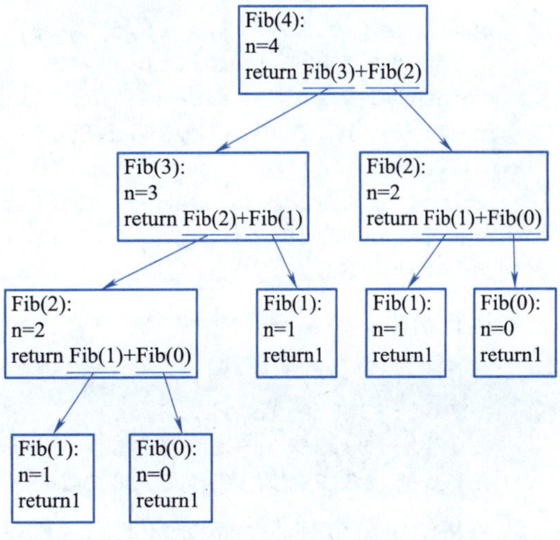

图5-9　Fibonacci数列递归实现过程（前4项）

5.7 综合案例

1. 去重问题

去重指去除列表中的重复数据，每个元素只保留一次。可以使用不同的方法来解决这个问题。

方法1：考虑到集合中的数据是不重复的，可以通过转化为集合将重复元素只保留一次。

方法2：通过增加一新列表来实现，遍历原列表的每一个元素，若在新列表中未出现过（即在原列表中第一次遇到该元素），则将其添加至新列表；若在新列表中已存在（即在原列表中出现的重复元素），则放弃添加。

方法3：通过序列的count()方法及remove()方法来实现。遍历序列中每个元素，统计符合条件的元素的个数，大于1，remove移除该元素；等于1，则说明该元素已无重复，保留。

```
def DelSame1(numlist):                                    #方法1
    numset=set(numlist)
    return list(numset)
def DelSame2(numlist):                                    #方法2
    newlist=[]
    for item in numlist:
        if item not in newlist:
            newlist+=[item]
    return newlist
def DelSame3(numlist):                                    #方法3
    i=0
    while i<len(numlist):
        if numlist.count(numlist[i])>1:
            numlist.remove(numlist[i])
    else:
        i+=1
    return numlist
numlist=[13,26,3,9,3,16,5,3,10]
print("去重前:",numlist)
print("去重后1:",DelSame1(numlist))
numlist=[13,26,3,9,3,16,5,3,10]

print("去重后2:",DelSame2(numlist))
numlist=[13,26,3,9,3,16,5,3,10]
print("去重后3:",DelSame3(numlist))
```

运行结果：

```
去重前:[13,26,3,9,3,16,5,3,10]
去重后1:[3,5,9,10,13,16,26]
去重后2:[13,26,3,9,16,5,10]
去重后3:[13,26,9,16,5,3,10]
```

分析结果可发现：去重策略不同，则结果数据顺序不同：

方法1：集合，无序。

方法2：次第加入列表，由前往后筛选。

方法3：次第删除，保留了后面的元素。

2. 加密问题

凯撒密码是由罗马军事家凯撒为了加密传递信息而发明的一种加密技术。它是一种简单的加密技术，将加密之前的原文成为明文，加密之后的内容称为密文，偏移的数目称为密钥。

加密的思路是将明文中的所有字母按字母表次序循环向前（或向后）偏移固定数目得到新的字母，从而构成密文。

解密的思路是将密文中的所有字母按字母表次序循环向后（或向前）偏移固定数目得到新的字母，从而构成明文。

图5-10展示的是偏移量为3的加密和解密的思路。在该图中，凯撒加密是通过对字母进行循环后移3位。也就是A被替换成D，B替换成E，对于最后三位X，Y和Z，通过循环，即从头开始对应，得到X替换成A，Y替换成B，Z替换成C。解密与加密相反即可。

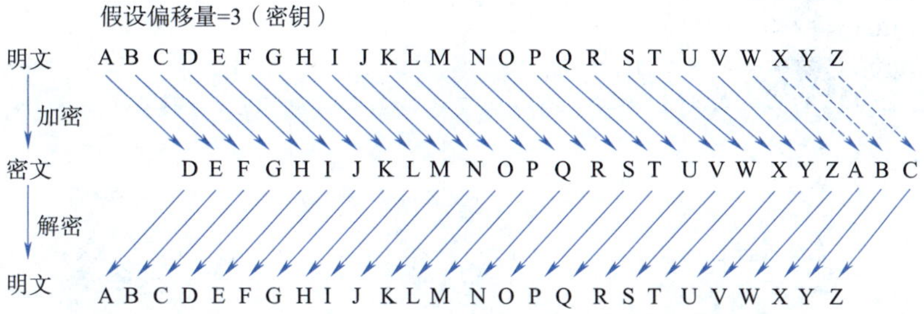

图5-10　凯撒密码加密和解密

将字母前移或后移几个字符，可以通过ASCII来实现。由于要实现字母表的循环偏移，加密过程可以用公式（5-4）来实现，解密可以用公式（5-5）来实现。

$$c=(x+n)\bmod 26 \tag{5-4}$$

$$x=(c-n)\bmod 26 \tag{5-5}$$

式中，c为密文字符，x为明文字符，n为密钥，mod为求模运算。

示例：凯撒密码——加密。

```
def caesar_encode(oritext,key):
    passtext=""
    for ch in oritext:
        if  'a'<=ch<='z':
            passtext+=chr(97+(ord(ch)-97+key)%26)
        elif 'A'<=ch<='Z':
            passtext+=chr(65+(ord(ch)-65+key)%26)
        else:
            passtext+=ch
    return passtext
n=int(input('输入密钥:'))
oristr=input("请输入明文:")
print("密钥为{}的密文为:{}".format(n,caesar_encode(oristr,n)))
```

运行结果：

```
输入密钥:5
请输入明文:The philosophers only interpret the world in different ways, the point is to change it.
密钥为5的密文为:Ymj umnqtxtumjwx tsqd nsyjwuwjy ymj btwqi ns inkkjwjsy bfdx, ymj utnsy nx yt hmfslj ny.
```

示例：凯撒密码——解密。

```
def caesar_decode( oritext,key):
    passtext=""
    for ch in oritext:
        If  'a'<=ch<='z':
            passtext+=chr(97+(ord(ch)-97-key)%26)
    elif 'A'<=ch<='Z':
        passtext+=chr(65+(ord(ch)-65-key)%26)
    else:
        passtext+=ch
    return passtext
n=int(input('输入密钥:'))
oristr=input("请输入密文:")
print("密钥为{}的明文为:{}".format(n,caesar_decode(oristr,n)))
```

运行结果：

```
输入密钥:5
请输入密文:Ymj umnqtxtumjwx tsqd nsyjwuwjy ymj btwqi ns inkkjwjsy bfdx, ymj utnsy nx yt hmfslj ny.
密钥为5的明文为:The philosophers only interpret the world in different ways,
the point is to change it.
```

在编写Python代码时，应该遵循什么设计规范呢？如何编写一段优美的代码呢？

在Python中内置了一个this.py文件，被称为“Python之禅”（The Zen of Python）。该段文字由Tim Peters撰写，介绍了如何编写出优美代码的一些重要原则。

示例：加载“Python之禅”。

```
>>> import this
The Zen of Python,by Tim Peters

Beautiful is better than ugly.
Explicit is better than implicit.
Simple is better than complex.
Complex is better than complicated.
Flat is better than nested.
Sparse is better than dense.
Readability counts.
Special cases aren't special enough to break the rules.
Although practicality beats purity.
Errors should never pass silently.
Unless explicitly silenced.
In the face of ambiguity,refuse the temptation to guess.
There should be one-- and preferably only one --obvious way to do it.
```

```
Although that way may not be obvious at first unless you're Dutch.
Now is better than never.
Although never is often better than *right* now.
If the implementation is hard to explain,it's a bad idea.
If the implementation is easy to explain,it may be a good idea.
Namespaces are one honking great idea -- let's do more of those!
```

“Python之禅”除了表达了Python的设计理念，在该段程序中还有另一段程序。读者可以在Python安装目录下找到Lib/this.py文件，该段程序的内容如下：

```
1    s="""Gur Mra bs Clguba,ol Gvz Crgref
2
3    Ornhgvshy vf orggre guna htyl.
4    Rkcyvpvg vf orggre guna vzcyvpvg.
5    Fvzcyr vf orggre guna pbzcyrk.
6    Pbzcyrk vf orggre guna pbzcyvpngrq.
7    Syng vf orggre guna arfgrq.
8    Fcnefr vf orggre guna qrafr.
9    Ernqnovyvgl pbhagf.
10    Fcrpvny pnfrf nera'g fcrpvny rabhtu gb oernx gur ehyrf.
11    Nygubhtu cenpgvpnyvgl orngf chevgl.
12    Reebef fubhyq arire cnff fvyragyl.
13    Hayrff rkcyvpvgyl fvyraprq.
14    Va gur snpr bs nzovthvgl,ershfr gur grzcgngvba gb thrff.
15    Gurer fubhyq or bar-- naq cersrenoyl bayl bar --boivbhf jnl gb qb vg.
16    Nygubhtu gung jnl znl abg or boivbhf ng svefg hayrff lbh'er Qhgpu.
17    Abj vf orggre guna arire.
18    Nygubhtu arire vf bsgra orggre guna *evtug* abj.
19    Vs gur vzcyrzragngvba vf uneq gb rkcynva,vg'f n onq vqrn.
20    Vs gur vzcyrzragngvba vf rnfl gb rkcynva,vg znl or n tbbq vqrn.
21    Anzrfcnprf ner bar ubaxvat terng vqrn -- yrg'f qb zber bs gubfr!"""
22
23    d={}
24    for c in(65,97):
25    for i in range(26):
26        d[chr(i+c)]=chr((i+13)%26+c)
27
28    print("".join([d.get(c,c)for c in s]))
```

在上述文件中，第1行到第21行是一个字符串"s"，s中的内容是加密的“Python之禅”内容。第23行到28行凯撒密码的加密和解密代码，第23行为定义一个空的字典，用于存储密码表；24行到26行采用两个循环结构，用于生成偏移量为13的凯撒密码表，计算公式见公式5-4。第28行，采用字典的get()方法，根据密码表进行加解密。可以输入下列代码查看密码表。

```
>>> this.d.items()
dict_items([('B','O'),('F','S'),('u','h'),('p','c'),('H','U'),('P','C'),
('w','j'),('o','b'),('Z','M'),('g','t'),('Q','D'),('h','u'),('V','I'),
('Y','L'),('j','w'),('W','J'),('J','W'),('c','p'),('G','T'),('n','a'),
('m','z'),('b','o'),('f','s'),('A','N'),('E','R'),('U','H'),('C','P'),
('O','B'),('a','n'),('z','m'),('D','Q'),('T','G'),('v','i'),('S','F'),
```

```
('N','A'),('K','X'),('s','f'),('L','Y'),('y','l'),('d','q'),('X','K'),
('q','d'),('l','y'),('e','r'),('t','g'),('I','V'),('x','k'),('M','Z'),
('R','E'),('i','v'),('k','x'),('r','e')])
```

3. 哥德巴赫猜想

哥德巴赫1742年在给欧拉的信中提出了以下猜想：任一大于2的整数都可写成三个质数之和。欧拉在回信中也提出另一等价版本，即任一大于2的偶数都可写成两个质数之和。

示例：哥德巴赫猜想。

```
def is_prime(n):
        #判断一个数是否为质数
    if n<=1:
        return False
    for i in range(2,int(n**0.5)+1):
        if n%i==0:
            return False
    return True

def goldbach_conjecture(n):
        #验证哥德巴赫猜想
    if n>=4 and n%2==0:
        for i in range(num//2+1):
            if is_prime(i)and is_prime(n - i):
                print("{0}可以表示为两个质数的和:{1} + {2}".format(n,i,n-i))
        else:
            print("输入错误")


while True:
    num=int(input("请输入一个大于2的偶数:"))
    goldbach_conjecture(num)
```

运行结果：

```
请输入一个大于2的偶数：4
4可以表示为两个质数的和：2 + 2
请输入一个大于2的偶数：8
8可以表示为两个质数的和：3 + 5
请输入一个大于2的偶数：10
10可以表示为两个质数的和：3 + 7
10可以表示为两个质数的和：5 + 5
请输入一个大于2的偶数：30
30可以表示为两个质数的和：7 + 23
30可以表示为两个质数的和：11 + 19
30可以表示为两个质数的和：13 + 17
```

首先，定义了一个判断一个数是否为质数的函数is_prime，接着定义了一个验证哥德巴赫猜想的函数goldbach_conjecture()。在goldbach_conjecture()函数中，从2到给定偶数n之间的每个数i，判断i和n-i是否都为质数，如果是则打印这两个质数。

然后，通过循环不断输入一个大于2的偶数，如果输入的数不符合条件，则提示重新输入；如果输入的数满足条件，则调用goldbach_conjecture()函数验证哥德巴赫猜想并输出结果。

通过不断输入不同的偶数，就可以验证哥德巴赫猜想的正确性。

小　结

本章主要介绍了自定义函数的定义以及调用方法，实参与形参的传递，自定义函数的参数和返回值，介绍了一种简单且易用的匿名函数——lambda()函数，还介绍了变量的作用域，最后介绍了递归函数以及它们的使用方法。

习题五

一、单选题

1. 下面关于函数的说法正确的是（　　）。

A. Python语言是解释执行，只要在真正调用函数之前定义函数就可以进行合法调用

B. 函数在调用前不需要定义，拿来用就好

C. 函数可以定义可选参数，但只能使用参数的位置传递参数值

D. 函数可以定义可选参数，但只能使用参数的名称传递参数值

2. 下面不是使用函数的优点的是（　　）。

A. 减少代码重复　　B. 使程序更加模块化

C. 方便阅读　　D. 展现智力优势

3. 关于Python的lambda()函数，下面选项中描述错误的是（　　）。

A. lambda()函数将函数名作为函数结果返回

B. f = lambda x，y：x+y执行后，f的类型为数字类型

C. lambda用于定义简单的、能够在一行内表示的函数

D. 可以使用lambda()函数定义列表的排序原则

4. 下面选项不是函数作用的是（　　）。

A. 提高代码执行速度　　B. 增强代码可读性

C. 降低编码复杂度　　D. 复用代码

5. 下面关于函数说法错误的是（　　）。

A. 函数可以看作是一段具有名字的子程序

B. 函数通过函数名来调用

C. 函数是一段具有特定功能的、可重用的语句组

D. 对函数的使用必须了解其内部实现原理

6. 下面关于函数调用描述正确的是（　　）。

A. 自定义函数调用前必须定义

B. 函数在调用前不需要定义，拿来即用就好

C. Python内置函数调用前需要引用相应的库

D. 函数和调用只能发生在同一个文件中

7. 下面说法错误的是（　　）。

A. 函数将一系列代码组织起来通过命名供其他程序使用

B. 函数封装的直接好处是代码复用，任何其他代码只要输入参数即可调用函数

C. 使用函数可以避免相同功能代码在被调用处重复编写

D. 当更新函数功能时，有的被调用处的功能会更新

8. 下面说法正确的是（　　）。

A. 使用函数的两个主要目的是降低编程难度和代码复用

B. 函数必须有参数

C. 使用函数一定能够简化程序理解，没有什么弊端

D. 函数封装的弊端是代码复用

9. 下面说法错误的是（　　）。

A. f = lambda x，y：x + y的返回类型为函数类型

B. f = lambda x，y：x + y的返回类型为数字类型

C. 可变参数在调用时被当作元组类型传递到函数

D. return语句可以同时将0个、1个或多个函数运算后的结果返回给函数被调用处的变量

10. 下面说法错误的是（　　）。

A. for语句均能用于lambda和def创建的函数中

B. def和lambda创建的函数是都是有名称的

C. lambda()函数返回一个函数类型

D. lambda()函数又称匿名函数

二、填空题

1. Python内置函数________可以返回列表、元组、字典、集合、字符串以及range对象中元素个数。

2. Python内置函数________用来返回数值型序列中所有元素之和。

3. Python中定义函数的关键字是________。

4. 如果函数中没有return语句或者return语句不带任何返回值，那么该函数的返回值为________。

5. ________是程序的一种抽象，它通过分装实现代码复用。

6. 函数定义时确定的参数称为________。

7. 函数调用时提供的参数成为________。

8. Python内置的字符串处理函数返回任意类型所对应的字符串形式的函数________。

9. random库中用于生成随机整数的函数________。

10. lambda()函数又称________。

三、判断题（正确打√，错误打×）

1. 一个函数如果带有默认值参数，那么必须所有参数都设置默认值。（　　）

2. 定义Python函数时必须指定函数返回值类型。（　　）

3. 不同作用域中的同名变量之间互相不影响，也就是说，在不同的作用域内可以定义同名的变量。（　　）

4. 函数中的return语句一定能够得到执行。（　　）

5. 在函数内部没有办法定义全局变量。（　　）

6. 在函数内部直接修改形参的值并不影响外部实参的值。（　　）

7. 在同一个作用域内，局部变量会隐藏同名的全局变量。（　　）

8. 函数中必须包含return语句。（　　）

9. 编写函数时，一般建议先对参数进行合法性检查，然后再编写正常的功能代码。（　　）

10. 在函数内部，既可以使用global来声明使用外部全局变量，也可以使用global直接定义全局变量。（　　）

四、编程题

1. 编写函数area(r)，该函数可以根据半径r求出一个圆的面积。

2. 编写一个函数cacluate()，可以接收任意多个数，返回的是一个元组。元组的第一个值为所有参数的平均值，第二个值是大于平均值的所有数。

3. 不同类型参数的使用。

4. 写函数，接收*n*个数字，返回这些数字的和。

5. 要求利用递归函数调用的方式，将获取到所输入的5个字符，以相反顺序分别输出来。

6. 定义函数找出1 000以内的素数，这个数本身是素数，它的各位数字也均是素数。

7. 定义函数实现去除列表中的重复数据，重复元素只保留一次。

第6章 文件

文件是存储在辅助存储器上的一组数据序列，用于保存数据以及读取数据。数据在被计算机处理前需要进行组织，形成数据组织维度。应用程序通过文件访问数据，数据也可通过文件操作保存至文件。数据文件的常用格式有CSV格式和JSON格式。

本章主要介绍文件和数据的组织，文件的打开关闭、读写方法以及对文件的操作；CSV数据文件和JSON数据文件的读写操作。

本章思维导图

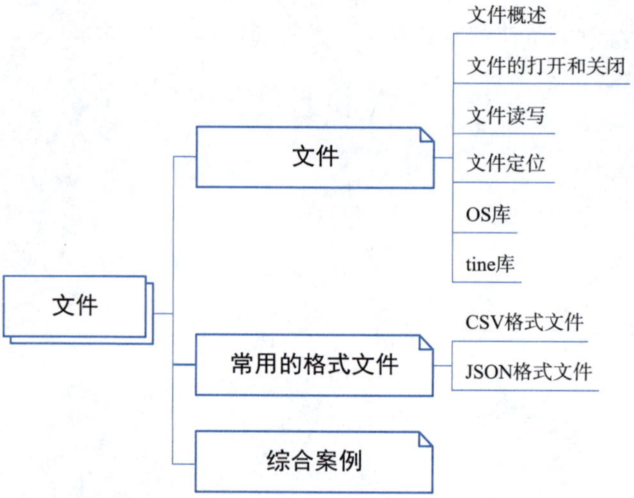

6.1 文件基本操作

6.1.1 文件概述

应用程序可以从文件读取数据，以及向文件写入数据。文件按照读写方式区分，分为顺序文件和随机文件；按照存储的方式区分，分为文本文件和二进制文件。文本文件是基于单一特定字符编码（如ASCII，UTF-8）的文件。二进制文件是基于值编码的文件。文件的操作一般是打开/关闭，读/写。

6.1.2　文件的打开和关闭

文件读写之前需要打开文件。

文件的打开语句格式如下：

```
file=open(filename[,mode='r'] [,buffering=-1] [,encoding=None])
```

file为返回的文件对象，filename为待打开的文件名，文件名可以使用相对路径，也可使用绝对路径。

如要打开D盘下的1.txt，则全路径文件名为”D：\\1.txt”。

```
file=open("D:\\1.txt","r")
```

如果只有文件名，如“1.txt”，则表示该文件和程序在同一目录，即采用相对路径。

```
file=open("1.txt","r")
```

该语句执行结果为打开和程序在同一目录下的文件1.txt，若当前程序存放在桌面，则打开桌面上的1.txt文件，若当前程序存放在C盘，则打开C盘下的1.txt文件。

mode为打开文件模式，buffering为缓存策略，encoding为编码方式，一般设置为utf-8。参数mode取值见表6-1。

表6-1　文件打开模式

mode	含　义
'r'	读文件，不存在出错，默认值
'w'	写文件，不存在新建， 存在则清空原内容
'a'	追加写，指针定位至文件末尾，不存在则新建
'x'	写文件，存在出错
'b'	以二进制模式打开文件
't'	以文本模式打开文件，默认模式
'+'	以读写模式打开

注意：'r', 'w', 'a', 'x'可以与'b', 't', 'x'组合使用，如果要修改文件的部分内容，可以使用'r+'模式打开文本文件或者使用'rb+'打开二进制文件。

buffering缓存策略见表6-2。

表6-2　buffering缓存策略

buffering	含　义
-1	设置缓冲区大小为io.DEFAULT_BUFFER_SIZE
0	二进制文件禁止缓存，文本文件不可以禁止缓存
1	行缓冲
>1	设置缓冲区大小，以字节为单位

文件读写结束需要关闭文件。Python写入文件是将字符串写入缓冲区，当写入字节数小于缓冲区大小时，字节存入缓冲区，待文件关闭时会将缓冲区内容写入文件，当写入字节数

大于缓冲区大小时，自动写入文件。

关闭文件语句格式如下：

```
file.close()
```

通过文件的close()方法实现文件处理结束关闭文件将缓冲区内容写入文件。若没有关闭文件，缓冲区内容无法写入文件。

```
file.flush()
```

通过文件的flush()方法实现不关闭文件的情况下将缓冲区内容写入文件。

```
with open(filename[,mode='r'])as f:
    <语句块>
```

通过with语句实现文件处理结束自动调用close()方法关闭文件。

例6-1：编写程序，打开D:\python\ch6\登鹳雀楼.txt，在该文件中的内容写入内容。

```
    fh=open("D:\\python\\ch6\\登鹳雀楼.txt","w")
    fh.write("白日依山尽,")
    fh.write("黄河入海流.\n")
    fh.close()
//用with语句实现文件的读写
    with open("D:\\python\\ch6\\登鹳雀楼.txt","a")as f:
        f.write("欲穷千里目,更上一层楼.\n")
```

运行结果如图6-1所示。

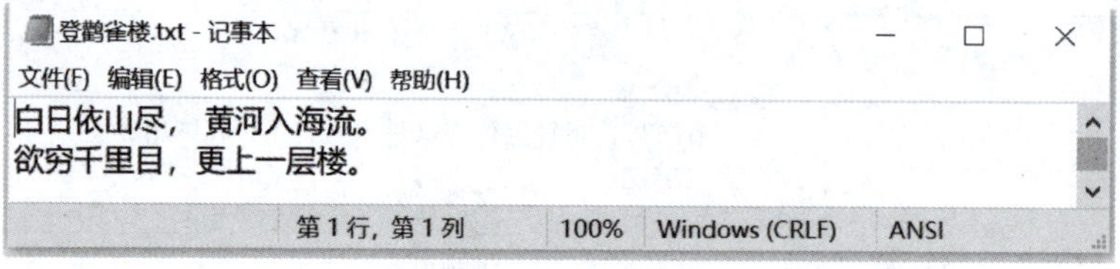

图6-1 运行结果

6.1.3 文件读写

打开文件之后需要进行文件的读写操作，通过读操作获取文件的数据，通过写操作向文件中保存数据，实现数据的长期存储。文件读取方法有read()、readline()、readlines()方法。

文件的读取方法read()格式如下：

```
file.read(size)
```

通过read()方法实现从文件中读取指定size大小的字符串或字节流，若不指定size大小，则读取文件中所有内容，适用于文件较小的情况。

若open()文件时采用'rb'模式，则size为指定读取的字节数，若open()文件时采用'r'模式，则size为指定读取的字符数。

例6-2：读取文件D:\python\ch6\test.txt，打印部分文件内容。文件内容为“读取Python文件输出你好Python！”

```
#以文本文件形式读取文件内容
f = open('D:\\python\\ch6\\test.txt','r')
```

```
print(f.read(6))
f.close()
#以二进制D:\\python\\ch6\\test.txt','rb')
print(f.read(6))
f.close()
```

f.read（6），文件是以r模式打开，则读取6个字符串，返回“读取Pyth”，文件若是以rb模式打开，则读取6个字节，返回“\xb6\xc1\xc8\xa1Py”，因为每个汉字占两个字节，“\xb6\xc1”为“读”字符所对应的编码，“\xc8\xa1”为“取”字符所对应的编码。

文件的读取方法readline()格式如下：

```
file.readline(size)
```

当文件较大时，通过readline()方法实现从文件指针所在位置开始读取，直至遇到换行符。参数size可选，若使用参数size则等价于read（size），若不使用size，则读取文件所有内容。

例6-3： 读取文件D:\python\ch6\2.txt文件内容。文件内容如图6-2所示。

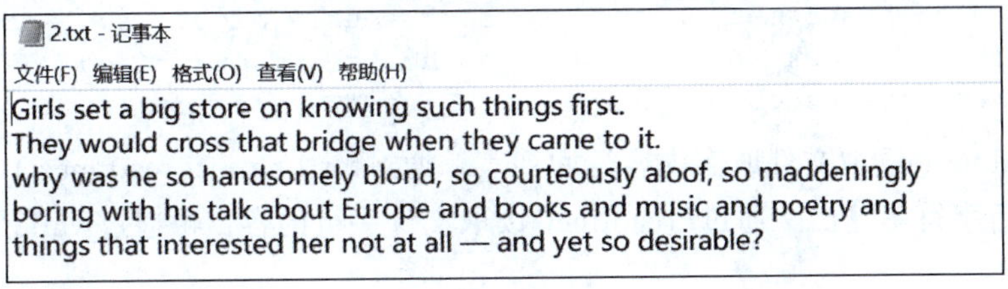

图6-2　文件内容

```
#以文本文件形式读取文件内容
f=open('D:\\python\\ch6\\2.txt','r')
print(f.readline())
print(f.readline(6))
print(f.read(6))
print(f.readline())
f.close()
```

运行结果：

```
Girls set a big store on knowing such things first.
They w
ould c
ross that bridge when they came to it.
```

f.readline()从文件当前位置读取文件一行信息（注意，以回车换行符作为行结束的标志），f.readline（6）和f.read（6）等价，均为从文件指针所在位置读取6个字符串。

文件的读取方法readlines()格式如下：

```
file.readlines(size)
```

当文件较大时，通过readlines()方法实现读入所有行内容，每一行为内容作为元素构成一个列表，即列表里面的元素为文件的每一行的内容构成的字符串。参数size可选，若使用参数size则读取指定size个字节，返回列表。一次读取所有内容占用内存较大，一般可选一次读取一行内容。

例6-4：读取文件D:\python\ch6\2.txt文件所有内容。

```
#以文本文件形式读取文件内容
f=open('D:\\python\\ch6\\2.txt','r')
for line in f.readlines():
    print(line)
while True:
    aline=f.readline()
    if aline!='':
        print(aline)
    else:
        break
f.close()
```

运行结果：

```
Girls set a big store on knowing such things first.
They would cross that bridge when they coame to it.
why was he so handsomely blond, so courteously aloof, so maddeningly
boring with his talk about Europe and books and music and poetry and
things that interested her not at all - and yet so desirable?
```

通过f.readlines()读取文件所有内容返回列表，通过for line in f.readlines()：将列表中每个元素输出即每行字符串输出。通过f.readline()读取文件一行内容，再通过while循环将每行内容打印输出。

打开文件之后需要进行文件的写操作，通过写操作向文件中保存数据，实现数据的长期存储。文件写入方法有write()方法，writelines()方法。

文件的写入write()方法格式如下：

```
file.write(str)
```

向文件file中写入一个字符串或字节流str，返回写入的字节数。

例6-5：向文件D:\\python\\ch6\\1.txt中写入内容。

```
#以文本文件形式读取文件内容
with open('D:\\python\\ch6\\1.txt','w')as f:
f.write("hello python!")
f.write("Python is a programming language!")
```

运行结果如图6-3所示。

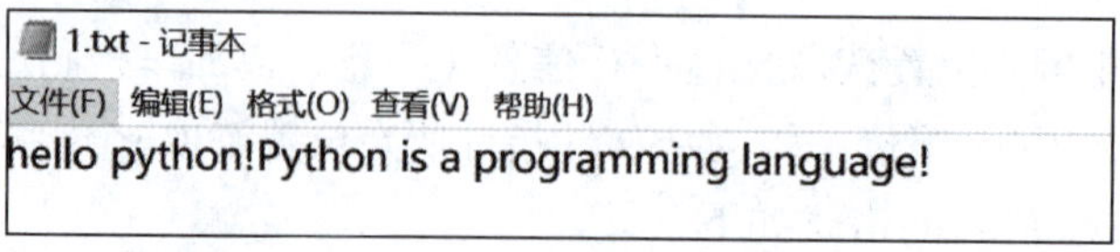

图6-3 运行结果

通过write()向文件中写入内容，写入的内容不会进行换行，若要进行换行则可以添加换行符'\n'。

文件的写入方法writelines()格式如下：

```
file.writelines(strlist)
```

向文件file中写入字符串列表strlist，将由若干字符串构成的列表中的每个元素写入文件，与readlines()方法互为逆操作，若需换行则手动添加换行符'\n'。

例6-6：向文件D:\\python\\ch6\\1.txt中写入内容。

#以文本文件形式读取文件内容

```
with open('D:\\python\\ch6\\1.txt','w')as f:
f.writelines(["hello Python!\n","Python is a programming language!"])
```

运行结果如图6-4所示。

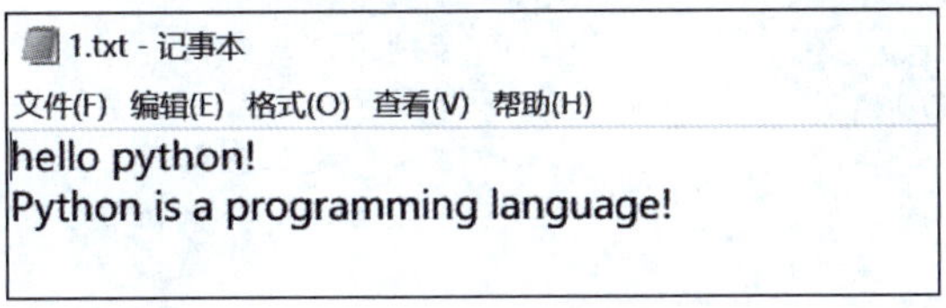

图6-4　运行结果

通过writelines()向文件中写入列表里的每个字符串内容，换行采用了换行符‘\n’。

例6-7：文件的复制。将文件1.jpg复制为2.jpg。

```
#以文本文件形式读取文件内容
with open('D:\\python\\ch6\\1.txt','w')as f:
    f.writelines(["hello Python!\n","Python is a programming language!"])
    with open("1.jpg",'rb')as fr,open("2.jpg",'wb')as fw:
    while True:
        s=fr.read(8192)  #每次读取8192字节
        if(s!=b''):
            fw.write(s)
        else:
            break;
代码也可以修改为:
with open("1.jpg",'rb')as fr,open("2.jpg",'wb')as fw:
    for line in fr.readlines():
        fw.write(line)
或更简单:
with open("1.jpg",'rb')as fr,open("2.jpg",'wb')as fw:
    fw.writelines(fr.readlines())
```

运行结果为生成一幅和1.jpg一模一样的图片。

6.1.4　文件定位

在文件的读写过程中离不开文件指针的作用。文件指针一般指向将要读写的位置，将要读写位置一般总是在上一次操作结束后的位置进行读写，有时需要在文件的指定位置进行读写，可以使用tell()方法和seek()方法。

文件的tell()方法返回当前指针的位置。

```
file.tell()
```

文件的seek()方法返回当前指针的位置。

```
file.seek(offset,whence)
```

whence为参考点，可选值有0、1、2，0表示从文件开头开始偏移，1表示从文件当前位置开始偏移，2表示从文件末尾开始偏移，offset为偏移量，是以字节为单位。注意：若以文本文件方式打开文件，则只允许从文件头（参考点为0）开始偏移，若以二进制方式打开文件，则三种偏移方式都可以。

例6-8：读D:\python\ch6\登鹳雀楼.txt，做tell()、seek()函数应用。

```
with open('登颧雀楼.txt','r+') as f:
    print(f.tell())                    #显示当前指针位置
    s=f.readline()                     #读第一行
    print(s)                           #输出这一行
    print(f.tell())                    #显示当前指针位置
    f.seek(0,2)                        #指针定位到结尾
    print(f.tell())                    #显示当前指针位置，即文件长度
```

运行结果：

```
0
白日依山尽,黄河入海流.
26
50
```

验证：右键观察登鹳雀楼.txt文件的属性，可以看到文件的大小就是50字节。

6.1.5 os 库

os模块提供了很多与系统交互的功能。如创建文件夹，返回当前文件下所有文件等。

```
os.mkdir(dirpath)
```

在dirpath指定的位置创建目录。

```
import os
os.mkdir("D:\\newfile")
```

执行如上语句实现在D盘创建一个新文件夹newfile，若文件已存在则报错。

```
os.getcwd()
```

返回当前的工作目录路径。

```
os.chdir(dirpath)
```

改变工作目录为dirpath。

```
os.listdir(dirpath)
```

获取dirpath路径下所有的文件，返回该路径下所有文件的文件名构成的列表。

```
import os
print(os.listdir("D:\\python311"))
```

运行结果如图6-5所示。

```
['chromedriver.exe', 'DLLs', 'Doc', 'include', 'Lib', 'libs', 'LICENSE.txt', 'NE
WS.txt', 'python.exe', 'python3.dll', 'python311.dll', 'pythonw.exe', 'Scripts',
 'share', 'tcl', 'Tools', 'vcruntime140.dll', 'vcruntime140_1.dll']
```

图6-5 运行结果

返回指定路径“D:\\python311”下所有文件名构成的列表。

```
os.remove(filename)
```

删除文件filename。

```
os.rmdir(dirpath)
```

删除dirpath指定的空目录。注意，os.rmdir只能删除空目录，若不为空则报错。

```
os.rename(old,new)
```

将old文件重命名为new。

```
os.system(command)
```

执行command给出的shell命令。若command参数值为calc，则打开计算器，若command参数值为cmd，则打开command命令窗口。

os.path模块提供了很多与文件路径相关的操作方法。

（1）os.path.abspath（filename）。

通过该函数可以获取文件filename完整的路径，即绝对路径。

```
import os
print(os.path.abspath("listdir.py"))
```

返回listdir.py文件的绝对路径，如图6-6所示。

```
C:\Users\Think\Desktop\22-23-2\python教材\listdir.py
```

图6-6　返回listdir.py文件的绝对路径

（2）os.path.basename（path）。

获取path里的文件名，若path本身是目录则返回空字符串。

```
import os
print(os.path.basename("C:\\Users\\Think\\Desktop\\22-23-2\\python教材
\\listdir.py"))
```

返回当前路径下的文件名为listdir.py。

（3）os.path.dirname（path）。

获取path里的目录部分。

```
import os
print(os.path.dirname("C:\\Users\\Think\\Desktop\\22-23-2\\python教材
\\listdir.py"))
```

返回当前path的目录部分为'C:\Users\Think\Desktop\22-23-2\python教材'。

（4）os.path.exists（path）。

判断path路径是否存在，若存在则返回True，否则返回False。

（5）os.path.getsize（path）。

返回文件或者目录的大小，如果文件不存在就返回错误，单位为字节。

（6）os.path.split（path）。

将path里的路径和名称分开，返回（路径，文件名）构成的元组。

```
import os
print(os.path.split("C:\\Users\\Think\\Desktop\\22-23-2\\python教材
\\listdir.py"))
```

返回路径和文件名构成的元组（'C:\\Users\\Think\\Desktop\\22-23-2\\python教材','listdir.py'）

（7）os.path.isfile（path）。

判断给出的路径是否是文件，文件不存在返回False。

```
import os
print(os.path.isfile("C:\\Users\\Think\\Desktop\\22-23-2\\python教材
\\listdir.py"))
```

返回True，表示文件存在。

（8）os.path.isdir（path）。

判断给出的路径是否是目录，目录不存在返回False。

```
import os
print(os.path.isdir("C:\\Users\\Think\\Desktop\\22-23-2\\python教材
\\listdir.py"))
```

返回False，表示给定的path不是路径。

（9）os.path.join（path，filename）。

连接path路径和filename文件。

```
import os
oldpath="C:\\Users\\Think\\Desktop\\22-23-2\\python教材\\listdir.py"
dir=os.path.split(oldpath)[0]
print(os.path.join(dir,"test.py"))
```

返回“C:\Users\Think\Desktop\22-23-2\python教材\test.py”在当前路径下连接了test.py文件。

例6-9：将键盘指定的路径下的所有文件名和目录名输出。

```
import os
def print_path():
    path=input("输入路径:")
    if not os.path.exists(path):
        path=input("请重新输入路径:")
    else:
        for i in os.listdir(path):
            print(os.path.join(path,i))
print(print_path())
```

返回指定路径下的所有文件名和目录名。

例6-10：遍历指定路径找到相应的文件，并将路径下的所有文件作为列表内容进行输出。

```
import os
def allfiles(path,name,all_files=[]):
    #当输入路径存在时才获取路径下文件列表
    if os.path.exists(path):
        files = os.listdir(path)
```

```
    #遍历files列表
    for file in files:
        #判断是否为文件夹
        if os.path.isdir(os.path.join(path,file)):
            #递归调用
            allfiles(os.path.join(path,file),name,all_files)
        else:
            if name in file:
                all_files.append(os.path.join(path,file))
    return all_files
path="D:\\Mrs Diao"
name='test.doc'
allfiles_list=allfiles(path,name,)
print(allfiles_list)
```

返回指定路径下文件test.doc的所有路径。运行结果如图6-7所示。

```
['D:\\Mrs Diao\\Mrs Diao\\test.doc', 'D:\\Mrs Diao\\test.doc']
```

图6-7　运行结果

6.1.6　time 库

time库是提供处理时间的标准库，包括时间的获取，时间的格式化，系统级精确计时功能。

获取时间的方法：

```
time.time()
```

获取当前时间戳，返回值为浮点数，计算从世界标准时间到当前时间之间的总秒数。

```
time.ctime()
```

获取当前时间，并以易读方式显示。

```
import time
time.time()
time.ctime()
```

获取时间为作者笔记本当前时间，运行结果：

```
1683361658.1750379
Sat May 6 16:27:38 2023
time.gmtime()
```

获取当前时间，并表示为计算机可以处理的格式。

```
import time
time.gmtime()
```

运行结果：

```
time.struct_time(tm_year=2023, tm_mon=5, tm_mday=23, tm_hour=6,
tm_min=13, tm_sec=6, tm_wday=1, tm_yday=143, tm_isdst=0)
```

其中参数tm_year表示四位数的年份，参数tm_month表示月份，取值范围1~12，参数tm_

mday表示日，取值范围1~31，tm_hour表示小时，取值范围0~23，tm_min表示分钟，取值范围0~59，tm_sec表示秒，取值范围0~61，tm_wday表示一周第几天，注意0是周一，tm_yday表示一年第几日，取值范围0~366，tm_isdst表示是否为夏令时的旗帜，1表示是夏令时，0表示非夏令时，-1表示不确定是否为夏令时。

将时间以格式化的方式进行输出。

```
time.strftime(tpl,ts)
```

借助时间格式控制符来输出格式化的时间字符串。其中tpl表示格式化的模板字符串参数，取值如下，ts表示计算机内部时间类型变量。

```
import time
time.gmtime()
print(time.strftime("%Y-%m-%d %H:%M:%S",t))
```

运行结果：

```
2023-05-23 07:12:37
```

常见的时间控制格式符和含义见表6-3。

表6-3　常见的时间控制格式符和含义

时间控制格式符	含　义
%Y	表示四位数的年份，取值范围为0001~9999，如1900。
%m	表示月份(01~12)，如10
%d	表示月中的一天(01~31)，如23
%H	表示24小时制小时数(00~23)，如14
%M	表示分钟数(00~59)，如46
%S	表示秒(00~59)，如26
%B	表示本地完整的月份名称，如January
%b	表示本地简化的月份名称，如Jan
%a	表示本地简化的周日期，Mon~Sun，如Wed
%A	表示本地完整周日期，” Monday~Sunday，如Wednesday
%p	表示上下午，取值为AM或PM

```
time.strptime(str,tpl)
```

通过tpl模板定义的参数逐一解析字符串中对应的每一个值，形成一个时间变量。转化成一个计算机内部可以操作的一个时间。输出格式为struct_time。其中tpl表示格式化的模板字符串参数，str表示字符串形式的时间。

```
import time
print(time.strptime("2023-5-23 15:22:20",'%Y-%m-%d %H:%M:%S'))
```

运行结果：

```
time struct_time(tm_year=2023, tm_mon=5, tm_mday=23, tm_hour=15,
tm_min=22,tm_sec=20, tm_wday=1, tm_yday=143, tm_isdst=-1)
```

```
time.perf_counter()
```

返回一个CPU级别的精确时间计数值，单位为秒，由于这个计数值起点不确定，连续调用差值才有意义，通常用于测量时间差。

```
import time
start=time.perf_counter()
end=time.perf_counter()
print(end-start)
```

运行结果:

```
1.000240445137024e-06
time.sleep(s)
```

s表示拟休眠的时间，单位是秒，可以是浮点数。

例6-11：进度条常用于计算机处理任务，它能够实时显示任务或软件的执行进度。编写程序实现：简单的文本进度条功能；单行动态刷新进度条功能；带刷新的文本进度条功能。

（1）完成简单的文本进度条功能的基本思想是按照程序执行百分比将整个任务划分为100个单位，每执行N%（N取5）输出一次进度条。每一行输出程序执行进度百分比，（**）表示已经执行完成的部分，（..）表示程序未执行完成的部分，箭头跟随完成度表示。

```
import time
scale=20
print("-------------开始读取文件---------------")
for i in range(scale+1):
    a,b='**'*i,'..'*(scale-i)
    c=(i/scale)*100
    print("%{:^3.0f}[{}->{}]".format(c,a,b))
    time.sleep(0.1)
print("-------------读取文件结束---------------")
```

由于程序执行速度较快，直接进行字符输出几乎是瞬间完成，不便于观察，因此采用time.sleep（t）函数将当前程序暂时挂起t秒，t可以取小数，便于观察程序执行过程。

程序运行结果如图6-8所示。

```
-------------开始读取文件---------------
% 0 [->........................................]
% 5 [**->......................................]
%10 [****->....................................]
%15 [******->..................................]
%20 [********->................................]
%25 [**********->..............................]
%30 [************->............................]
%35 [**************->..........................]
%40 [****************->........................]
%45 [******************->......................]
%50 [********************->....................]
%55 [**********************->..................]
%60 [************************->................]
%65 [**************************->..............]
%70 [****************************->............]
%75 [******************************->..........]
%80 [********************************->........]
%85 [**********************************->......]
%90 [************************************->....]
%95 [**************************************->..]
%100[****************************************->]
-------------文件读取结束---------------
```

图6-8　运行结果

（2）完成单行动态刷新进度条的基本思想是将每一次输出都固定在同一行，并不断地用新生成的字符串覆盖之前的输出，形成进度条不断刷新的动态效果。通过在pint()函数中设置end的默认值为''，使得每次输出不进行换行。下一次输出时，在字符串前部增加转义符'r'，使得指针移动到行首而不换行。动态刷新一个百分比的完整代码如下：

```
import time
for i in range(1,101):
    print("\r进度:{}%:".format(i),end='')
    time.sleep(0.005)
```

程序运行结果如图6-9所示。

```
进度: 1%: 进度: 2%: 进度: 3%: 进度: 4%: 进度: 5%: 进度: 6%: 进度: 7%: 进度: 8%:
进度: 9%: 进度: 10%: 进度: 11%: 进度: 12%: 进度: 13%: 进度: 14%: 进度: 15%: 进度
: 16%: 进度: 17%: 进度: 18%: 进度: 19%: 进度: 20%: 进度: 21%: 进度: 22%: 进度: 2
3%: 进度: 24%: 进度: 25%: 进度: 26%: 进度: 27%: 进度: 28%: 进度: 29%: 进度: 30%:
 进度: 31%: 进度: 32%: 进度: 33%: 进度: 34%: 进度: 35%: 进度: 36%: 进度: 37%: 进
度: 38%: 进度: 39%: 进度: 40%: 进度: 41%: 进度: 42%: 进度: 43%: 进度: 44%: 进度:
 45%: 进度: 46%: 进度: 47%: 进度: 48%: 进度: 49%: 进度: 50%: 进度: 51%: 进度: 52
%: 进度: 53%: 进度: 54%: 进度: 55%: 进度: 56%: 进度: 57%: 进度: 58%: 进度: 59%:
进度: 60%: 进度: 61%: 进度: 62%: 进度: 63%: 进度: 64%: 进度: 65%: 进度: 66%: 进
度: 67%: 进度: 68%: 进度: 69%: 进度: 70%: 进度: 71%: 进度: 72%: 进度: 73%: 进度:
 74%: 进度: 75%: 进度: 76%: 进度: 77%: 进度: 78%: 进度: 79%: 进度: 80%: 进度: 81
%: 进度: 82%: 进度: 83%: 进度: 84%: 进度: 85%: 进度: 86%: 进度: 87%: 进度: 88%:
进度: 89%: 进度: 90%: 进度: 91%: 进度: 92%: 进度: 93%: 进度: 94%: 进度: 95%: 进
度: 96%: 进度: 97%: 进度: 98%: 进度: 99%: 进度: 100%:
```

图6-9　运行结果

程序在IDLE运行时，因为IDLE本身屏蔽了单行刷新的功能。若希望实现单行刷新的效果，则需要在命令提示符下执行该程序。

（3）完成带刷新的文本进度条的是将前（1）、（2）的程序合并，再添加开始和结束提示语，可以很好地实现带刷新的文本进度条。为了进一步提高用户体验，在文本进度条中增加运行时间的监控，采用time.perf_counter()函数返回第二次及后续调用时与第一次计时之间的时间差，单位为秒。带刷新的文本进度条完整代码如下：

```
import time
scale=50
print("执行开始".center(scale//2,'-'))
t=time.perf_counter()
for i in range(scale+1):
    a='*'*i
    b='.'*(scale-i)
    c=(i/scale)*100
    t1=time.perf_counter()
    t2=t1-t
    print("\r{:^3.0f}%[{}->{}]{:.2f}s".format(c,a,b,t2),\
        end='')
    time.sleep(0.5)
print("\n"+"执行结束".center(scale//2,'-'))
```

运行结果如图6-10所示。

```
-----------执行开始-----------
100%[**************************************************->]25.05s
-----------执行结束-----------
```

图6-10　运行结果

6.2 常用的格式文件

6.2.1 CSV 格式文件

CSV（comma separated values），即逗号分隔值（也称字符分隔值），是一种常用的文本格式，用以存储表格数据，包括数字或者字符。在处理数据时通常会使用CSV格式的文件。CSV文件可以通过Excel或者记事本打开，也可以使用文本编辑工具打开。一般的表格处理工具（Excel）都可以将数据另存为或者导出为CSV格式。CSV文件特点如下：

（1）读取的数据一般为字符类型，若要得到数据类型，需要进行转换；

（2）以行为单位读取文件；

（3）列之间以逗号或者制表符分隔，通常为半角逗号。

csv模块是Python处理CSV格式数据的标准库。CSV模块提供了处理CSV格式数据的函数。

csv.reader()函数实现读取CSV数据格式的文件。例如：

```
csv.reader(file,dialect='excel')
```

参数file是可迭代（Iterator）的对象，可以是文件（file）对象或者列表（list）对象，参数dialect，编码风格，默认为excel，也就是用逗号（,）分隔，dialect方式也支持自定义，通过调用用register_dialect()方法来注册。

例6-12：读取D:\\python\\ch6\\1.csv中的数据，并打印输出。文件内容如图6-11所示。

A	B	C	D	E
name	sno	Eng	Math	Chinese
Rose	2201	80	85	89
Marry	2202	93	98	88
Mike	2203	87	78	89

图6-11　文件内容

```
#读取CSV文件
import csv
with open("D:\\python\\ch6\\1.csv",'r',encoding='utf-8-sig',errors='
ignore')as f:
lines=csv.reader(f)
print(lines)
for line in lines:
print(line)
```

运行结果如图6-12所示。

```
['name', 'sno', 'Eng', 'Math', 'Chinese']
['Rose', '2201', '80', '85', '89']
['Marry', '2202', '93', '98', '88']
['Mike', '2203', '87', '78', '89']
```

图6-12　运行结果

csv.reader()读取1.csv文件中内容，编码方式可以采用utf-8-sig，否则可能会出现乱码，读取只传入了第一个参数，另外两个参数采用缺省值，即以Excel风格读入。reader()方法返回一个可迭代列表，通过for循环将列表内容打印输出。

```
csv.writer()函数实现向CSV数据格式的文件写入数据.
csv.writer(file,dialect='excel')
```

参数意义和reader()函数相同。

例6-13：向D:\\python\\ch6\\2.csv文件写入数据，并打印输出。

```
#向CSV文件写入数据
import csv
with open("D:\\python\\ch6\\2.csv",'w',encoding='utf-8',newline='')as f:
    writer=csv.writer(f)
    writer.writerow(['jone',2204,66,67,68])
    writer.writerows([['michel',2205,76,77,78],['mike',2206,86,87,88]])
    datas=[['mini',2207,99,98,97],['jack',2208,96,97,68]]
    for row in datas:
        writer.writerow(row)
```

运行结果如图6-13所示。

A	B	C	D	E
jone	2204	66	67	68
michel	2205	76	77	78
mike	2206	86	87	88
mini	2207	99	98	97
jack	2208	96	97	68

图6-13　运行结果

csv.writer()返回writer对象。在写入文件时设置newline= “”，可以防止向文件写入空行。writer.writerow()方法是将内容一行一行写入，writerows方法是一次写入多行。若数据内容较多，可以使用for循环将内容一行一行写入2.csv文件中。注意：如果文件“2.csv”事先存在，调用writer()函数会先清空原文件中的文本，再执行writerow/writerows方法。

6.2.2　JSON 格式文件

json模块是Python处理JSON格式数据的标准库。JSON格式是一种数据交换格式，采用文本存储数据对象的格式。json模块提供了处理JSON格式数据的函数。

json.dump()方法实现将Python数据格式转换为JSON格式字符串，并返回结果至指定的文件。

```
json.dump(obj,fp)
```

参数obj为待转为JSON字符串格式的数据，fp为转换后结果记录文件。

例6-14：实现将Python数据转换为JSON数据格式，写入jasontest.json文件中。

```
import json
languages=["English","Chinese"]
stu= {
      "name":"Jack",
      "sex":"男",
      "languages":languages,
```

```
}
with open("D:\\jasontest.jason","w")as f:
    json.dump(stu,f,ensure_ascii=False)
```

运行后结果如图6-14所示。

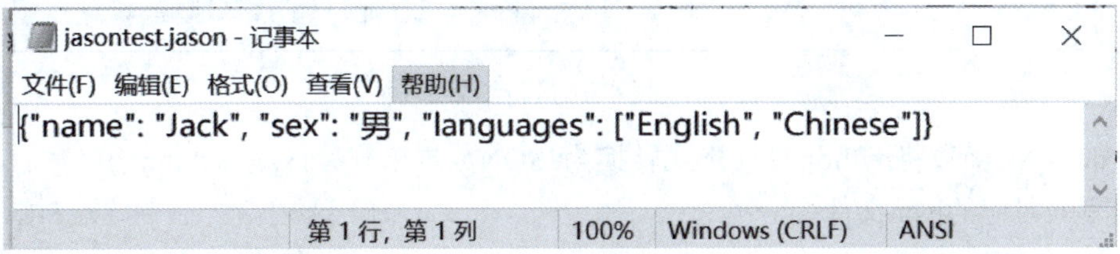

图6-14　运行结果

json.dump()将Python数据转换为JSON格式，其中参数ensure_ascii设置为False使得中文字符可以正常显示。

json.load()方法实现将JSON字符串转换为Python格式数据，与json.dump()函数互为逆操作。

```
json.load(fp)
```

参数fp为待读出JSON字符串的文件。通过该函数，将读出的JSON格式字符串转换为Python数据格式。

```
import json
with open('D:\\jsontest1.json',encoding='utf-8')as f:
    data=json.load(f)
print(data)
print(type(data))
```

运行结果如图6-15所示。

```
{'name': 'Tom', 'sex': '男', 'age': 17, 'language': ['English', 'Chinese']}
<class 'dict'>
```

图6-15　运行结果

load()将json数据格式转换为Python数据格式，通过type()看出转换之后的Python数据格式为字典。

json.dumps()方法实现将Python数据格式转换为JSON格式字符串，并直接返回JSON格式字符串。

```
json.dumps(obj)
```

参数obj为待转为JSON字符串的Python格式数据。

```
import json
languages = ["English","Chinese"]
stu= {
      "name":"Jack",
      "sex":"男",
      "languages":languages,
}
```

```
Stuinfo=json.dumps(stu)
print(stuinfo)
```

运行结果如图6-16所示。

```
{"name": "Jack", "sex": "男", "languages": ["English", "Chinese"]}
```

图6-16　运行结果

通过dumps()函数将python数据格式转换为JSON数据格式，区别于dump()函数，dump()函数将数据写入对应的json文件中。

```
json.loads(str)
```

参数str为待转换的JSON格式的字符串。json.loads()方法实现将JSON格式字符串转换为Python数据格式，功能与json.load()函数相似，与json.dumps()函数互为逆操作。

```
import json
stu='{"12345":"mike","12346":"jack","12347":"jason"}'
stu_dict=json.loads(stu)
print(stu_dict)
print(type(stu_dict))
```

运行结果如图6-17所示。

```
{'12345': 'mike', '12346': 'jack', '12347': 'jason'}
<class 'dict'>
```

图6-17　运行结果

6.3　综合案例

例6-15：查找文件D:\\python\\ch6\\3.txt中P出现的位置，并将其替换为C。3.txt中的内容为Python is a programming language，welcome to Python!。

```
with open("D:\\3.txt",'r+',encoding='utf-8')as f:
fcontent=f.read()
print(f.tell())                          #返回文件指针当前位置
i=fcontent.find('P')                     #查找字母P所在位置
while(i!=-1):
print(i)
f.seek(i,0)                              #文件指针定位至需要替换的位置
f.write('C')
i=fcontent.find('P',i+1)                 #查找字母第二次所在位置
print(f.read())                          #读取剩下内容
```

运行结果如图6-18所示。

```
51
0
44
ython!
```

图6-18　运行结果

代码中find（'P'，i+1）函数为从i+1的位置开始查找字符P出现的位置，当查找的字符在文件中不存在则返回-1。

例6-16：现有一些数据存放于D：\\python\\ch6\\dy.csv，要求读取该文件内容，将评分最高的十部的电影推荐给用户。

```
import csv
with open("D:\\python\\ch6\\dy.csv",'r',encoding='utf-8',errors='
ignore')as f:
lines=csv.reader(f)
newline=sorted(lines,key=lambda item:item[5],reverse=True)
for i in range(10):
print(newline[i])
```

运行结果如图6-19所示，输出评分较高的十部电影的基本信息。

```
['肖申克的救赎', '导演: 弗兰克·德拉邦特 Frank Darabont主演: 蒂姆·罗宾斯 Tim Ro
bbins ', '1994', '美国', '犯罪 剧情', '9.7', '2821383人评价', '希望让人自由。']
['美丽人生', '导演: 罗伯托·贝尼尼 Roberto Benigni主演: 罗伯托·贝尼尼 Roberto B
eni...', '1997', '意大利', '剧情 喜剧 爱情 战争', '9.6', '1298484人评价', '最美
的谎言。']
['辛德勒的名单', '导演: 史蒂文·斯皮尔伯格 Steven Spielberg主演: 连姆·尼森 Liam
 Neeson...', '1993', '美国', '剧情 历史 战争', '9.6', '1081698人评价', '拯救一个
人，就是拯救整个世界。']
['控方证人', '导演: 比利·怀尔德 Billy Wilder主演: 泰隆·鲍华 Tyrone Power / 玛
琳·...', '1957', '美国', '剧情 犯罪 悬疑', '9.6', '533842人评价', '比利·怀德满
分作品。']
['阿甘正传', '导演: 罗伯特·泽米吉斯 Robert Zemeckis主演: 汤姆·汉克斯 Tom Hanks
 /...', '1994', '美国', '剧情 爱情', '9.5', '2112615人评价', '一部美国近现代史
。']
['泰坦尼克号', '导演: 詹姆斯·卡梅隆 James Cameron主演: 莱昂纳多·迪卡普里奥 Leo
nardo...', '1997', '美国 墨西哥', '剧情 爱情 灾难', '9.5', '2076838人评价', '失
去的才是永恒的。 ']
['茶馆', '导演: 谢添 Tian Xie主演: 于是之 Shizhi Yu / 郑榕 Rong Zhen / 蓝天野 T.
..', '1982(中国大陆)', '中国大陆', '剧情 历史', '9.5', '134574人评价', '']
['背靠背，脸对脸', '导演: 黄建新 Jianxin Huang / 杨亚洲 Yazhou Yang主演: 牛振华
Zhenhua N...', '1994', '中国大陆 中国香港', '剧情', '9.5', '126084人评价', '']
['这个杀手不太冷', '导演: 吕克·贝松 Luc Besson主演: 让·雷诺 Jean Reno / 娜塔莉
·波特曼 ...', '1994', '法国 美国', '剧情 动作 犯罪', '9.4', '2247096人评价', '
怪蜀黍和小萝莉不得不说的故事。']
['千与千寻', '导演: 宫崎骏 Hayao Miyazaki主演: 柊瑠美 Rumi H?ragi / 入野自由 Miy
...', '2001', '日本', '剧情 动画 奇幻', '9.4', '2189254人评价', '最好的宫崎骏，
最好的久石让。 ']
```

图6-19　运行结果

小　结

本章主要介绍Python文件的处理方法，Python常用数据格式包括CSV、JSON数据格式。Python文件处理方法包括打开文件、关闭文件，以及文件的读写。通过Python常见的os库和time库帮助进行文件的处理。最后通过综合案例介绍了文件处理的应用。

习题六

一、选择题

1. 设a. txt的内容是：

```
a,b,c,d
```

下面代码执行结果是（　　）。

```
with open('a.txt','r')as f:
print(f.read().split(','))
```

A. ['a','b','c','d']　　B. [a,b,c,d]　　C. 'a','b','c','d'　　D. a,b,c,d

2. 执行下面代码，output. txt文件中的内容是（　　）。

```
aaa =[8,5,2,2]
with open('output.txt','w')as f:
    for aa in aaa:
        f.write(';'.join(str(aa)))
```

A. 8；5；2；2　　B. 8522　　C. 8，5，2，2　　D. 8 5 2 2

3. 关于打开文件函数open（<文件路径名>，<打开模式>）中打开模式的描述，正确的选项是（　　）。

A. ‘a’表示追加模式打开文件，如果文件不存在，就返回异常

B. ‘w’表示写模式打开文件，如果文件存在，就会在文件尾继续写

C. ‘r’表示只读模式打开文件，如果文件不存在，就会返回异常

D. ‘b’表示二进制文件模式打开文件，可以单独作为open()函数的参数

4. os. path模块检查文件是否存在的函数是（　　）。

A. splitext(path)　　B. isdir(path)

C. exists(path)　　D. isfile(path)

5. 假设单词保存在word中，使用一个字典类型counts={ }，统计单词出现的次数可采用（　　）。

A. counts[word]= count[word]+1

B. counts[word]=1

C. counts[word]=count. get（word, 0）+1

D. counts[word]=count. get（word, 1）+1

6. 下面选项中，不是Python对文件的写操作方法的是（　　）。

A. writelines()　　B. write()

C. write()和seek()　　D. writetext()

7. 下面程序输出到文件text. txt里的结果是（　　）。

```
with open("text.txt",'w')as f:
x = [90,87,93]
f.write(",".join(str(x)))
```

A. [90，87，93]　　B. 90，87，93

C. [, 9, 0,,,, 8, 7,,,, 9, 3,]　　D. [, 9, 0,, 8, 7,, 9, 3,]

8. 下面程序的输出结果是（　　）。

```
import time
t = time. gmtime()
print(time.strftime("%Y-%m-%d %H:%M:%S",t))
```

A. 系统当前的日期　　B. 系统当前的时间

C. 系统出错　　D. 系统当前的日期与时间

9. 如果当前时间是2018年5月1日10点10分9秒，则下面代码的输出结果是（　　）。

```
import time
print(time.strftime("%Y=%m-%d@%H>%M>%S",time.gmtime()))
```

A. 2018=05-01@10>10>09　　B. 2018=5-1 10>10>9

C. True@True　　D. 2018=5-1@10>10>9

10. 关于time库的描述，下面选项中错误的是（　　）。

A. time库提供获取系统时间并格式化输出功能

B. time. sleep（s）的作用是休眠s秒

C. time. perf_counter()返回一个固定的时间计数值

D. time库是Python中处理时间的标准库

二、填空题

1. 文件的追加打开方式为________。

2. 将文件全部按行读入到列表的方法为________。

3. 下面程序逐行打印"d:\鸟鸣涧. txt"，完善程序。

```
with open("d:\\鸟鸣涧.txt",'r')as f:
    for _______ in f:
        print(line)
```

4. Python内置函数________用来打开或创建文件并返回文件对象。

5. 关键字________可以自动管理文件对象，只要结束其中的语句块，文件就能正确关闭。

6. Python中实现读取CSV数据格式的文件的方法是________。

7. Python中实现向CSV数据格式的文件写入数据的方法是________。

8. json. dumps()方法实现功能是________。

9. Python标准库os. path中用来判断是否是文件的方法是________。

10. Python标准库os中用来列出指定文件夹中的文件和子文件夹列表的方法是________。

第7章 程序的异常处理

程序运行过程中经常会出现错误或者遇到意外情况，即异常。引发异常的原因有很多，例如，除数为0、下标越界、数据类型错误、命名错误、关键字拼写错误，中英文符号错误等。一个好的程序，除了能够完成程序的基本功能外，在遇到各种异常的情况下，也能够做出合适的处理。如果这些异常得不到有效的处理，会导致程序终止运行。一个好的程序，应具备较强的容错能力，也就是说，除了在正常情况能够完成所预想的功能外，在遇到各种异常的情况下，也能够做出合适的处理。这种对异常情况给予适当处理的技术就是异常处理。

本章思维导图

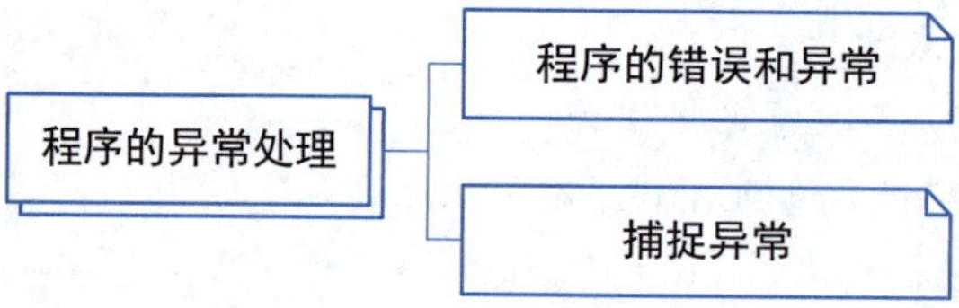

7.1 程序的错误和异常

Python提供了一套完整的异常处理方法，在一定程度上可以提高程序的健壮性，即程序在非正常环境下仍能正常运行，并能把Python晦涩难懂的错误信息转换为友好的提示呈现给最终用户。

编程时常常会出现三种错误包括语法错误、运行时错误、逻辑错误。

（1）语法错误：是指不遵循语言的语法结构引起的错误（程序无法正常编译/运行）遗漏了某些必要的符号（冒号、逗号或括号）、关键字拼写错误、缩进不正确。

（2）运行时错误：是指程序在运行过程中遇到错误，导致意外退出。尝试访问一个没有声明的变量。

（3）逻辑错误：是指程序的执行结果与预期不符表达式可能不会按照期望的顺序进行运算，从而产生不正确的结果。表达式可能不会按照期望的顺序进行运算，从而产生不正确的结果。常见的错误类型见表7-1。

表7-1　常见的错误类型

异　常	含　义	类　型
SyntaxError	使用关键词作为变量名，会抛出该异常 在if、for、while等语句的头语句后面忘记写冒号，会抛出该异常 字符串缺引号，会抛出该异常 开放操作符(、{或[没有关闭，使Python继续将下一行作为当前语句的一部分，会抛出该异常 在判断条件中使用=代替= =，会抛出该异常 混合使用Tab键和空格键作为缩进，会抛出该异常	语法错误
NameError	使用当前环境中不存在的变量。另外，局部变量是本地的，不能被在定义的函数之外引用，会抛出该异常	运行时错误
TypeError	数据类型不匹配，比如：对字符串，列表或元组使用非整数索引，会抛出该异常 格式字符串中的项目与输出值之间存在不匹配，数量的不匹配和无效的转换，会抛出该异常 传递给函数或方法的参数数量错误，会抛出该异常	
KeyError	请求一个不存在的字典关键字，会抛出该异常	
AttributeError	尝试访问未知的对象属性，会抛出该异常	
ZeroDivisionError	除数为0，会抛出该异常	
FileNotFoundError	打开的文件不存在，会抛出该异常	
IOError	输入输出错误(比如你要读的文件不存在)，会抛出该异常	
解释器没有输出错误信息	运算符优先级考虑不周，会抛出该异常 变量名使用不正确，会抛出该异常 语句块缩进层次不对，会抛出该异常 布尔表达式出错，会抛出该异常	逻辑错误

为什么需要异常处理机制？当程序执行到有错误的代码时，会报错并立即停止运行下面的代码。但是当拥有异常处理机制时，编译器能够提示报错信息，并根据异常处理的操作继续往下执行代码。

例7-1：写一个除法方法。

```
def Getdiv(m,n):
return m/n
print(Getdiv(6,0))
print(Getdiv(6,3))
```

运行结果：

```
ZeroDivisionError:division by zero
```

在以上程序执行时，调用两次除法函数在执行第一次除法时报错。一种简单的处理异常的代码是使用if语句：

```
def Getdiv(m,n):
if n==0:
return '除数不能为0'
else:
return m/n
```

以上程序对除数为0的情况做了处理，当遇到除数为0时返回事先编辑好的提示。虽然if语句解决了当前的问题，但是频繁的在代码中使用与程序本身无关、仅与异常有关的if语句会使得代码的可读性不高。

7.2 捕获异常

Python提供了一套完整的异常处理方法，在一定程度上可以提高程序的健壮性，即程序在非正常环境下仍能正常运行，并能把Python晦涩难懂的错误信息转换为友好的提示呈现给最终用户。针对异常的处理方法如下：

```
try:
      <执行语句1>                    #运行try语句块,并试图捕获异常
except <异常1>:
      <执行语句2>
```

运行执行语句1，尝试捕获异常；如果执行语句1发生异常1，则运行执行语句2；语句结束。

例7-2：打开一个文件名为test.txt的文件，在该文件中的内容写入内容。

```
try:
    with open("test.txt","r+")as f:
        f.write("这是一个测试文件，用于测试异常！！")
except  IOError:
    print("Error:没有找到文件或读取文件失败")
```

当文件test.txt文件不存在时，程序运行结果如下：

```
Error:没有找到文件或读取文件失败
```

当文件test.txt存在时，在test.txt文件中写入内容，运行结果如图7-1所示。

图7-1　运行结果

当可能发生多种异常时，可以使用多个except语句捕获异常。

```
try:
      <执行语句1>          #运行try语句块，并试图捕获异常
except <异常1>:
      <执行语句2>          #如果name1异常发生，那么执行该语句块.
except <异常2> as <variable>:
      <执行语句3>
                    #如果name2异常发生，那么执行该语句块，并把异常实例命名为variable
except:
```

```
        <执行语句4>            #发生了以上所有列出的异常之外的异常，执行该语句块
```

例7-3：判断下列程序可能发生的异常。

```
try:
    s=eval(input('s='))
    s=5/s
    print("5/s值为:",s)
except ZeroDivisionError:
    print("除数不能为0")
except NameError  as e:
    print("变量名错误")
except:
    print("语法错误")
```

运行结果：

```
s=2
5/s值为:2.5

s=0
除数不能为0

s=a
变量名错误

s=,,,
语法错误
```

Python制定了专门的try...except...finally...异常处理语句，其语法如下：

```
try:
      <执行语句1>          #运行try语句块，并试图捕获异常
except <异常1>:
      <执行语句2>          #如果异常1发生，那么执行该语句块
except <异常2> as <variable>:
      <执行语句3>          #如果异常2发生，那么执行该语句块,并把异常实例命名为variable
except:
      <执行语句4>          #发生了以上所有列出的异常之外的异常，执行该语句块
else:
      <执行语句5>          #如果没有异常发生，那么执行该语句块
finally:
      <执行语句6>          #无论是否有异常发生，均会执行该语句块
```

运行执行语句1，尝试捕获异常；如果执行语句1发生异常1，则运行执行语句2；如果执行语句1发生异常2，就运行执行语句3，并把异常2命名为variable；如果发生的异常是上述异常之外的，就运行执行语句4；如果执行语句1无异常，就运行执行语句5；无论是否有异常发生，finally之后的执行语句6均会运行。except语句不是必须的，finally语句也不是必须的，但是二者必须要有一个，否则就没有try的意义了。else和finally是可选的，可能会有0个或多个except，但是，如果出现一个else的话，必须有至少一个except。except语句可以有多个，Python会按except语句的顺序依次匹配指定的异常，如果异常已经处理就不会再进入后面的except语句。

例7-4： 打开一个文件test.txt时，在该文件中的内容写入内容，判断可能发生的异常。

```
try:
    f=open("test.txt",'r+')
    f.write("这是一个测试文件,用于测试异常!!")
except IOError:
    print("Error:没有找到文件或读取文件失败")
else:
    print("内容写入成功")
    f.close()
finally:
    print("程序执行结束")
```

当文件test.txt文件不存在时，则程序执行结果如下：

```
Error:没有找到文件或读取文件失败
```

当文件test.txt文件存在时，程序正常执行try后语句块，完成向文件test.txt写入内容，之后执行else后语句块及finally后语句块。执行结果如图7-2所示（先向test.txt文件写入内容）。

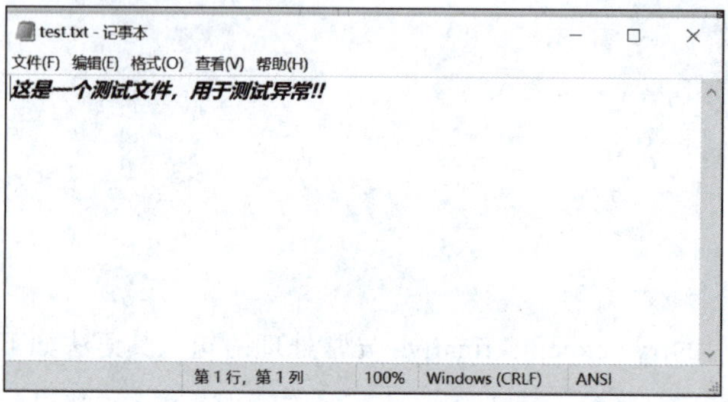

图7-2　运行结果

IDLE输出结果如下：

```
内容写入成功
程序执行结束
```

例7-5： 判断下列程序可能发生的异常。

```
def div(a,b):
    try:
        print("a/b=",a/b)
    except ZeroDivisionError:
        print("除数为0")
    except Exception as e:
        print("未知错误:{}".format(e))
    else:
        print("语句块正常执行")
    finally:
        return '程序运行结束'
print(div(3,2))
print()
print(div(3,0))
print()
```

```
print(div(3,'a'))
```

运行结果：

```
a/b= 1.5
语句块正常执行
程序运行结束

除数为0
程序运行结束

未知错误:unsupported operand type(s)for /:'int' and 'str'

程序运行结束
```

小 结

本章节主要掌握程序员编写程序过程中可能会出现的异常，并按照异常处理语句对其进行处理。

习题七

一、单选题

1. 关于程序的异常处理，下面选项中描述错误的是（　　）。

A. 程序异常发生经过妥善处理可以继续执行

B. 异常语句可以与else和finally保留字配合使用

C. 编程语言中的异常和错误是完全相同的概念

D. Python通过try、except等保留字提供异常处理功能

2. 下面代码运行时会出现什么类型的异常（　　）。

```
s=[1,2,3,4,5]
a=s[5]
```

A. KeyError　　B. IOError　　C. NameError　　D. IndexError

3. 有关异常说法正确的是（　　）。

A. 程序中抛出异常终止程序　　B. 程序中抛出异常不一定终止程序

C. 拼写错误会导致程序终止　　D. 缩进错误会导致程序终止

4. 对下面程序描述错误的是（　　）。

```
try:
        #语句块1
except IndexError as i:
        #语句块2
```

A. 该程序对异常处理了，因此一定不会终止程序

B. 该程序对异常处理了，不一定不会因异常引发终止

C. 语句块1，如果抛出IndexError异常，不会因为异常终止程序

D. 语句块2不一定会执行

5. 下面Python保留字中，用于异常处理结构中用来捕获特定类型异常的是（　　）。

A. def　　B. except　　C. while　　D. pass

6. Python异常处理中不会用到的关键字是（　　）。

A. finally　　B. else　　C. try　　D. if

7. 异常处理的作用是不想让程序终止，如果出错了需要特殊处理。下面实现异常处理的语句是（　　）。

A. if/else　　B. try/except　　C. waring　　D. Error

8. 异常是指（　　）。

A. 程序设计时的错误　　B. 程序编写时的错误

C. 程序编译时的错误　　D. 程序运行时的错误

9. 当try子句中没有任何错误时，一定不会执行语句（　　）。

A. try　　B. else　　C. except　　D. finally

10. 语句float（'something'）抛出异常名称为（　　）。

A. ValueError　　B. ImportError

C. IndexError　　D. FileNotFoundError

二、程序填空题

1. 根据程序补全代码。

```
while True:
__(1)__:
        x=int(input("请输入一个数字:"))
        print(x)
        break
__(2)__ValueError:
        print('您输入的不是数字,请再次尝试输入!')
```

2. 根据程序补全代码。

```
try:
    n=eval(input('请输入一个整数:'))
    s=100/n
except__(1)__:
    print('除数为0')
except NameError:
    print('输入的不是数字')
__(2)__:
  print(s)
```

3. 打开一个文件，在该文件中的内容写入内容。

```
__(1)__:
    fh=open("testfile","w")
    try:
        fh.write("这是一个测试文件,用于测试异常!!")
    __(2)__:
```

```
        print( "关闭文件")
        fh. close()
except IOError:
    print "Error:没有找到文件或读取文件失败"
```

4. 补全代码，若下标越界则提示“index out of bound!”。

```
list_1=[1,2,3,4]
__(1)__:
    print(list_1[20])
__(2)__:
print('index out of bound!')
```

5. 运算a/b，如果b等于零，输出“分母为零异常”，否则输出a/b的值。

```
__(1)__:
    a,b=eval(input('请输入两个整数:'))
    s=a/b
except ZeroDivisionError:
    print('分母为零异常')
(2):
    print(s)
```

6. 根据程序补全代码。

```
try:
s=eval(input('s='))
    if s>0:
        s=s+1
        print(s)
except __(1)__ as e:
    print("语法错误")
except NameError as e:
    print("变量未赋值")
__(2)__:
    print("出现未知错误")
```

7. 捕获数据类型转换异常，当捕获到异常时，输出“元素x不能转换为整数”。

```
str1=input()
list1=str1.split("-")
for x in list1:
    try:
        value=__(1)__
    except:
        print("元素%s不能转换为整数"%x)
  __(2)__:
    print(x)
```

8. 给定一个数a，判断一个数字是否为奇数或偶数。

```
while True:
__(1)__:
        #判断输入是否为整数
    num=int(input('输入一个整数:'))
```

```
        #不是纯数字需要重新输入
    except___(2)___:
        print("输入的不是整数!")
        continue
    if num%2==0:
        print('偶数')
    else:
        print('奇数')
    break
```

9. 给一个不多于5位的正整数（如a = 12346），求它是几位数。

```
def flen(num):
try:
            length=0
            while num!=0:
                length+=1
                num=int(num)// 10
            if length>5:
               return "请输入正确的数字"
            return___(1)___
except___(2)___:
           return "请输入正确的数字"
```

10. 打开一个文件a. txt，如果该文件不存在则创建，存在则产生异常并报警。

```
try:
    f=open('a.txt',(1))
except:
    print("文件存在,请小心读取!")
finally
    f.(2)
```

第8章 turtle绘图

turtle库是Python标准库之一，由于其简单直观、容易掌握，经常被应用于绘制复杂图形。

本章主要介绍turtle函数库。turtle函数库介绍其常见的绘图函数和方法，包括画布的设置、画笔的设置以及图形的绘制方法等。在turtle函数库中可以想象有一只海龟，海龟的运动轨迹形成了复杂的图形。

本章思维导图

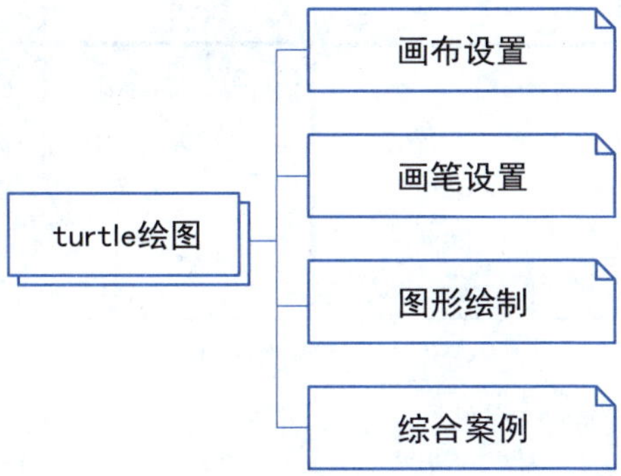

8.1 画布设置

turtle又称为海龟绘图（Turtle Graphics），turtle库是Python的内部库。使用turtle库之前需要先导入模块。

```
import turtle                        #第一种方法导入turtle库
from turtle import *                 #第二种方法导入turtle库
```

这两种方法都可以实现turtle库的导入。turtle名称含义为“海龟”，想象一只海龟，位于显示器上窗体的正中心，在画布上游走，它游走的轨迹就形成了绘制的图形。海龟的运动是由程序控制的，它可以变换颜色，改变大小（宽度）等。

画布是turtle模块的绘图区域（窗口），可以直接使用默认，也可以定义它的大小和初始位置。屏幕左上角为其坐标系原点，横轴为x、纵轴为y。画布的单位是像素。

```
turtle.screensize(width,height,bg)
```

screensize()方法定义画布的大小和背景颜色，其中width表示画布的宽度，height表示画布的高，bg表示画布的颜色，若width和height为0~1之间小数，则表示其占屏幕的比例，若为空，则返回默认大小。

```
turtle.setup(width,height,startx,starty)
```

setup()定义画布的大小以及距离屏幕左侧和屏幕上边的距离，其中width表示画布的宽度，height表示画布的高，startx表示画布距离屏幕左侧的距离，starty表示画布距离屏幕上边的距离，若为空，则画布居中。

在进行图形绘制之前需要了解下turtle的空间坐标体系。

1. 空间坐标体系

（1）绝对坐标体系：以画布中心为坐标原点，向右为x轴，向上为y轴。与数学中的直角坐标系相同，如图8-1所示。

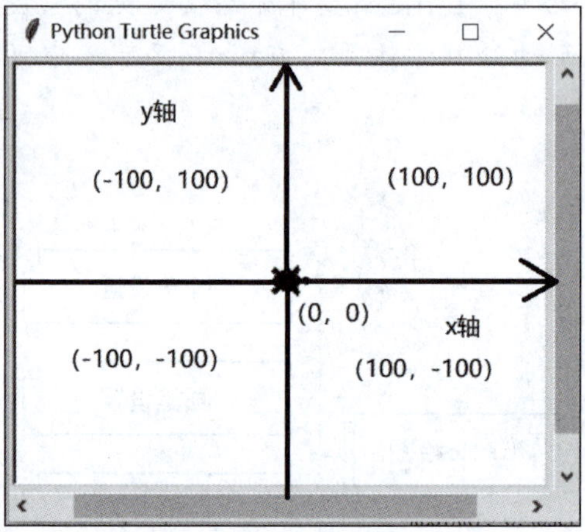

图8-1　绝对坐标体系

```
turtle.goto(x,y)
```

goto()表示直接跳转到相应的坐标点(x，y)，这里的坐标是绝对坐标。

（2）相对坐标体系：以海龟的方向来看，有前、后、前进方向左侧、前进方向右侧四个方向，如图8-2所示。

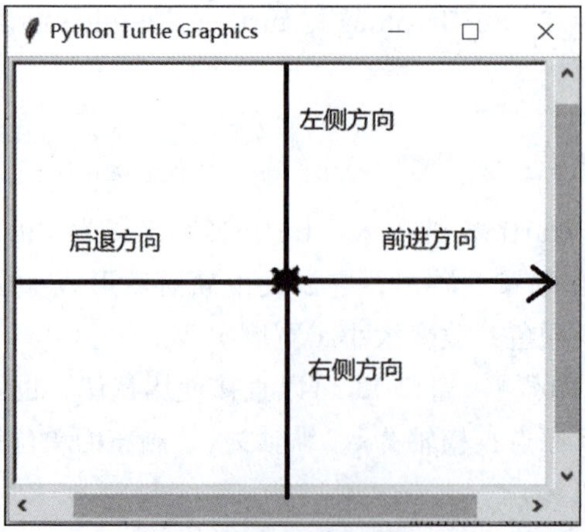

图8-2　相对坐标体系

```
turtle.fd(distance)/ turtle.forward(distance)
```

fd()或者forward()方法表示从海龟的方向向前前进distance像素的距离。

```
turtle.bk(distance)/ turtle.backward(distance)
```

bk()或者backward()方法表示从海龟的方向向后前进distance像素的距离。

```
turtle.circle(r,extent)
```

circle(r，extent)表示以r为半径，旋转extent角度。当r>0时，圆心在画笔的左边，当r<0，圆心在画笔的右边。extent为正数，则沿着海龟方向画圆，extent为负数，则逆着海龟方向画圆。

示例：circle(r，extent)的应用1。

```
from turtle import *
setup(500,500,0,0)                          #设置画布大小和起始点
circle(100,90)
circle(-100,90)
```

运行结果如图8-3所示。

示例：circle(r，extent)的应用2。

```
from turtle import *
setup(500,500,0,0)                          #设置画布大小和起始点
circle(100,-90)
circle(-100,-90)
```

运行结果如图8-4所示。

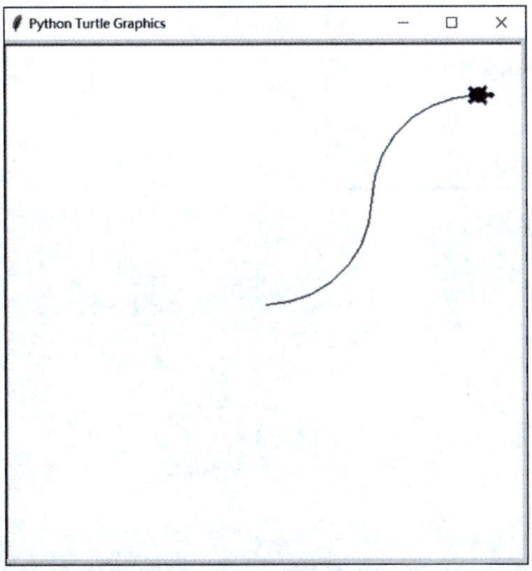

图8-3　运行结果

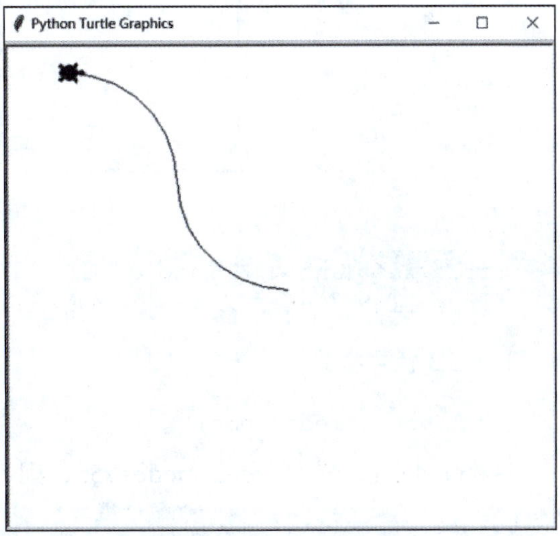

图8-4　运行结果

2. 角度坐标体系

（1）绝对角度坐标：x轴为0度，逆时针为角度正值，顺时针为角度负值，如图8-5所示。

```
turtle.seth(angle)/ turtle.setheding(angle)
```

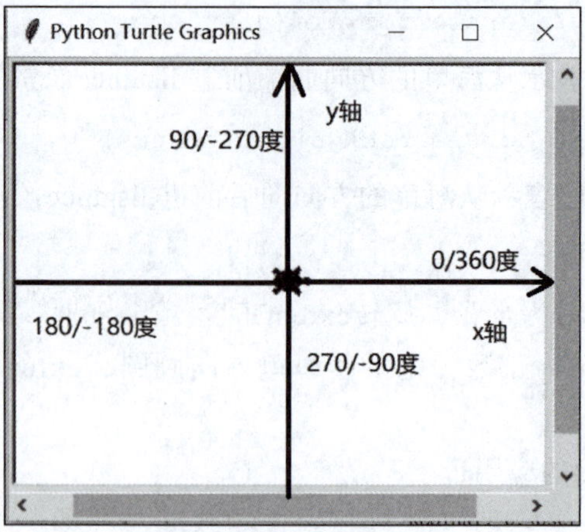

图8-5　绝对角度坐标

seth()改变行进方向，但不行进。参数angle为改变的角度，为绝对角度。

（2）相对角度坐标：以海龟为参考系改变方向，如图8-6所示。

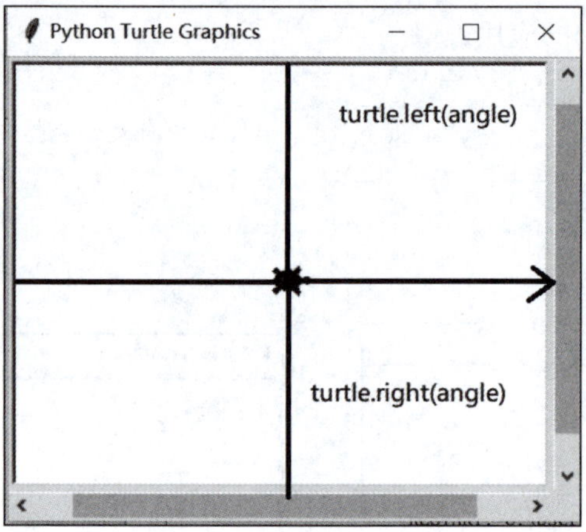

图8-6　相对角度坐标

```
turtle.left(angle) 左转angle角度
turtle.right(angle) 右转angle角度
```

3. RGB 色彩模式

```
turtle.colormode(mode)
```

参数mode=1，则为小数，mode=255，则为整数。

```
turtle.pencolor('color')
```

参数color可以为颜色字符串，如red、blue。color也可以取RGB值，见表8-1。

RGB小数数值。

```
turtle.pencolor(0.63,0.13,0.94)
```

RGB元组值。

```
turtle.pencolor((0.63,0.13,0.94))
```

表8-1　RGB色彩模式

Color	RGB整数	RGB小数
White	255，255，255	1，1，1
Yellow	255，255，0	1，1，0
Magenta	255，0，255	1，0，1
Cyan	0，255，255	0，1，1
Blue	0，0，255	0，0，1
Black	0，0，0	0，0，0
Purple	160，32，240	0.63，0.13，0.94

8.2 画笔设置

画笔描述了绘制图形时的位置、方向、粗细、移动速度等信息。初始位置位于画布正中央，正方向默认为沿着x轴数值增大方向。操纵画笔绘图的命令可以划分为三种基本类型：画笔设置命令、画笔控制命令、画笔运动命令。

常用画笔设置方法有turtle.pensize()用于设置画笔的宽度，turtle.pencolor（color）用于设置画笔颜色，turtle.penup()用于提起画笔，turtle.pendown()用于设置画笔落下，turtle.speed（speed）用于设置画笔移动速度，turtle.hideturtle()用于设置隐藏画笔的形状，turtle.showturtle()用于显示画笔形状。具体含义见表8-2。

表8-2　画笔设置方法

方　法	含　义
turtle.pensize(width)	设置画笔的宽度，width是像素值
turtle.pencolor(color)	设置画笔颜色，color取值可以是字符串，可以是RGB整数，RGB小数，默认返回当前画笔颜色
turtle.penup()	提起画笔，不绘制图形，之后移动画笔不再绘图
turtle.pendown()	落下画笔，进行绘图
turtle.speed(speed)	设置画笔移动速度，速度范围[0，10]，数字越大越快
turtle.hideturtle()	隐藏画笔的turtle形状
turtle.showturtle()	显示画笔的turtle形状

1. 画笔设置方法

示例：

```
import turtle
turtle.pensize(4)                  #设置画笔宽度为4像素
turtle.pencolor("green")           #设置画笔颜色为绿色
turtle.penup()                     #抬起画笔,不作画
turtle.pendown()                   #落下画笔,进行作画
turtle.speed(1)                    #设置画笔速度
```

```
R=50
turtle.circle(R)                              #绘制半径是R的圆
turtle.showturtle()                           #显示画笔形状
```

运行结果如图8-7所示。

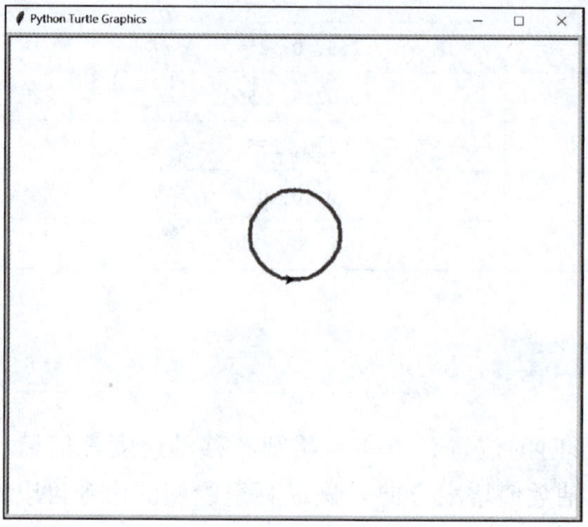

图8-7　运行结果

2. 画笔运动命令

常用画笔运动命令有turtle.goto(x, y)、turtle.forward（distance）、turtle.backward（distance）等，具体含义见表8-3。

表8-3　画笔运动命令

方　法	含　义
turtle.goto(x, y)	海龟位置跳转至指定坐标(x, y)处
turtle.forward(distance)	沿海龟方向前进distance距离
turtle.backward(distance)	沿海龟后退方向前景distance距离
turtle.circle(r, extent)	以r为半径绘制圆
turtle.right(angle)	顺时针旋转angle角度
turtle.left(angle)	逆时针旋转angle角度
turtle.setheading(angle)	设置行进方向为angle角度，角度为绝对角度
turtle.dot(r)	绘制指定颜色和直径的圆点
turtle.setx()	将当前x轴移动至指定位置
turtle.sety()	将当前y轴移动至指定位置
turtle.home()	设置画笔当前位置为原点，朝向东

示例：画笔运动命令。

```
import turtle                       #导入turtle库
turtle.pensize(4)                   #设置画笔宽度
turtle.pencolor("green")            #设置画笔颜色
```

```
turtle.fillcolor("blue")                #设置填充颜色
R=50
turtle.fd(R)                            #前进R像素
turtle.bk(R)                            #后退R像素
turtle.circle(R)                        #绘制半径是R的圆
turtle.right(180)                       #顺时针旋转90°
turtle.circle(R)                        #绘制半径是R的圆
turtle.home()                           #设置画笔回到原点,方向朝东
```

运行结果如图8-8所示。

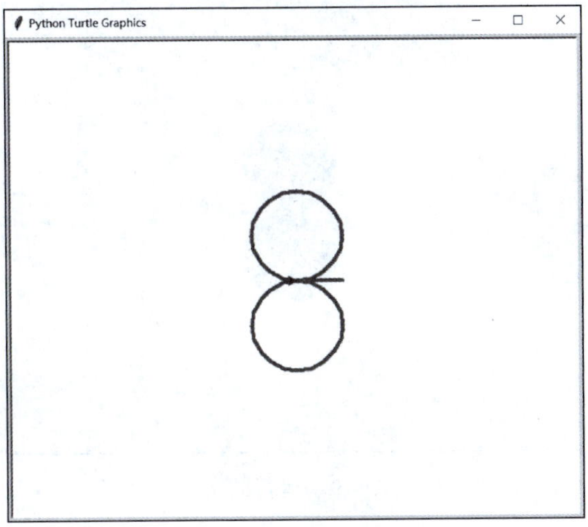

图8-8　运行结果

3. 画笔控制命令

常用画笔控制命令有turtle.begin_fill()、turtle.end_fill()等，具体含义见表8-4。

表8-4　画笔控制命令

方　法	含　义
turtle.fillcolor（colorstring）	设置图形的填充颜色
turtle.color（color1，color2）	设置pencolor=color1，fillcolor=color2
turtle.filling()	返回当前是否在填充状态
turtle.begin_fill()	准备开始填充图形
turtle.end_fill()	填充结束

示例：画笔控制命令。

```
import turtle                           #导入turtle库
turtle.pensize(4)                       #设置画笔宽度
turtle.pencolor("green")                #设置画笔颜色
turtle.fillcolor("blue")                #设置填充颜色
R=50
turtle.fd(R)                            #前进R像素
turtle.bk(R)                            #后退R像素
```

```
turtle.begin_fill()                    #准备开始填充图形
turtle.circle(R)                       #绘制半径是R的圆
turtle.right(180)                      #顺时针旋转90°
turtle.circle(R)                       #绘制半径是R的圆
turtle.end_fill()                      #完成填充图形
turtle.home()                          #设置画笔回到原点,方向朝东
```

运行结果如图8-9所示。

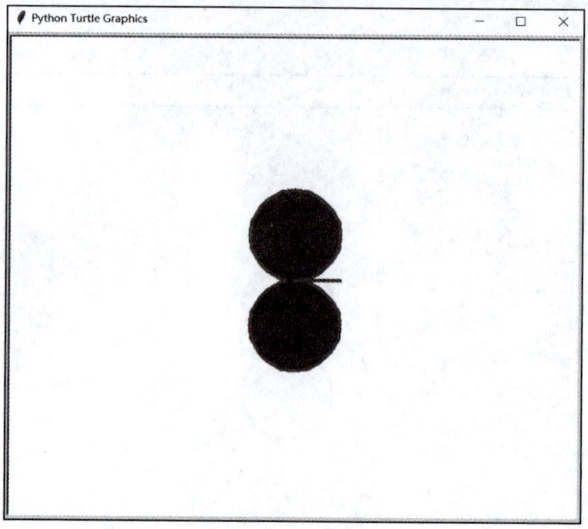

图8-9　运行结果

8.3 图形绘制

绘制图形的常用方法见表8-5。

表8-5　绘制图形的常用方法

方　法	含　义
turtle.clear()	清空turtle窗口，但是turtle的位置和状态不会改变
turtle.reset()	重置turtle窗口为起始状态
turtle.undo()	撤销上一个动作
turtle.isvisible()	返回turtle是否可见
turtle.stamp()	复制当前图形
turtle.write(s[，font=("font-name"，font_size，"font_type")])	写文本，s为文本内容，font是字体的参数，分别为字体名称，大小和类型
turtle.mode(mode=None)	设置海龟模式并执行重置
turtle.delay(delay=None)	设置或返回以毫秒为单位的绘图延迟
turtle.begin_poly()	开始记录多边形的顶点
turtle.end_poly()	停止记录多边形的顶点，并与第一个顶点相连
turtle.get_poly()	返回记录的多边形

8.4 综合案例

例8-1： 绘制五角星。

编程思路：从起点开始，默认方向是正东0°，第一次使画笔移动200像素，以画笔当前的角度右转144°，并沿此方向使画笔进行第二轮的移动，以此类推，循环4次画笔回到原点，如图8-10所示。

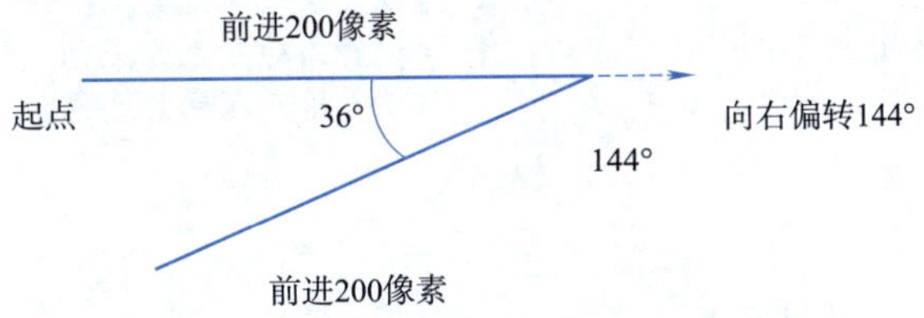

图8-10　绘制五角星

```
import turtle                              #导入turtle库
turtle.pensize(4)                          #设置画笔宽度
turtle.pencolor("green")                   #设置画笔颜色
turtle.fillcolor("blue")                   #设置填充颜色
turtle.begin_fill()                        #开始填充
for i in range(5):
    turtle.forward(200)
    turtle.right(144)                      #向右偏转144°
turtle.end_fill()
turtle.penup()                             #抬起画笔
turtle.goto(50,-150)                       #定位至指定位置
turtle.color("blue")
turtle.write("五角星",font=('Arial',20,'normal'))
```

运行结果如图8-11所示。

图8-11　运行结果

例8-2：绘制四叶草。

编程思路：从起点开始，默认方向是正东0°，以画笔当前角度左转（逆时针）旋转135°，第一次使画笔移动50像素，在画笔方向的右侧画一个半径为25的半圆，以画笔当前的角度左转90°，在画笔方向的右侧画一个半径是25的半圆，沿着画笔当前的方向前进50像素，并沿此方向使画笔进行第二轮的移动，以此类推，循环4次画笔回到原点。

```
import turtle                           #导入turtle库
turtle.pensize(4)                       #设置画笔像素为4像素
turtle.pencolor("black")                #设置画笔颜色为黑色
turtle.fillcolor("green")               #设置填充颜色为绿色
turtle.left(135)
i=1
while(i<=4):
    turtle.begin_fill()                 #开始填充
    turtle.forward(50)
    turtle.circle(-25,180)
    turtle.left(90)
    turtle.circle(-25,180)
    turtle.forward(50)
    turtle.end_fill()                   #结束填充
    i+=1
```

运行结果如图8-12所示。

图8-12 运行结果

例8-3：绘制旋转风车。

编程思路：从起点开始，首先绘制一个风车的棒子，之后通过for循环绘制四个风车叶子，每个风车叶子由两个三角形构成。最后风车的旋转通过循环绘制不同角度的风车完成，风车旋转100圈结束循环。

```
import turtle as t
import time
def draw(r):
#画一个风车的棒子
    t.pensize(5)
```

```
    t.penup()
    t.goto(0,0)
    t.pendown()
    t.goto(0,-150)
    t.pensize(1)
#循环生成四个叶子
    for i in range(4):
        t.setheading(i*90+r)
        t.penup()
        t.goto(0,0)
        t.pendown()
         #绘制深蓝色三角形
        t.fillcolor('deepskyblue')
        t.begin_fill()
        t.forward(100)
        t.left(150)
        t.forward(70)
        t.end_fill()
         #绘制绿色三角形
        t.fillcolor('green')
        t.begin_fill()
        t.left(30)
        t.forward(40)
        t.left(90)
        t.forward(35)
        t.end_fill()
for r in range(0,360*100,3):            #这里是旋转100圈，步长3对应转速
    t.tracer(False)                     #跳过绘图过程直接生成图形
    t.clear()
    draw(r)
    time.sleep(0.01)
    t.hideturtle()
    t.tracer(True)
```

运行结果如图8-13所示。

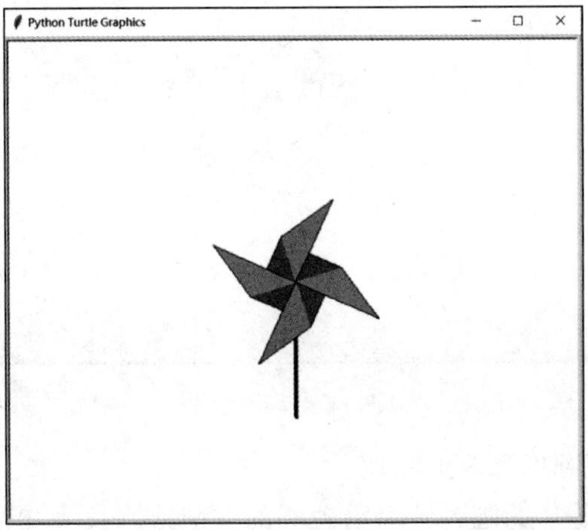

图8-13　运行结果

例8-4： 绘制圆环。

编程思路：定义一个函数，用于绘制大圆和小圆。调用该函数，传入大圆和小圆的半径，绘制圆环。

```
import turtle

#设置画笔速度和颜色
turtle.speed(0)
turtle.color("blue")

#定义一个函数,用于绘制大圆和小圆
def draw_circles(big_radius,small_radius):
    turtle.penup()
    turtle.goto(0,-big_radius)
    turtle.pendown()
    turtle.circle(big_radius)

    turtle.penup()
    turtle.goto(0,-small_radius)
    turtle.pendown()
    turtle.circle(small_radius)

#调用该函数,传入大圆和小圆的半径
draw_circles(100,50)

#结束绘制
turtle.done()
```

运行结果如图8-14所示。

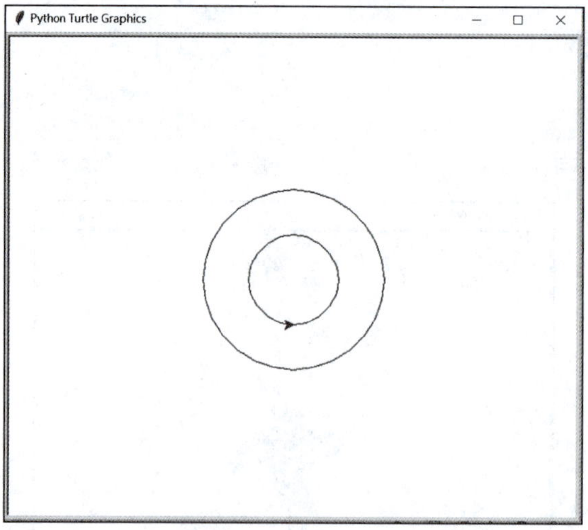

图8-14 运行结果

例8-5： 绘制图形实现圆形和矩形相切。

编程思路：绘制半径是10的圆，然后沿着圆的方向绘制长为40，宽为20的矩形。

```
from turtle import *
```

```
color('red')
R=10
pensize(4)
circle(R)                                    #绘制圆
for i in range(2):
    forward(20)
    right(90)
fd(40)
right(90)
fd(20)
right(90)
fd(20)
penup()                                      #抬起画笔
goto(-50,-100)                               #定位至指定位置
color("blue")
write('圆形矩形相切',font=(10))
```

运行结果如图8-15所示。

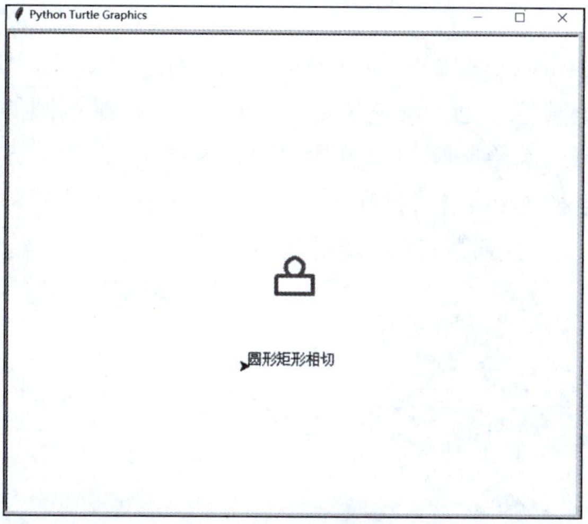

图8-15　运行结果

例8-6：用turtle绘制一个圆形螺旋，画笔宽4像素，画笔颜色红色，下方用10号字写“圆形螺旋”。

编程思路：设置画笔颜色红色，画笔宽度4像素，第一次绘制半圆的半径为10，将半径增加10，第二次绘制半圆的半径为20，并将半径增加10，以此类推，循环10次结束绘制，并在下方写上“圆形螺旋”。

```
from turtle import *
color('red')
R=10
pensize(4)
for i  in range(10):
    circle(R,180)
    R=R+10
penup()
```

```
goto(-5,-120)
pendown()
write('圆形螺旋',font=(10))
```

运行结果如图8-16所示。

图8-16 运行结果

例8-7：用turtle绘制4个圆形螺旋，颜色分别为红、绿、黄、蓝，画笔宽2像素。

编程思路：设置画笔颜色红色，画笔宽度2像素，第一次绘制圆的颜色为红色，半径为0，当前方向上旋转91°，第二次绘制圆的颜色为绿色，半径为1，当前方向上旋转91°，第三次绘制圆的颜色为黄色，半径为2，当前方向上旋转91°，第四次绘制圆的颜色为蓝色，半径为3，当前方向上旋转91°，一直到第100次绘制圆结束。

```
import turtle
turtle.color("red")
turtle.pensize(2)
turtle.speed(0)
colors=['red','green','yellow','blue']
for i in range(100):
    turtle.pencolor(colors[i%4])
    turtle.circle(i)
    turtle.left(91)
```

运行结果如图8-17所示。

图8-17 运行结果

若对上述代码进行修改，完成不同半径的圆的输出。

编程思路：第一次绘制半径为40的圆完成之后，turtle的方向回到原点，第二次绘制半径为41的圆完成之后，turtle方向还是回到原点，以此类推，完成不同半径的圆的输出。

```
import turtle
turtle.color("red")
turtle.pensize(2)
turtle.speed(0)
colors=['red','green','yellow','blue']
for i in range(40,48):
    turtle.pencolor(colors[i%4])
    turtle.circle(i)
```

运行结果如图8-18所示。

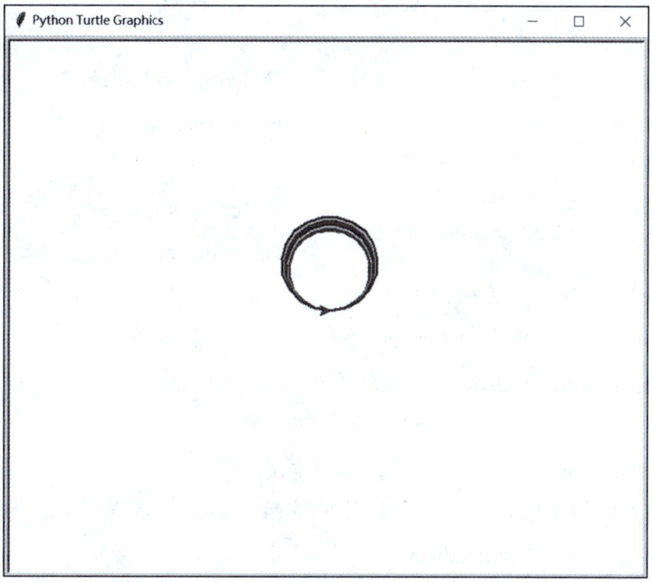

图8-18　运行结果

小　结

本章节主要掌握turtle模块，是Python标准库，可以直接导入使用，利用该模块实现基本的绘图需求。

习题八

一、选择题

1. turtle. setheading（30）表示该点（　　）。

A. 右前上方30°　　B. 右前下方30°

C. 左前上方30°　　D. 左前下方30°

2. 画笔抬起的函数是（　　）。

A. penup()　　B. pendown()　　C. pentop()　　D. pensize()

3. 画笔落下的函数是（　　）。

A. penup()　　B. pendown()　　C. pentop()　　D. pensize()

4. 画笔前进函数forward内的距离参数单位是（　　）。

A. 厘米　　B. 毫米　　C. 英寸　　D. 像素

5. 画笔宽度设置函数是（　　）。

A. penup()　　B. pensize()　　C. setup()　　D. pencolor()

6. turtle. left（30）表示相对当前方向（　　）。

A. 逆时针改变30°　　B. 逆时针改变60°

C. 顺时针改变30°　　D. 顺时针改变60°

7. 导入模块的方式错误的是（　　）。

A. import mo　　B. from mo import *

C. import mo as m　　D. import m from mo

8. 下面选项能改变turtle画笔的颜色是（　　）。

A. turtle. colormode()　　B. turtle. setup()

C. turtle. pd()　　D. turtle. pencolor()

9. 下面关于turtle库的描述，正确的是（　　）。

A. 在import turtle之后就可以用circle()语句，来画一个圆圈

B. 要用from turtle import turtle来导入所有的库函数

C. home()函数设置当前画笔位置到原点，朝向东

D. seth(x)是setheading(x)函数的别名，让画笔向前移动x

10. 下面选项中，不是Python中用于开发用户界面的第三方库是（　　）。

A. PyQt　　B. wxPython　　C. pygtk　　D. turtle

二、编程题

1. 用turtle绘制一个太阳花，画笔颜色红色，用黄色填充，运行结果如图8-19所示。

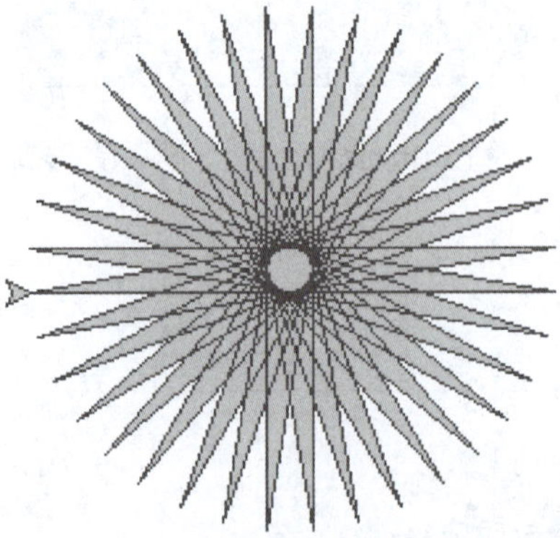

图8-19　运行结果

2. 用turtle绘制旋转的正方形，画笔宽度4像素，画笔颜色红色，运行结果如图8-20所示。

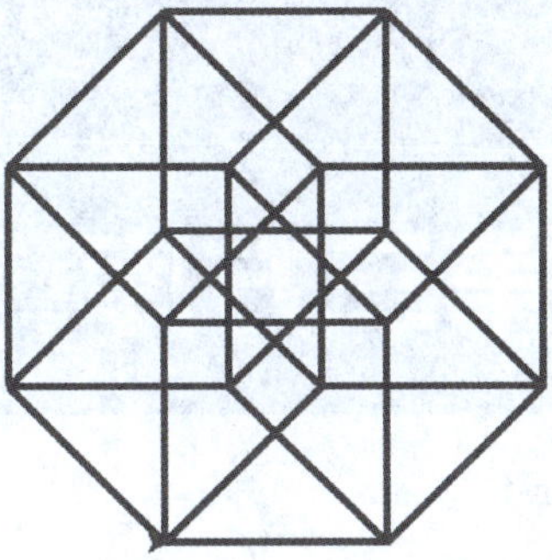

图8-20　运行结果

3. 用turtle绘制一个方形螺旋，画笔宽4像素，画笔颜色蓝色，下方用10号字写“方形螺旋”，运行结果如图8-21所示。

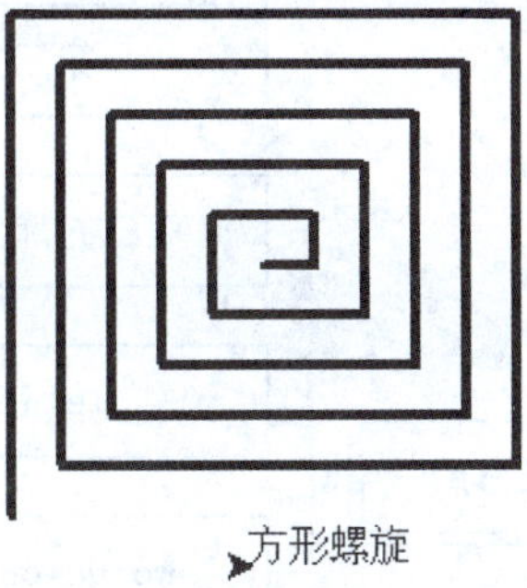

图8-21　运行结果

4. 用turtle绘制一个正六边形，画笔宽4像素，画笔颜色蓝色，下方用15号字写“正六边形”，运行结果如图8-22所示。

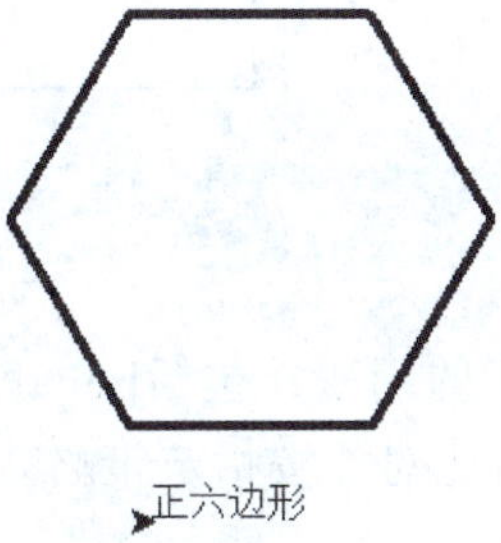

图8-22　运行结果

第9章 Python的第三方库

本章主要讲解Python的第三方库包括：jieba库、wordcloud库，用于读取文件以及对图形图像进行处理。

本章思维导图

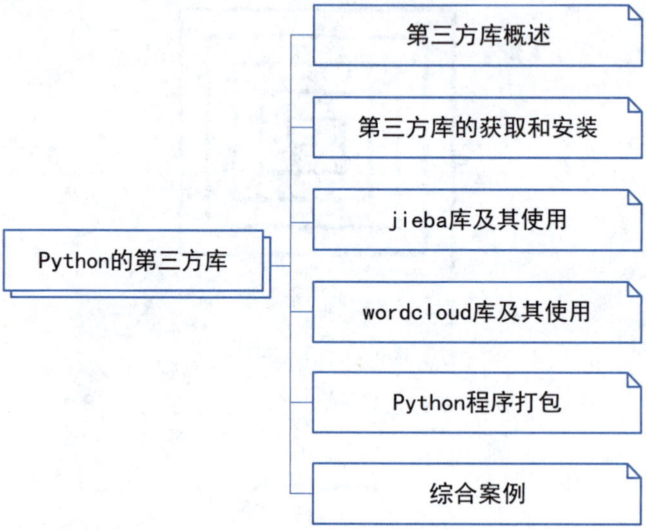

9.1 第三方库概述

本节主要介绍Python的第三方库的用法，包括jieba库和wordcloud库的用法简介，jieba库是通过将待处理内容与分词词库进行比对，按指定策略获得包含的分词。worcloud库是一个优秀的词云展示第三方库。

9.2 第三方库的获取和安装

本章主要介绍的第三方库有jieba和wordcloud库，安装方法有两种。

（1）安装包模式安装。

在Windows系统环境下，从对应的jieba和wordcloud库的官方网站下载安装包，自动安装即可。

（2）在线安装：通过pip3语句进行安装。

```
pip3 install +'对应第三方库的名字'
```

有时在线镜像源安装可能会较缓慢，可以采用清华大学镜像源，安装语句如下：

```
pip3 install +'第三方库的名字'- i +'清华大学镜像源'
• 清华:https://pypi.tuna.tsinghua.edu.cn/simple
• 阿里云:https://mirrors.aliyun.com/pypi/simple/
• 中国科技大学https://pypi.mirrors.ustc.edu.cn/simple/
• 华中理工大学:http://pypi.hustunique.com/
• 山东理工大学:http://pypi.sdutlinux.org/
• 豆瓣:http://pypi.douban.com/simple/
```

9.3 jieba库及其使用

本章主要介绍的jieba库是一个第三方中文分词主要功能：利用一个中文词库确定汉字之间的关联概率，汉字间概率大的组成词组，形成分词结果。

通过命令行下运行一下命令进行安装。

```
pip3 install jieba
```

通过该命令完成jieba库的安装。

```
jieba.lcut(sentence,cut_all=true)
```

全模式，返回语句sentence中所有可以成词的词语，速度非常快，但是不能解决歧义。

```
jieba.lcut(sentence)
```

精确模式，试图将语句sentence最精确地切开，适合文本分析。

```
jieba.lcut_for_search(sentence)
```

搜索引擎模式，在精确模式的基础上，对长词再次切分，提高召回率，适合用于搜索引擎分词。jieba库常用方法见表9-1。

表9-1 jieba库常用方法

方 法	含 义
jieba.lcut(sentence)	精确模式，将语句划分开，返回值为列表类型
jieba.lcut(sentence，cut_all=true)	全模式，输出文本sentence中所有可能单词，返回值为列表类型
jieba.lcut_for_search(sentence)	搜索引擎模式，适合搜索引擎建立索引的分词结果，返回值为列表类型
jieba.cut(sentence)	精确模式，将语句划分开，返回值为可迭代的数据类型
jieba.cut(sentence，cut_all=true)	全模式，输出文本sentence中所有可能单词，返回值为可迭代的数据类型
jieba.cut_for_search(sentence)	搜索引擎模式，建立适合搜索引擎检索的分词结果，返回值为可迭代的数据类型
jieba.add_word(sentence)	向分词词典中添加新词

例9-1：三种模式的应用。

```
import jieba
seg_list=jieba.cut("《生死疲劳》是中国当代作家莫言创作的长篇小说",cut_all=True)
print("full pattern:" + ",".join(seg_list))                #全模式
seg_list=jieba.cut("《生死疲劳》是中国当代作家莫言创作的长篇小说")
print("accurate pattern:" + ",".join(seg_list))            #精确模式
seg_list=jieba.cut_for_search("《生死疲劳》是中国当代作家莫言创作的长篇小说")
```

```
#搜索引擎模式
print("search model:" +",".join(seg_list))
```

运行结果如图9-1所示。

```
full pattern: 《, 生死, 疲劳, 》, 是, 中国, 当代, 当代作家, 作家, 莫言, 创作, 的
, 长篇, 长篇小说, 小说
accurate pattern: 《, 生死, 疲劳, 》, 是, 中国, 当代作家, 莫言, 创作, 的, 长篇小
说
search model: 《, 生死, 疲劳, 》, 是, 中国, 当代, 作家, 当代作家, 莫言, 创作, 的
, 长篇, 小说, 长篇小说
```

图9-1　运行结果

例9-2：统计唐诗三百首中的词语出现次数。

编程思路：词频分析，就是对某一或某些给定的词语在某文件中出现的次数进行统计分析。中文词频分析的基本原理是利用jieba库对文章进行分析，统计每个词出现的个数，就是建立词和出现次数的字典。然后按出现的次数从高到底排序，根据出现频率高的词来分析文章。

```
import jieba
#首先要保证所打开的文件是utf-8编码,如果不是,可使用记事本另存为utf-8编码
#UTF-8是一种面向互联网传输出现的变长(1-4字节)的字符UNICODE编码,它兼容ASCII码,
即英文字符1个字节,汉字占3个字节.
with open('唐诗三百首.txt','r',encoding='utf-8')as fr:
txt=fr.read();
words=jieba.lcut(txt)                    #精确模式分析，返回一个列表类型
counts={}                                #生成一个空字典
for word in words:                       #统计每个单词的个数
counts[word]=counts.get(word,0)+1        #有则加1，没有返回0+1 (添加了新的键值对)
items=list(counts.items())               #返回所有的键值对
items.sort(key=lambda x:x[1],reverse=True) #排序
for i in range(30):                      #打印前30个
word,count=items[i]
print("{0:<10}{1:>5}".format(word,count))  #word左对齐，count右对齐
```

运行结果如图9-2所示。

```
，          1670
。          1480
            385
：          325
.           274
?            97
!            91
月           48
在           47
无           46
人           44
有           43
与           43
不           40
去           40
杜甫          39
来           37
[            37
]            37
李白          36
上           35
之           33
归           32
将           31
下           31
为           30
王维          29
欲           29
还           29
```

图9-2　运行结果

从运行结果看出，排在前面的这些词的统计结果没有意义，如标点、空格、没有意义的字等。这些词可以在统计前用空格替换掉，或者在统计之后从字典中删除，一般做法是将这些词收集起来，建立停用词表。常用的停用词表可以在网上下载，过滤掉长度为1的词。

改进的代码如下：

```
import jieba
def stopwordslist(filepath):
    stopwords=[line.strip() for line in open(filepath,'r',encoding='
utf-8').readlines()]
    return stopwords
stopwords=stopwordslist('中文停用词.txt')    #加载停用词表的路径
with open('唐诗三百首.txt','r',encoding='utf-8')as fr:
txt=fr.read();
words=jieba.lcut(txt)                        #精确模式分析，返回一个列表类型
counts={}                                    #生成一个空字典
for word in words:                           #统计每个单词的个数
    if word not in stopwords:
        if len(word)!=1:                     #同时过滤长度为1的字
        counts[word]=counts.get(word,0)+1
items=list(counts.items())                   #返回所有的键值对
items.sort(key=lambda x:x[1],reverse=True)   #排序
for i in range(30):                          #打印前30个
    word,count=items[i]
    print("{0}({1}),".format(word,count),end='')
```

运行结果如图9-3所示。

```
杜甫(39),李白(36),王维(29),李商隐(24),孟浩然(17),万里(17),二首(14),不见(14),之二
(13),故人(12),韦应物(12),琵琶(12),不知(12),将军(12),明月(11),长安(11),昨夜(11),
无人(11),相思(11),春风(10),青山(10),刘长卿(10),杜牧(10),寂寞(9),王昌龄(9),可怜(9
),风雨(9),芙蓉(9),君不见(9),三首(9),
```

图9-3　运行结果

例9-3：中文词频分析，统计“水浒传.txt”中出现频率最高的二十个英雄人物及出现次数。

思路：词频分析，就是对某一或某些给定的词语在某文件中出现的次数进行统计分析。中文词频分析的基本原理是利用jieba库对文章进行分析，统计每个词出现的个数，就是建立词语和出现次数的字典。然后按出现的次数从高到底排序，根据出现频率高的词来分析文章内容。

```
import jieba
import time
start=time.perf_counter()                    #起始时间
txt=open("shuihuzhuan1.txt","r",encoding='utf-8').read()
names=['宋江','卢俊义','吴用','公孙胜','关胜','林冲','秦明','呼延灼','花荣','柴进',
'李应','朱仝','鲁智深','武松','董平','张清','杨志','徐宁','索超','戴宗','刘唐',
'李逵','史进','穆弘','雷横','李俊','阮小二','张横','阮小五','张顺','阮小七','杨雄',
'石秀','解珍','解宝','燕青','朱武','黄信','孙立','宣赞','郝思文','韩滔','彭玘',
'单廷珪','魏定国','萧让','裴宣','欧鹏','邓飞','燕顺','杨林','凌振','蒋敬','吕方',
'郭盛','安道全','皇甫端','王英','扈三娘','鲍旭','樊瑞','孔明','孔亮','项充','李衮',
```

```
'金大坚','马麟','童威','童猛','孟康','侯健','陈达','杨春','郑天寿','陶宗旺','宋清',
'乐和','龚旺','丁得孙','穆春','曹正','宋万','杜迁','薛永','施恩','李忠','周通','
汤隆','杜兴','邹渊','邹润','朱贵','朱富','蔡福','蔡庆','李立','李云','焦挺','石勇',
'孙新','顾大嫂','张青','孙二娘','王定六','郁保四','白胜','时迁','段景住']
words=jieba.lcut(txt)
cnt={}                              #用来计数
for word in words:
    if word not in names:           #如果根本不是人名，那就不记录这个分词了
        continue
    cnt[word]=cnt.get(word,0)+1
items=list(cnt.items())             #将其返回为列表类型
items.sort(key=lambda x:x[1],reverse=True)#排序
print(items)
for i in range(20):                 #输出二维列表
    name,ans=items[i]
    print("{0:<5}出现次数为:{1:>5}".format(name,ans))
end = time.perf_counter()           #结束时间
print('程序运行时间:%.4f'%(end - start))
```

运行结果如图9-4所示。

```
宋江    出现次数为:   766
武松    出现次数为:   520
李逵    出现次数为:   362
林冲    出现次数为:   316
吴用    出现次数为:   177
杨志    出现次数为:   126
石秀    出现次数为:   121
花荣    出现次数为:   112
戴宗    出现次数为:   112
柴进    出现次数为:   107
朱仝    出现次数为:   104
史进    出现次数为:   101
秦明    出现次数为:    95
杨雄    出现次数为:    89
卢俊义  出现次数为:    85
张顺    出现次数为:    84
雷横    出现次数为:    74
公孙胜  出现次数为:    71
鲁智深  出现次数为:    59
施恩    出现次数为:    51
程序运行时间: 3.7155
```

图9-4　运行结果

例9-4： 现有一英文文本文件“I have a dream.txt”，欲统计其中单词出现频率最高的10个单词。

思路：词频分析，就是对某一或某些给定的词语在某文件中出现的次数进行统计分析。英文词频分析的基本原理是统计每个词出现的个数，就是建立词语和出现次数的字典。然后按出现的次数从高到底排序，根据出现频率高的词来分析文章内容。排在前面的这些单词的统计结果没有意义，如标点、空格、没有意义的符号等。这些词可以在统计前用空格替换掉，或者在统计之后从字典中删除，一般在统计前将无意义单词用空格替换。

```
import string
def splitwords(filepathname):
    f=open(filepathname,"r")
```

```
    filedata=f.read()
    f.close()
    for ch in string.punctuation+string.whitespace:
        filedata=filedata.replace(ch," ")
    wordslist=filedata.split(" ")
    while "" in wordslist:
        wordslist.remove("")
    return wordslist
wordslist=splitwords("I have a dream.txt")
print(wordslist)
#wordtimesdic={}
#for word in wordslist:
#if word not in wordtimesdic:
wordtimesdic[word]=wordslist.count(word)
#print(wordtimesdic)
wordtimesdic={}
for word in wordslist:
    if word not in wordtimesdic:
        wordtimesdic[word]=1
    else:
        wordtimesdic[word]+=1
print(wordtimesdic)
wordtimeslist=list(wordtimesdic.items())
wordtimeslist.sort(key=lambda item:item[1],reverse=True)
for i in range(10):
    print("第{}名:{},出现了{}次.".format(i+1,wordtimeslist[i][0],
wordtimeslist[i][1]))
```

运行结果如图9-5所示。

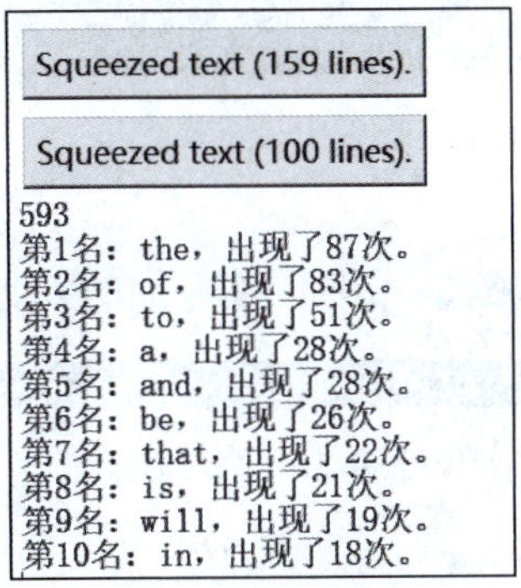

图9-5　运行结果

9.4 wordcloud库及其使用

worcloud库是一个优秀的词云展示第三方库。安装方法有两种方法。

第一种安装方法如下：

Wheel是Python的一种包格式，它是一种预编译的二进制包格式，将Python源码打包成一个轮子（Wheel），可以被其他用户直接安装，而无须重新编译。使用Wheel直接下载预编译好的二进制包进行安装，不需要再手动编译源代码。

（1）安装wheel。

```
pip3 install wheel
```

（2）安装wordcloud。

①查看对应whl版本，如图9-6所示。

```
pip3 debug --verbose
```

图9-6　查看对应whl版本

编者的版本如图9-7所示。

```
cp311-cp311-win_amd64
```

图9-7　编者的版本

②下载对应的wordcloud版本，如图9-8所示。

wordcloud-1.8.1-cp311-cp311-win_amd64.whl

图9-8　下载对应的wordcloud版本

③安装wordcloud，命令如图9-9所示。

pip install ‘对应的wordcloud下载路径’

```
pip3 install D:/wordcloud-1.8.1-cp311-cp311-win_amd64.whl
```

图9-9　安装worldcloud

④安装成功，如图9-10所示。

```
Installing collected packages: wordcloud
Successfully installed wordcloud-1.8.1
```

图9-10　安装成功

第二种安装方法如下：

pip3 install - i + ‘清华大学镜像源’，输入命令如图9-11所示。

```
pip3 install -i https://pypi.tuna.tsinghua.edu.cn/simple wordcloud
```

图9-11　输入命令

wordcloud库常用方法见表9-2。

表9-2　wordcloud库常用方法

方　法	含　义
w=wordcloud.WordCloud(width，height，min_font.size，max_font.size，font_step，font_path，max_words，stopwords，mask，background_color)	width指定词云对象生成图片的宽度，默认值400
	height指定词云对象生成图片的高度，默认值200
	min_font.size指定词云对象字体的最小值，默认值4号
	font_step指定词云对象字体间隔，默认值1

续表

方　法	含　义
w.generate(txt)	向WordCloud对象w中加载文本内容
w.to_file(filename)	将词云对象输出为图片格式，.png，.jpg

例9-5： 生成中文文本对应的词云内容。

```
import wordcloud
import jieba
txt='据中国载人航天工程办公室消息,' \
'北京时间2024年4月25日20时59分,' \
'搭载神舟十八号载人飞船的长征二号F遥十八运载火箭在酒泉卫星发射中心点火发射,' \
'约10分钟后,神舟十八号载人飞船与火箭成功分离,进入预定轨道.'\
'目前,航天员乘组状态良好,发射取得圆满成功.'
font=r'C:\windows\Fonts\msyh.ttc'
w=wordcloud.WordCloud(font_path=font)
w.generate(" ".join(jieba.lcut(txt)))
w.to_file("wordcloud.png")
```

在程序相同路径下会生成wordcloud.png图片，运行结果如图9-12所示。

图9-12　运行结果

例9-6： 生成给定内容对应的词云对象。

```
from os import path
from PIL import Image
import numpy as np
import matplotlib.pyplot as plt
import os
from wordcloud import WordCloud,STOPWORDS
d = path.dirname(__file__)if "__file__" in locals() else os.getcwd()

#读文件alice.txt
text = open(path.join(d,"alice.txt"),encoding="UTF-8").read()

#读词云对象图片
```

```
alice_mask = np.array(Image.open(path.join(d,"alice_mask.png")))
stopwords = set(STOPWORDS)
stopwords.add("said")
wc=WordCloud(background_color="white",max_words=2000,mask=alice_mask,
stopwords=stopwords,contour_width=3,contour_color="steelblue")

#generate word cloud
wc.generate(text)

#store to file
wc.to_file(path.join(d,"alice.png"))

#show
plt.imshow(wc,interpolation="bilinear")
plt.axis("off")
plt.figure()
plt.imshow(alice_mask,cmap=plt.cm.gray,interpolation="bilinear")
plt.axis("off")
plt.show()
```

运行结果如图9-13所示。

图9-13　运行结果

9.5 Python程序打包

本章主要介绍如何将Python程序打包成exe文件。exe文件英文名是executable file，即可执行文件，这里的可执行文件指的是扩展名为.exe的文件。Python程序的运行必须要有Python的环境，如果是给他人用，而他人又没有Python程序运行的环境，这时可以将Python程序打包为exe可执行文件。

步骤如下：

（1）安装Pyinstaller。

```
pip install Pyinstaller
```

（2）切换至需要打包的文件路径，如图9-14所示。

```
cd +'需要打包的文件路径'
```

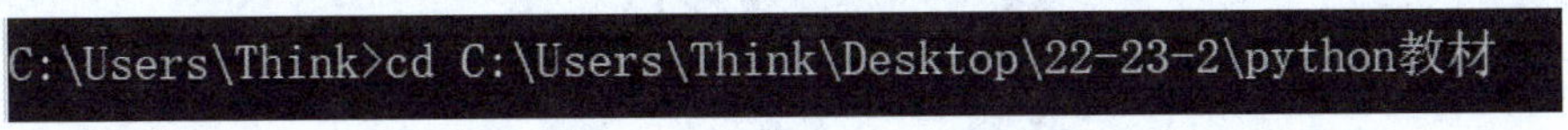

图9-14　打包的文件路径

（3）执行打包程序，如图9-15所示。

```
Pyinstaller -F -w文件名.py
```

图9-15　执行打包程序

打包成功结果如图9-16所示。

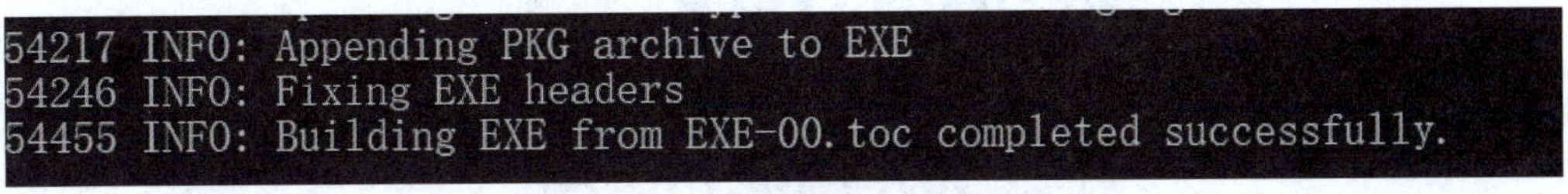

图9-16　打包成功结果

（4）切换至需要打包的文件路径下找到dist文件夹并打开，可以看到打包的exe可执行文件，如图9-17所示。

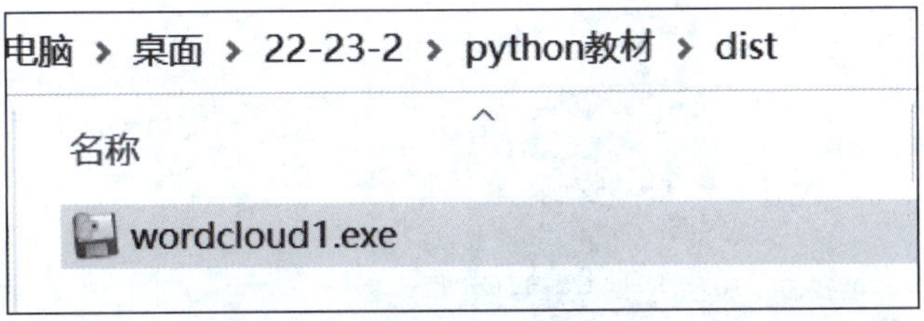

图9-17　打包的exe可执行文件

9.6 综合案例

例9-7：生成给定要求的词云对象。

思路：生成对象之前需要安装numpy，语句如下：

```
pip install numpy -i https://pypi.tuna.tsinghua.edu.cn/simple
```

然后编写程序：

```
import numpy as np
import matplotlib.pyplot as plt
from wordcloud import WordCloud
```

```
text="welcome to wordcloud"
x,y=np.ogrid[:300,:300]                    #创建0~300二维数组
mask=(x - 150)**2+(y - 150)**2>130**2
                                           #创建以150,150为圆心，半径为130的Mask
mask=255*mask.astype(int)                  #转化为int
wc=WordCloud(background_color="white",repeat=True,mask=mask)
wc.generate(text)
plt.axis("off")                            #关闭坐标轴
plt.imshow(wc,interpolation="bilinear")
plt.show()
```

运行结果如图9-18所示。

图9-18　运行结果

例9-8：生成自定义词云。

```
from PIL import Image
import numpy as np
import matplotlib.pyplot as plt

from wordcloud import WordCloud,STOPWORDS

#文本地址
text_path='test.txt'
#示例文本
scr_text='''The Zen of Python,by Tim Peters

Beautiful is better than ugly.
Explicit is better than implicit.
Simple is better than complex.
Complex is better than complicated.
Flat is better than nested.
Sparse is better than dense.
Readability counts.
Special cases aren't special enough to break the rules.
Although practicality beats purity.
Errors should never pass silently.
```

```
Unless explicitly silenced.
In the face of ambiguity,refuse the temptation to guess.
There should be one-- and preferably only one --obvious way to do it.
Although that way may not be obvious at first unless you're Dutch.
Now is better than never.
Although never is often better than *right* now.
If the implementation is hard to explain,it's a bad idea.
If the implementation is easy to explain,it may be a good idea.
Namespaces are one honking great idea -- let's do more of those!'''

#保存示例文本
with open(text_path,'w',encoding='utf-8')as f:
    f.write(scr_text)

#读取文本
with open(text_path,'r',encoding='utf-8')as f:
    #这里text是一个字符串
    text = f.read()

#想生成带特定形状的词云,首先得准备具备该形状的mask图片
#在mask图片中除了目标形状外,其他地方都是空白的
mask = np.array(Image.open("mask.png"))

#要跳过的词
stopwords=set(STOPWORDS)
#去除better
stopwords.add("better")

#contour_width绘制mask边框宽度,contour_color设置mask区域颜色
#如果mask边框绘制不准,设置contour_width=0表示不绘制边框
wc=WordCloud(background_color="white",max_words=2000,mask=mask,
        stopwords=stopwords,contour_width=2,contour_color='red',scale=2,
repeat=True)

#生成图片
wc.generate(text)

#存储文件
wc.to_file("result.png")

#展示词云结果
plt.imshow(wc,interpolation='bilinear')
plt.axis("off")
plt.figure()
#展示mask图片
plt.imshow(mask,cmap=plt.cm.gray,interpolation='bilinear')
plt.axis("off")
plt.show()
```

运行结果如图9-19所示。

图9-19　运行结果

例9-9：读取网络电影评论。

```
import pprint
import requests
import parsel
import csv

#csv模块保存数据到Excel
f=open('豆瓣电影数据.csv',mode='a',encoding='utf-8',newline='')
csv_writer=csv.DictWriter(f,fieldnames=['电影名字','参演人员','上映时间',
'拍摄国家','电影类型','电影评分','评价人数','电影概述'])
csv_writer.writeheader()                    #写入表头

#模拟浏览器发送请求
for page in range(0,251,25):
    url=f'https://movie.douban.com/top250?start={page}&filter='
    headers={'User-Agent':'Mozilla/5.0(Windows NT 10.0;WOW64)
AppleWebKit/537.36(KHTML,like Gecko)Chrome/81.0.4044.138 Safari/537.36' }
    response=requests.get(url=url,headers=headers)
    #把response.text文本数据转换成selector对象
    selector=parsel.Selector(response.text)
    #获取所有li标签
    lis=selector.css('.grid_view li')
          #遍历出每个li标签内容
    for li in lis:
          #获取电影标题hd类属性下面的a标签下面的第一个span标签里面的文本数据get()输
出形式是字符串获取一个getall()输出形式是列表获取所有
    title=li.css('.hd a span:nth-child(1)::text').get()
          #get()输出形式是字符串
    movie_list=li.css('.bd p:nth-child(1)::text').getall()
          #getall()输出形式是列表
    star=movie_list[0].strip().replace('\xa0\xa0\xa0','').replace('/...','')
    movie_info=movie_list[1].strip().split('\xa0/\xa0')
          #['1994','美国','犯罪剧情']
```

```
    movie_time=movie_info[0]                    #电影上映时间
    movie_country=movie_info[1]                 #哪个国家的电影
    movie_type=movie_info[2]                    #什么类型的电影
    rating_num=li.css('.rating_num::text').get()
                                                #电影评分
    people=li.css('.star span:nth-child(4)::text').get()#评价人数
    summary=li.css('.inq::text').get()          #一句话概述
    dit={
        '电影名字':title,
        '参演人员':star,
        '上映时间':movie_time,
        '拍摄国家':movie_country,
        '电影类型':movie_type,
        '电影评分':rating_num,
        '评价人数':people,
        '电影概述':summary,
    }
    pprint.pprint(dit)
    csv_writer.writerow(dit)
```

运行结果如图9-20所示。

```
 '拍摄国家': '美国',
 '电影名字': '楚门的世界',
 '电影概述': '如果再也不能见到你，祝你早安，午安，晚安。',
 '电影类型': '剧情 科幻',
 '电影评分': '9.4',
 '评价人数': '1676403人评价'}
{'上映时间': '2009',
 '参演人员': '导演: 莱塞·霍尔斯道姆 Lasse Hallström主演: 理查·基尔 Richard Ger
...',
 '拍摄国家': '美国 英国',
 '电影名字': '忠犬八公的故事',
 '电影概述': '永远都不能忘记你所爱的人。',
 '电影类型': '剧情',
 '电影评分': '9.4',
 '评价人数': '1384520人评价'}
{'上映时间': '1998',
 '参演人员': '导演: 朱塞佩·托纳多雷 Giuseppe Tornatore主演: 蒂姆·罗斯 Tim Roth
 / ...',
 '拍摄国家': '意大利',
 '电影名字': '海上钢琴师',
 '电影概述': '每个人都要走一条自己坚定了的路，就算是粉身碎骨。 ',
 '电影类型': '剧情 音乐',
 '电影评分': '9.3',
 '评价人数': '1658160人评价'}
{'上映时间': '1998',
 '参演人员': '导演: 朱塞佩·托纳多雷 Giuseppe Tornatore主演: 蒂姆·罗斯 Tim Roth
 / ...',
 '拍摄国家': '意大利',
 '电影名字': '海上钢琴师',
 '电影概述': '每个人都要走一条自己坚定了的路，就算是粉身碎骨。 ',
 '电影类型': '剧情 音乐',
 '电影评分': '9.3',
 '评价人数': '1658160人评价'}
{'上映时间': '2009',
 '参演人员': '导演: 拉库马·希拉尼 Rajkumar Hirani主演: 阿米尔·汗 Aamir Khan /
卡...',
 '拍摄国家': '印度',
 '电影名字': '三傻大闹宝莱坞',
 '电影概述': '英俊版憨豆，高情商版谢耳朵。',
 '电影类型': '剧情 喜剧 爱情 歌舞',
 '电影评分': '9.2',
 '评价人数': '1837908人评价'}
{'上映时间': '2004',
 '参演人员': '导演: 克里斯托夫·巴拉蒂 Christophe Barratier主演: 让-巴蒂斯特·莫
尼...',
```

图9-20 运行结果

小　结

本章节主要掌握Python第三方库函数，包括jieba库和wordcloud库。jieba库是优秀的第三方分词库，结合案例完成中英文词频分析。wordcloud库是优秀的第三方词云展示库，结合中英文的词云案例理解wordcloud库的方法的应用。最后通过综合案例展示了第三库的综合应用。

习题九

一、选择题

1. jieba.cut(sentence，cut_all=True)表示jieba库的（　　）模式。

A. 全模式　　B. 精确模式　　C. 搜索引擎模式　　D. 默认模式

2. Python中文分词第三方库是（　　）。

A. jieba　　B. wordcloud　　C. time　　D. os

3. Python词云展示第三方库是（　　）。

A. jieba　　B. wordcloud　　C. time　　D. os

4. 用于安装Python第三方库的工具是（　　）。

A. jieba　　B. yum　　C. loso　　D. pip

5. Python机器学习方向的第三方库是（　　）。

A. PIL　　B. PyQt5　　C. TensorFlow　　D. random

6. 关于jieba库的描述，以下选项中错误的是（　　）。

A. jieba. cut（s）是精确模式，返回一个可迭代的数据类型

B. jieba. lcut（s）是精确模式，返回列表类型

C. jieba. add_word（s）是向分词词典里增加新词s

D. jieba是Python中一个重要的标准函数库

7. 下面关于Python内置库、标准库和第三方库的描述，正确的是（　　）。

A. 第三方库需要单独安装才能使用

B. 内置库里的函数不需要import就可以调用

C. 第三方库有三种安装方式，最常用的是pip工具

D. 标准库跟第三方库发布方法不一样，是跟Python安装包一起发布的

8. 下面（　　）是使用PyInstaller库对Python源文件打包的基本使用方法。

A. pip –h

B. pip install <拟安装库名>

C. pip download <拟下载库名>

D. pyinstaller需要在命令行运行：>pyinstaller <Python源程序文件名>

9. 下面生成词云的Python第三方库的是（　　）。

A. Csvkit　　B. Pydub　　C. Moviepy　　D. wordcloud

10. 用Pyinstall工具把Python源文件打包成一个独立的可执行文件，使用的参数是（　　）。

A. -D　　B. -L　　C. -I　　D. –F

二、填空题

1. jieba. cut（s）是精确模式，返回一个________的数据类型。
2. jieba. lcut（s）是精确模式，返回________类型。
3. jieba. add_word（s）功能是________。
4. wordcloud库的功能是用于________。
5. Pyinstall的作用是________。
6. 使用pip工具查看当前已经安装的Python扩展库的完整命令是________。
7. Python安装扩展库常用的工具是________。
8. Python中将源程序打包陈可执行文件的完整命令是________。
9. 打包完成后，可执行文件将位于________文件夹中。
10. wordcloud. WordCloud()作用是________。

第10章 Python数据工程与可视化

在数据驱动的时代，Python已经成为数据工程和数据可视化的首选语言。数据的获取是数据应用的第一步，而爬虫，就是这样一种自动化获取万维网信息的工具。通过构建爬虫技术，将以前所未有的速度加深我们对世界的理解和洞察，Python提供了大量的爬虫的库，常见的有Requests、Beautiful Soup等。通过强大的库和框架，例如，Pandas、Numpy和Matplotlib等，Python为数据科学家和工程师提供了处理、分析和可视化大规模数据的能力。而数据可视化则侧重于通过图形和图像形式将数据分析结果呈现出来，使非专业人士也能理解复杂的数据模式和趋势。

本章思维导图

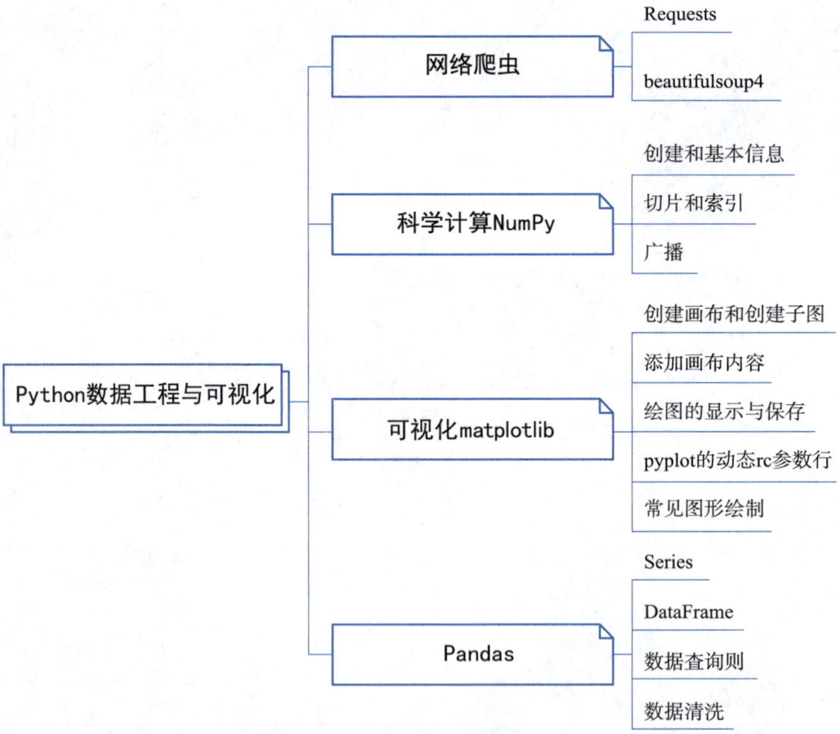

10.1 网络爬虫

网络爬虫是自动进行HTTP访问并捕获HTML页面的程序或脚本。Python语言提供了多个具备网络爬虫功能的第三方库，比如Requests、BeautifulSoup、Scrapy、PyQuery等。

10.1.1　Requests

Requests库是一个非常简洁且简单的处理HTTP请求的第三方库，其最大优点是程序编写过程接近URL访问过程。Requests库支持非常丰富的链接访问功能，包括国际域名和URL获取、HTTP长连接和连接缓存，HTTP会话和cookie保持，浏览器使用风格的SSL验证、基本的摘要认证、有效的键值对cookie记录、自动解压缩、自动内容解码、文件分块上传、HTTP（S）代理功能、连接超时处理和流数据下载等。

requests的安装命令如下：

```
pip install requests
```

requests库提供了7个函数，用来表示网页的HTTP请求，见表10-1。

表10-1　HTTP的7种请求

函　数	说　明
requests.request()	构造一个请求，支持以下各种方法的基础方法
requests.get()	获取HTML网页信息的主要方法
requests.head()	获取HTML网页头信息的方法
requests.post()	向HTML网页提交POST请求方法
requests.put()	向HTML网页提交PUT请求方法
requests.patch()	向HTML网页提交局部修改请求
requests.delete()	向HTML网页提交删除请求

Requests库支持使用带参URL，为了请求特定的数据，需要在URL查询字符串中加入某些特定数据，一般构建URL，数据会放在一个问号后面，并且以键值的形式放在URL中，例如，http://www.baidu.com/get?name=xiaoming&password=123。

Requests库支持定制请求头。HTTP标头（Header）允许客户端和服务器通过HTTP请求（request）或者响应（response）传递附加信息。一个HTTP标头由它的名称（不区分大小写）后跟随一个冒号，冒号后跟随它具体的值。Requests并不能根据定制的请求头Headers的具体情况而改变自己的行为，只是在请求的最后，将所有的请求头信息都传递进去。

Requests库支持重定向。通过各种方法将各种网络请求重新定个方向转到其他位置（如网页重定向、域名的重定向、路由选择的变化也是对数据报文经由路径的一种重定向）。在Requests中，重定向只需要设置allow_redirects参数，设置为True为允许重定向，设置False为禁止重定向，默认为True。

Requests库支持请求超时。有时网络爬虫会遇到服务器长时间不返回请求，这时爬虫程序就会一直等待，导致爬虫程序不能顺利执行。在Requests中有一个timeout参数设定爬虫请求时间，当等待时间超过设定timeout参数，爬虫会自动结束请求。timeout参数默认为0，即没有超时。

Requests在完成请求后，会返回一个Response对象，该对象包含多种信息见表10-2。

表10-2 Response对象返回信息

属　性	说　明
apparent_encoding	服务器内容使用的文本编码
content	返回响应的内容，以字节为单位
headers	返回响应头，字典格式
json	requests中内置的Json解码器
reason	响应状态的描述，如"Not Found"或"OK"
status_code	返回HTTP的状态码
text	返回服务器的内容，会自动根据相应头部的字符编码进行解码
url	相应的URL

使用Requests库中GET请求访问百度官网。

```
>>> import requests
>>> user_agent="Mozilla/5.0(Windows NT 10.0;Win64;x64)
AppleWebKit/537.36/(KHTML,like Gecko)Chrome/109.0.0.0 Safari/537.36"
>>> headers={'User-Agent':user_agent}
>>> res=requests.get('http://www.baidu.com/',headers=headers,timeout=2)
>>> res.apparent_encoding                         #服务器编码
'utf-8'
>>> res.reason                                    #响应状态
'OK'
>>> res.status_code                               #HTTP状态码
200
>>> res.url                                       #URL
'https://www.baidu.com/'
```

10.1.2　beautifulsoup4

beautifulsoup4库，也称为Beautiful Soup库或bs4库，用于解析和处理HTML和XML。它的最大优点是能根据HTML和XML语法建立解析树，进而高效解析其中的内容。

HTML建立的Web页面一般非常复杂，除了有用的内容信息外，还包括大量用于页面格式的元素，直接解析一个Web网页需要深入了解HTML语法，而且比较复杂。beautifulsoup4库将专业的Web页面格式解析部分封装成函数，提供了若干有用且便捷的处理函数。

beautifulsoup4库采用面向对象思想实现，简单地说，它把每个页面当作一个对象，通过<a>.<b>的方式调用对象的属性（即包含的内容），或者通过<a>.<b>()的方式调用方法。

在使用beautifulsoup4库之前，需要进行引用，由于这个库的名字非常特殊且采用面向对象方式组织，可以用from-import方式从库中直接引用BeautifulSoup类，方法如下：

```
from bs4 import BeautifulSoup
```

BeautifulSoup支持的HTML解析器有四种：Python标准库、lxml HTML解析器、lxml XML解析器和html5lib解析器，常用的是lxml HTML解析器。

beautifulSoup4库中最主要的是BeautifulSoup类，每个实例化的对象相当于一个页面，导入BeautifulSoup类后，使用BeautifulSoup()方法创建一个BeautifulSoup对象。

自建一个HTML示例文件books.html文件，通过对books.html文件的过滤操作，演示beautifulSoup4库解析HTML文件。

books.html文件：

```
<!DOCTYPE html>
<html lang="en">
    <head>
        <meta charset="gbk">
            <title>教材汇总</title>
        <meta name="description" content="教材汇总"/>
    </head>
    <body>
        <a href="book1_url" id="book1">高等数学</a></br>
        <a href="book2_url" id="book2">实用大学英语教程综合训练1</a></br>
        <a href="book3_url" id="book3">C语言程序设计</a>
    </body>
</html>
```

（1）beautifulSoup4库中最主要的是BeautifulSoup类，每个实例化的对象相当于一个页面，导入BeautifulSoup类后，使用BeautifulSoup()创建一个BeautifulSoup对象。

```
>>> from bs4 import BeautifulSoup
>>> html_doc='D:\python\ch10\books.html'
>>> soup=BeautifulSoup(open(html_doc),'lxml')
>>> type(soup)#打印soup类型
<class 'bs4.BeautifulSoup'>
```

第一行代码表示导入BeautifulSoup库，第二行代码表示定义字符串变量表示文件的名称。第三行代码表示采用BeautifulSoup读取文件，并返回一个BeautifulSoup对象。第四行打印BeautifulSoup对象的类型。

（2）创建的BeautifulSoup对象是一个树形结构，它包含HTML页面中的每一个Tag（标签）元素，如<head>、<body>、<title>等。HTML中的结构转化为BeautifulSoup对象的一个属性，可以采用<a>.<b>形式获取，其中<b>的名字采用HTML中标签的名字。BeautifulSoup对象常用的属性见表10-3。

表10-3　BeautifulSoup对象常用的属性

属　性	描　述
head	HTML页面中的<head>内容
title	HTML页面中的<title>内容，一般在<head>内部
body	HTML页面中的<body>内容
p	HTML页面中第一个<p>内容
strings	HTML页面所有呈现在Web上的字符串（标签内容）
stripped_strings	HTML页面所有呈现在Web上的非空格字符串

下面演示获取books.html文件中的head、title、body中内容，代码如下：

```
#打印head中内容
```

```
>>> soup.head
<head>
<meta charset="utf-8"/>
<title>教材汇总</title>
<meta content="教材汇总" name="description"/>
</head>
#打印title中内容
>>> soup.title
<title>教材汇总</title>
    #打印body中内容
>>> soup.body
<body>
<a href="book1_url" id="book1">高等数学</a>
<a href="book2_url" id="book2">实用大学英语教程综合训练1</a>
<a href="book3_url" id="book3">C语言程序设计</a>
</body>
```

（3）每一个Tag标签在beautifulSoup4库中也是一个对象，称为Tag对象。每一个标签对象在HTML中都有类似的结构：

```
<a href="book1_url" id="book1">高等数学</a>
```

其中，尖括号（< >）中的标签的名字是name，尖括号内其他项是attrs，尖括号之间的内容是string。因此，通过Tag对象的name、attrs和string属性来获取相应的内容。

标签对象有4个常用的属性，见表10-4。

表10-4　标签对象4个常用属性

属　性	描　述
name	字符串类型，标签的名字，如a、div
attrs	字典类型，包含Tag下所有的属性，如href
string	字符串类型，Tag所包含的文本内容，显示到Web的内容
contents	列表类型，Tag下所有子Tag的内容

```
>>> soup.a
<a href="book1_url" id="book1">高等数学</a>
>>> soup.a.name
a
>>> soup.a.attrs
{'href':'book1_url','id':'book1'}
>>> soup.a.string
高等数学
>>> soup.a.contents
['高等数学']
```

（4）当需要列出标签对应的所有内容或者需要找到非第一个标签时，需要使用BeautifulSoup的find()和find_all()方法。这两个方法会遍历HTML文档，根据条件返回内容。

find_all()方法会根据参数返回对应的所有标签，返回类型为列表：

```
BeautifulSoup.find_all( name,attrs,recursive,string,limit)
```

参数解释：

①name：按照标签名称检索。

②attrs：按照标签的属性值检索。

③recursive：设置检索层次，只查找当前标签下一层时，设置recursive=False。

④string：按照关键字检索string属性内容。

⑤limit：返回结果的个数，默认返回全部内容。

```
>>> soup.find_all("a")          #查找所有<a>标签
[<a href="book1_url" id="book1">高等数学</a>,<a href="book2_url" id=
"book2">实用大学英语教程综合训练1</a>,<a href="book3_url" id="book3">C语言程序
设计</a>]
#查找所有<a>标签,并且超链接为book1_url
>>> soup.find_all("a",attrs={"href":"book1_url"})
[<a href="book1_url" id="book1">高等数学</a>]
import re #导入re模块
#查找所有包含"语"的标签
>>> soup.find_all(string=re.compile("语"))
['实用大学英语教程综合训练1','C语言程序设计']
```

正则表达式（regular expression）是一种强大的文本模式匹配工具，用于在字符串中查找、替换和验证特定的模式。Python中的re模块提供了正则表达式的支持。例如，通过re.compile()函数注册一个正则表达式“语”，则所有包含该表达式的字符串都与它匹配。

find()方法根据参数返回对应的第一个结果，其余功能和find_all()类似，因此，本文只给出find()函数的使用形式：

```
BeautifulSoup.find(name,attrs,recursive,string)
```

10.2 科学计算

Numpy（numerical python）是Python中用于科学计算的一个开源库。它提供了高效的多维数组对象以及用于处理这些数组的各种工具。Numpy是许多其他Python科学计算库的基础，包括科学计算、数据分析和机器学习等领域常用的Pandas和Scikit-learn。

Numpy的主要功能之一是它的ndarray（n-dimensional array）对象，它是一个多维数组，支持高效的数组操作和运算。与Python内置的列表（list）相比，Numpy的数组提供了更高的性能和更灵活的操作方式。

除了ndarray对象外，Numpy还提供了一些常用的数学函数，如线性代数运算、傅里叶变换、随机数生成等。它还具有广播（broadcasting）功能，使得不同形状的数组可以进行按元素的运算，极大地简化了数据处理的代码编写。

使用Numpy，我们可以更方便地进行向量化计算，大大提高了计算效率。同时，Numpy还与许多科学计算相关的库紧密结合，为用户提供了丰富的科学计算工具和函数。无论是处理大规模数据、进行复杂的数值计算，还是进行数据分析和建模，Numpy都是Python中不可或缺的工具之一。

安装numpy，命令为

```
pip install numpy
```

引用Numpy方式为

```
import numpy as np
```

10.2.1 数组的创建

1. array() 方法

创建一个ndarray数组，可以调用numpy中的array()方法。

```
np.array(object,dtype = None,order = None)
```

object表示数组或嵌套的数列；dtype表示数组元素的数据类型，可选；order表示创建数组的样式，C为行方向，F为列方向，A为任意方向（默认）。

创建一个一维数组。

```
>>> import numpy as np
>>> arr=np.array([1,2,3])
>>> a
[1 2 3]
```

创建一个二维数组。

```
>>> import numpy as np
>>> arr=np.array([[1,2,3],[4,5,6]])
>>> arr
[[1 2 3]
 [4 5 6]]
```

2. empty() 方法

empty()方法用来创建一个指定形状（shape）、数据类型（dtype）且未初始化的数组（每次运行程序可能会产生不一样的数据）。

```
>>> np.empty(shape,dtype=int,order='C')
```

shape表示数组形状；dtype表示数组元素的数据类型，可选；order表示在计算机内存中的存储元素的顺序，有“C”和“F”两个选项，分别代表行优先和列优先。

```
>>> import numpy as np
>>> arr=np.empty([3,2],dtype=int)
>>> arr
[[1382733280     570]
 [1382874480     570]
 [1381966664     570]]
```

多次运行程序可能会产生不一样的结果。

3. zeros() 方法

zeros()方法创建指定大小的数组，数组元素以0来填充。

```
np.zeros(shape,dtype=float,order='C')
```

shape表示数组的形状；dtype表示数组元素的数据类型。

```
>>> import numpy as np
>>> arr=np.zeros([3,2],dtype=int)#创建一个3行2列的0数组
>>> arr
[[0 0]
 [0 0]
 [0 0]]
```

4. ones() 方法

创建指定形状的数组，数组元素以1来填充。

```
np.ones(shape,dtype=None,order='C')
```

shape表示数组的形状；dtype表示数组元素的数据类型。

```
>>> import numpy as np
>>> arr=np.ones([3,2],dtype=int)
>>> arr
[[1 1]
 [1 1]
 [1 1]]
```

5. arange() 方法

在指定数值范围内创建数组。

```
np.arange(start,stop,step,dtype=None)
```

start：开始位置，默认起始值为0；stop：停止位置，不包括该位置的值；step：步长，默认步长为1，如果指定了step，则还必须给出start。dtype：输出数组的类型。

```
>>> import numpy as np
>>> arr=np.arange(1,5,2)
>>> arr
array([1,3])
```

6. linspace() 方法

linspace()方法用于在线性空间中以均匀步长（等差数列）生成数字序列。

```
np.linspace(start,stop,num=50,endpoint=True,retstep=False,dtype=None)
```

start表示序列的起始值；stop表示序列的终止值，如果endpoint为True，则该值包含在序列中；num表示样本数量，默认为50；endpoint表示stop终止值是否包含在该序列中，True表示stop值包含在序列中，False表示不包含在序列中，默认为True；retstep表示显示间距，True表示生成的数组中会显示间距，False表示生成的数组中不会显示间距。

```
>>> import numpy as np
>>> arr=np.linspace(start=1,stop=10,num=10,endpoint=True,retstep=False,
dtype=float)
>>> arr
array([ 1.,  2.,  3.,  4.,  5.,  6.,  7.,  8.,  9.,10.])
>>> arr2=np.linspace(start=1,stop=10,num=5,endpoint=False,retstep=True,
dtype=float)
>>> arr2
(array([1.,2.8,4.6,6.4,8.2]),1.8)
```

在上例中，arr是采用linspace()函数在[0-10]之间生成10个浮点数，arr2是采用linspace()函数在[0-10）之间生成5个浮点数并显示间距。

7. logspace() 方法

logspace()方法用于创建一个于等比数列。

```
numpy.logspace(start,stop,num=50,endpoint=True,base=10.0,dtype=None)
```

start表示序列的起始值；stop表示序列的终止值，如果endpoint为True，则该值包含在序列中；num表示样本数量，默认为50；endpoint表示stop终止值是否包含在该序列中，True表示stop值包含在序列中，False表示不包含在序列中，默认为True；base表示对数log的底数。

```
>>> import numpy as np
>>> arr=np.logspace(start=0,stop=9,num=10,base=2)
>>> arr
```

运行结果：

```
[  1.   2.   4.   8.  16.  32.  64. 128. 256. 512.]
```

10.2.2 数组的属性

数组属性反映了数组本身固有的信息，常见的数组属性见表10-5。

表10-5 常见的数组属性

属　性	说　明
ndarray.ndim	秩，即轴的数量或维度的数量
ndarray.shape	数组的维度，对于矩阵，*n*行*m*列
ndarray.size	数组元素的总个数，相当于.shape中n*m的值
ndarray.dtype	ndarray对象的元素类型
ndarray.itemsize	ndarray对象中每个元素的大小，以字节为单位
ndarray.flags	ndarray对象的内存信息
ndarray.real	ndarray元素的实部
ndarray.imag	ndarray元素的虚部
ndarray.data	包含实际数组元素的缓冲区，由于一般通过数组的索引获取元素，所以通常不需要使用这个属性

1. ndarray. ndim

用于返回数组的维度，即秩。

```
>>> import numpy as np
>>> arr=np.arange(9)              #使用arange()生成一个0-8的一维数组
>>> arr                           #打印数组
[0 1 2 3 4 5 6 7 8]
>>> arr.ndim                      #打印数组的秩
1
>>> arr_2=np.arange(9).reshape(3,3)
                                  #使用reshape()函数将一维数组转化为二维数组
>>> arr_2
```

```
[[0 1 2]
 [3 4 5]
 [6 7 8]]
>>> arr_2.ndim
2
```

2. ndarray. shape

数组的维度，返回一个元组，(n,m)表示*n*行和*m*列，也可以调整数组的大小。

```
>>> import numpy as np
>>> arr=np.arange(6).reshape(2,3)    #使用reshape()函数生成一个2*3的数组
>>> arr
[[0 1 2]
 [3 4 5]]
>>> arr.shape
(2,3)
#调整数组的大小
>>> arr.shape=(3,2)                  #通过shape属性调整数组的大小
>>> arr                              #打印调整后的数组
[[0 1]
 [2 3]
 [4 5]]
>>> arr.shape                        #打印调整后数组的形状
(3,2)
```

3. ndarray. reshape

调整数组的大小。

```
>>> import numpy as np
>>> arr=np.arange(6).reshape(2,3)         #生成一个2*3的数组
>>> arr                                   #打印数组
[[0 1 2]
 [3 4 5]]
>>> arr_2=arr.reshape(3,2)                #将数组形状由2*3调整为3*2
>>> arr_2                                 #打印调整后的数组
[[0 1]
 [2 3]
 [4 5]]
```

4. ndarray. itemsize

以字节的形式返回数组中每一个元素的大小。

例如，一个元素的类型为float64，则它的itemsize属性为8，float64占用64个bits，每个字节长度为8，即占用8个字节。

```
>>> import numpy as np
>>> arr=np.arange(6,dtype=np.int8).reshape(2,3)
>>> arr.itemsize
int8:1
>>> arr2=np.arange(6,dtype=np.float64).reshape(2,3)
>>> arr2.itemsize
```

```
float64:8
```

10.2.3 切片和索引

ndarray对象的内容可以通过索引或切片来访问和修改，与Python中list的切片操作类似。

1. 一维数组索引

可以采用冒号分割切片参数进行切片操作。

```
[start:stop:step]
```

如果只放置一个start参数，如[2]，将返回与该索引相对应的单个元素。

```
>>> import numpy as np
>>> arr=np.arange(10)
>>> arr
array([0,1,2,3,4,5,6,7,8,9])
>>> arr[2]
2
```

如果为[2:]，表示从该索引开始以后的所有项都将被提取，英文冒号（:）表示获取所有元素。

```
>>> arr[2:]
[2,3,4,5,6,7,8,9]
```

如果使用了start和stop两个参数，如[2：5]，则提取两个索引（不包括停止索引）之间的项。

```
>>> arr[2:5]
[2 3 4]
```

如果使用了三个参数，如[2：8：2]，则提取步长为2的两个索引（不包括停止索引）之间的项。

```
>>> arr[2:8:2]
[2 4 6]
```

numpy数组索引与Python中List索引相似，既有正向索引也有负数索引。

下面将演示负数索引。设置步长为-1翻转数组，设置负数下表选取元素0~4。

```
>>> import numpy as np
>>> arr=np.arange(10)
>>> arr
array([0,1,2,3,4,5,6,7,8,9])
>>> arr[::-1]    #设置步长为-1，翻转数组
array([9,8,7,6,5,4,3,2,1,0])
>>> arr[-10:-5]
array([0,1,2,3,4])
```

2. 多维数组索引

ndarray支持在多维数组上的切片操作。

下例演示创建一个多维数组，可以采用arange()方法并用reshape()方法改变它的维度，使

之变为一个三维数组。

```
>>> import numpy as np
>>> arr=np.arange(24).reshape(2,3,4)
>>> arr
[[[ 0  1  2  3]
  [ 4  5  6  7]
  [ 8  9 10 11]]

 [[12 13 14 15]
  [16 17 18 19]
  [20 21 22 23]]]
```

从程序运行的结果来看，该三维的数组可以看作2个3 × 4的二维数组。我们可以形象地将一个三维数组理解为一个电子表格中工作表（sheet）、行和列的关系，下面均采用电子表格来讲解三维数组。

获取指定元素，第一张工作表中，第二行、第三列元素。

```
>>> arr[0,1,2]
11
```

英文冒号（:）代替缺少值表示获取所有元素。获取第一张sheet中所有元素，在进行索引时可以将第一个下标可以设置为0，第二和三个下标可以用英文冒号（:）来代替。

```
>>> arr[0,:,:]
[[ 0  1  2  3]
 [ 4  5  6  7]
 [ 8  9 10 11]]
```

多个冒号可以用一个省略号（…）来代替，下例第二和第三个下标可以用一个省略号来表示。

```
>>> arr[0,...]
[[ 0  1  2  3]
 [ 4  5  6  7]
 [ 8  9 10 11]]
```

在获取第一个sheet工作表中数据后，如果还想进一步获取行和列中的数据，可以直接在获取的二维数组中进行切片索引，也可以在原始的三维数组切片中间隔地选取元素。

```
>>> arr_2 = arr[0,...]
[[ 0  1  2  3]
 [ 4  5  6  7]
 [ 8  9 10 11]]
>>> arr_2[1,1]
5
>>> arr[0,1,::2]
[4 6]
```

多维数组支持负数切片索引，下例获取第一个sheet中所有元素。

```
>>> arr[-2,...]
[[ 0  1  2  3]
 [ 4  5  6  7]
```

```
 [ 8  9 10 11]]
```

获取所有sheet中的最后一个元素。

```
>>> arr[:,-1,-1]
[11 23]
```

10.2.4 数组的变换

Numpy中包含了一些数组变换的方法，可分为数组重塑、数组合并、数组分割。

1. reshape() 方法

对于定义好的数组，可以通过reshape()方法改变其数据的维度。

```
np.reshape(a,newshape)
```

a表示为待处理的数组，newshape表示为新维度，整数或整数元组。

```
>>> import numpy as np
>>> arr=np.arange(9)
>>> arr
[0 1 2 3 4 5 6 7 8]
>>> arr_re=arr.reshape(3,3)
>>> arr_re
[[0 1 2]
 [3 4 5]
 [6 7 8]]
```

2. hstack() 方法

实现数组的横向合并。

```
>>> import numpy as np
>>> arr1=np.arange(6).reshape(3,2)
>>> arr1
[[0,1],
[2,3],
 [4,5]]
>>> arr2=arr1*2
>>> arr2
[[ 0,  2],
 [ 4,  6],
 [ 8,10]]
>>> arr3=np.hstack((arr1,arr2))
>>> arr3
[[ 0  1  0  2]
 [ 2  3  4  6]
 [ 4  5  8 10]]
```

3. vstack() 方法

实现数组的纵向合并。

```
>>> import numpy as np
>>> arr1=np.arange(6).reshape(3,2)
```

```
>>> arr2=arr1*2
>>> arr2
>>> arr4=np.vstack((arr1,arr2))
>>> arr4
```

运行结果：

```
[[ 0  1]
 [ 2  3]
 [ 4  5]
 [ 0  2]
 [ 4  6]
 [ 8 10]]
```

4. concatenate() 方法

可以实现数组的横向或纵向合并，参数axis=1时进行横向合并，axis=0时进行纵向合并（默认）。

```
>>> import numpy as np
>>> arr1=np.arange(6).reshape(3,2)
>>> arr2=arr1*2
>>> np.concatenate((arr1,arr2),axis=1)                    #实现数组的横向合并
[[ 0  1  0  2]
 [ 2  3  4  6]
 [ 4  5  8 10]]
>>> np.concatenate((arr1,arr2),axis=0)                    #实现数组的纵向合并
[[ 0  1]
 [ 2  3]
 [ 4  5]
 [ 0  2]
 [ 4  6]
 [ 8 10]]
```

5. hsplit() 方法

实现数组的横向分割。

```
>>>> import numpy as np
>>> arr=np.arange(16).reshape(4,4)
>>> arr
array([[ 0,  1,  2,  3],
       [ 4,  5,  6,  7],
       [ 8,  9,10,11],
       [12,13,14,15]])
>>> np.hsplit(arr,2)
[array([[ 0,  1],
       [ 4,  5],
       [ 8,  9],
       [12,13]]),
array([[ 2,  3],
       [ 6,  7],
       [10,11],
       [14,15]])]
```

6. vsplit() 方法

实现数组的纵向分割。

```
>>>> import numpy as np
>>> arr=np.arange(16).reshape(4,4)
>>> np.vsplit(arr,2)
[array([[0,1,2,3],
        [4,5,6,7]]),
array([[ 8,  9,10,11],
        [12,13,14,15]])]
```

7. split() 方法

指定方向的分割。当参数axis = 0时实现数组的水平分割（默认），当axis =1时则进行垂直分割。

```
>>> import numpy as np
>>> arr=np.arange(16).reshape(4,4)
>>> np.split(arr,2)                                    #水平分割
[array([[0,1,2,3],
    [4,5,6,7]]),array([[ 8,  9,10,11],
    [12,13,14,15]])]
>>> np.split(arr,2,axis=1)                             #垂直分割
[array([[ 0,  1],
    [ 4,  5],
    [ 8,  9],
    [12,13]]),array([[ 2,  3],
    [ 6,  7],
    [10,11],
    [14,15]])]
```

10.2.5　广播

Numpy广播是指在算术运算期间处理不同形状的数组的能力。

在Numpy中当数组进行运算时，如果两个数组的形状相同，那么两个数组相乘就是两个数组的对应位相乘，这要求各维度的长度相同，但是当运算中两个数组的形状不同时，Numpy将会自动触发广播机制，所以要了解Numpy的广播机制，才能更好地进行数组的运算。

Numpy广播规则：

（1）让所有输入数组都向其中shape最长的数组看齐，shape中不足的部分都通过在左边加1补齐。

（2）如果两个数组的形状在任何一个维度上都不匹配，那么数组的形状会沿着维度为1的维度进行扩展，以匹配另一个数组的形状。

（3）输出数组的shape是输入数组shape的各个轴上的最大值。

（4）如果两个数组的形状在任何一个维度上都不匹配，并且没有任何一个维度等于1，则引发异常。

在Numpy广播机制中，对于一维数组，要实现一个一维数组与一个标量作操作，那么需要将标量拉伸为与一维数组相匹配的形状，再进行加法，拉伸位置的值都为该标量的值，如

图10-1（a）所示，要实现一维数组np.arange(3)与一个标量2相加，需要将标量2拉伸到与一维数组相同的形状，再进行相加。

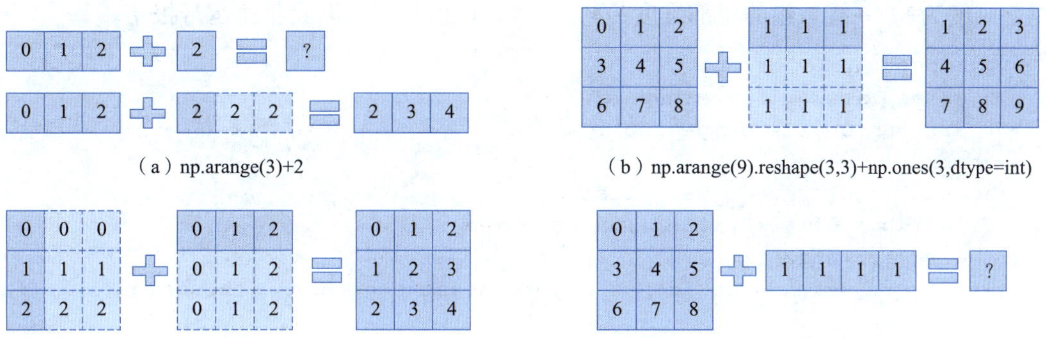

（a）np.arange(3)+2

（b）np.arange(9).reshape(3,3)+np.ones(3,dtype=int)

（c）np.arange(3).reshape(3,1)+np.arange(3)

（d）np.arange(3).reshape(3,1)+np.ones(4,dtype=int)

图10-1　演示Numpy广播

```
>>> import numpy as np
>>> arr=np.arange(3)
>>> arr
[0 1 2]
>>> arr+=2
>>> arr
[2 3 4]
```

在二维数组中，要实现一个二维数组与一个一维数组的和，需要将一维数组拉伸到与二维数组相同的形状，拉伸的值与原一维数组相同，如图10-1(b)所示，要实现一个3 × 3的二维数组(np.arange(9).reshape(3，3))与一个1 × 3的一维数组(np.ones(3，dtype=int))的和，需要将一维数组拉伸到二维数组相同的形状，拉伸位置的值与一维数组对应相同。

```
>>> import numpy as np
>>> arr=np.arange(9).reshape(3,3)
>>> arr2=np.ones(3,dtype=int)
>>> arr3=arr+arr2
>>> arr3
[[1 2 3]
 [4 5 6]
 [7 8 9]]
```

实现一个3 × 1一维数组(np.arange(3).reshape(3，1))与1 × 3一维数组(np.arange(3))的和，需要将3 × 1的数组拉伸为3 × 3的形状，同时将1 × 3的数组也拉伸为3 × 3的形状，拉伸位置的值为对应，如图10-1（c）所示。

```
>>> import numpy as np
>>> arr=np.arange(3).reshape(3,1)
>>> arr2=np.arange(3)
>>> arr3=arr+arr2
>>> arr3
[[0 1 2]
 [1 2 3]
 [2 3 4]]
```

对于图10-1（d）的求和，3×3的二维数组和1×4的一维数组求和，结果会是什么呢？运行下列程序为什么会报错呢？这是因为两个数组的尾部维度不匹配。如图10-2所示，二维数组的尾部维度为3，一维数组的尾部维度为4，不满足广播规则，因此程序运行报错。

```
>>> import numpy as np
>>> arr=np.arange(9).reshape(3,3)
>>> arr2=np.ones(4,dtype=int)
>>> arr3=arr+arr2
Traceback(most recent call last):
  File "<pyshell#3>",line 1,in <module>
    arr3=arr+arr2
ValueError:operands could not be broadcast together with shapes(3,3)(4,)
```

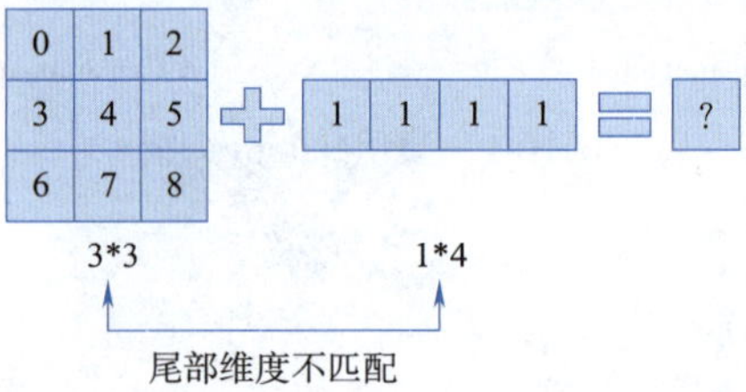

图10-2　尾部维度不匹配示意

10.3 可视化

matplotlib是一个优秀的Python数据可视化库，用于创建各种静态、动态、交互式和嵌入式图表。它广泛用于数据科学、统计学、金融、工程和其他领域。matplotlib提供了广泛的图表类型，例如，线图、散点图、饼图、条形图、直方图、热力图和等高线图等。它还具有强大的自定义功能，可以让用户轻松控制图表的各个方面，例如，标签、注释、颜色、字体和图例等。matplotlib还可以与其他Python工具和库集成。例如，它可以与Numpy、Pandas、SciPy和Seaborn等库结合使用，以更高效地处理和可视化数据。

安装matplotlib，命令为

```
pip install matplotlib
```

10.3.1 创建画布和创建子图

创建一个空白画布，可以指定画布大小，像素等参数。

```
plt.figure(num,figsize=None,dpi=None,facecolor=None,edgecolor=None,
frameon=True)
```

num：图像编号或名称，数字为编号，字符串为名称。figsize：指定figure的宽和高，单位为英寸。dpi：指定绘图对象的分辨率。facecolor：背景颜色。edgecolor：边框颜色。frameon：是否显示边框。

```
>>> import matplotlib.pyplot as plt
>>> plt.figure(figsize=(8,6))
>>> plt.show()
```

运行结果如图10-3所示。

图10-3　运行结果

创建并选中子图，可以指定子图的行数、列数、选中图片编号。

```
figure.subplot(nrows,ncols,plot_number)
```

nrows：子图的行数，ncols：子图的列数，plot_number：子图的编号。

多个对其的行和列子图是一种常见的需求，matplotlib提供了subplot()函数在网格中创建单个子图，该函数中，nrows表示行数，ncols表示列数，plot_number为索引位置，下列在全局绘图区域中创建2×3个子绘图区域。

```
>>> import matplotlib.pyplot as plt
>>> for i in range(1,7)
plt.subplot(2,3,i)
>>> plt.show()                          #显示图形
```

运行结果如图10-4所示。

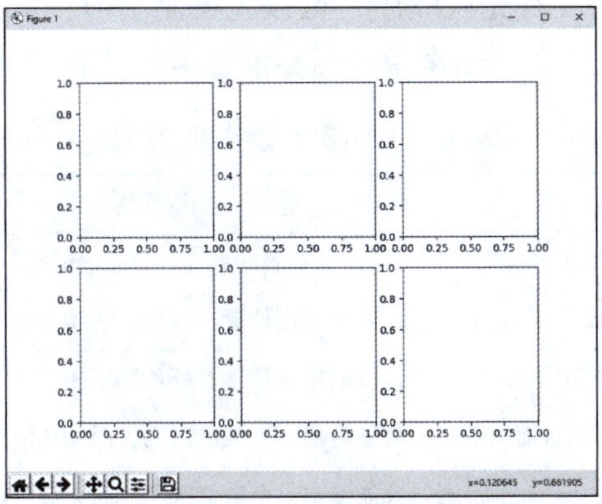

图10-4　运行结果

除了绘制对其的子图外，matplotlib还提供了axes()函数自定义绘制子图的功能，通过指定参数来控制绘图区域的位置、大小和比例等。

```
plt.axes(rect)
```

rect：包含四个浮点数的列表或元组，表示坐标轴的位置和尺寸。通常采用（left、bottom、width、height）的形式，表示相对于绘图区域的左下角的位置和宽度、高度。

```
>>> import matplotlib.pyplot as plt
>>> plt.figure(figsize=(12,6))
#react1、react2、react3表示子图的位置
>>> react1=[0.1,0.55,0.65,0.35]  #[左,下,宽,高]规定子图的区域
>>> react2=[0.1,0.1,0.65,0.35]
>>> react3=[0.8,0.1,0.15,0.8]
>>> plt.axes(react1)
>>> plt.axes(react2)
>>> plt.axes(react3)
>>> plt.show()
```

运行结果如图10-5所示。

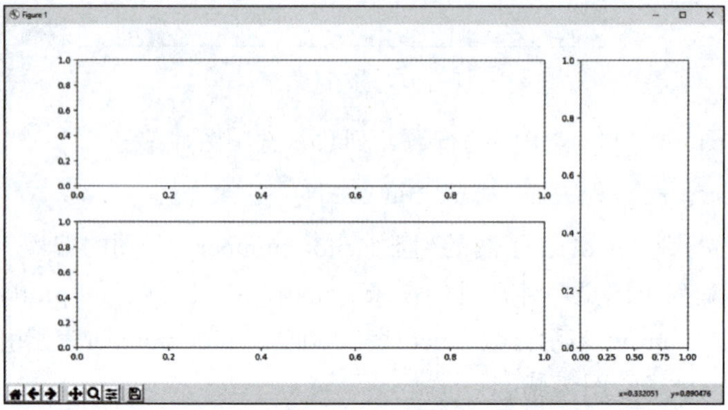

图10-5　运行结果

10.3.2　添加画布内容

在创建一个空白画布后，如何绘制图的绘图的主体部分呢。其中添加标题、坐标轴名称、绘制图形等步骤是并列的，没有先后顺序，可以先绘制图形，也可以先添加各类标签。但是添加图例一定要在绘制图形之后。plt常用的标签设置函数见表10-6。

表10-6　plt库的标签设置函数

函数名称	函数作用
plt.title	在当前图形中添加标题，可以指定标题的名称、位置、颜色、字体大小等参数
plt.xlabel	在当前图形中添加x轴名称，可以指定位置、颜色、字体大小等参数
plt.ylabel	在当前图形中添加y轴名称，可以指定位置、颜色、字体大小等参数
plt.xlim	指定当前图形x轴的范围，只能确定一个数值区间，而无法使用字符串标识
plt.ylim	指定当前图形y轴的范围，只能确定一个数值区间，而无法使用字符串标识
plt.xticks	指定x轴刻度的数目与取值
plt.yticks	指定y轴刻度的数目与取值
plt.legend	指定当前图形的图例，可以指定图例的大小、位置、标签

```
import numpy as np
import matplotlib.pyplot as plt
plt.rcParams['font.sans-serif']=['SimHei']         #正常显示中文标签
```

```
plt.figure(figsize=(8,6))                    #创建画布
data=np.arange(0,1,0.01)                     #使用Numpy创建数据
plt.title('函数示例')#设置标题
plt.xlabel('X轴')                            #设置X轴名称
plt.ylabel('Y轴')                            #设置Y轴名称
plt.xlim(0,1)                                #指定当前图形x轴的范围
plt.ylim(0,1)                                #指定当前图形y轴的范围
plt.xticks([0,0.2,0.4,0.6,0.8,1])            #X轴刻度的数目与取值
plt.yticks([0,0.2,0.4,0.6,0.8,1])            #Y轴刻度的数目与取值
plt.plot(data,data**2,'-')
plt.plot(data,data**3,':')
plt.legend(['y=x^2','y=x^3'])                #设置当前图形的图例
plt.show()
```

运行结果如图10-6所示。

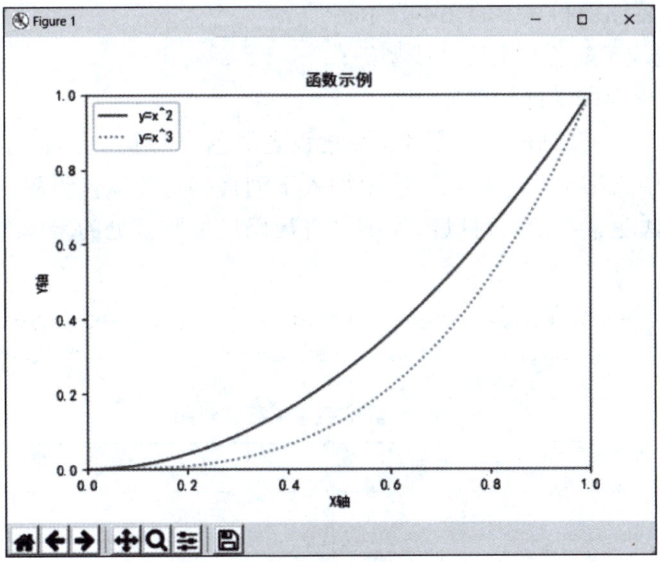

图10-6 运行结果

10.3.3 绘图的显示与保存

在本机上显示绘图，可以调用matplotlib的show()函数。

```
plt.show()
```

保存绘图通常采用savefig()函数，该函数功能如下：

```
fig.savefig(save_path,format='png',dpi=300)
```

- save_path：保存路径。
- format：文件格式为png、pdf、svg、ps等。
- dpi：设置每英寸点数的分辨率，默认为100。

10.3.4 pyplot 的动态 rc 参数

pyplot使用rc配置文件来自定义图形的各种默认属性，被称为rc配置或rc参数。

在pyplot中几乎所有的默认属性都是可以控制的，例如，视图窗口大小以及每英寸点数、线条宽度、颜色和样式、坐标轴、坐标和网格属性、文本、字体等。

两种方式可以设置参数，即全局参数定制和rc设置方法。

查看matplotlib的rc参数：

```
>>> import matplotlib as plt
>>> plt.rc_params()
```

常用参数：

- Axes：设置坐标轴边界、颜色、坐标、刻度值大小和网格的显示；
- Figure：设置边界颜色、图形大小和子区；
- Font：设置字号、字体和样式；
- Grid：设置网格颜色和线型；
- Legend：设置图例和其中的文本显示；
- Lines：设置线条颜色、宽度、线型等；
- Savefig：对保存图像进行单独设置；
- xtick和ytick：X、Y轴的主刻度和次刻度设置颜色、大小、方向和标签大小。

为了正确显示中文字符，一般在程序中加入下列代码更改默认设置。显示中文后，会出现数字前的负号无法正常显示，可以添加第二行代码。一些常见的字体名称和对应的英文名称见表10-7。

```
plt.rcParams['font.sans-serif']=['SimHei']          #正常显示中文标签
plt.rcParams['axes.unicode_minus']=False            #正常显示负号
```

表10-7　常见字体中英文对照

字体名称	字体英文表示	字体名称	字体英文表示
宋体	SimSun	仿宋	FangSong
黑体	SimHei	幼圆	YouYuan
楷体	KaiTi	华文宋体	STSong
隶书	LiSu	华文黑体	STHeiti

线条的常用rc参数名称、解释和取值见表10-8。

表10-8　rc参数、解释和取值

rc参数名称	解释	取值
lines.linewidth	线条宽度	取0~10之间的数值，默认为1.5
lines.linestyle	线条样式	可取“-”“--”“-.”“：”四种。默认为“-”
lines.marker	线条上点的形状	可取“o”“D”“h”“.”“,”“S”等20种，默认为None
lines.markersize	点的大小	取0~10之间的数值，默认为1

常用的线条类型解释见表10-9。

表10-9　常用的线条类型解释

linestyle取值	说明	linestyle取值	说明
-	实线	-.	点线
--	长虚线	:	短虚线

常用的8种颜色的缩写见表10-10。

表10-10　常用8种颜色的缩写

颜色缩写	代表的颜色	颜色缩写	代表的颜色
b	蓝色	m	品红
g	绿色	y	黄色
r	红色	k	黑色
c	青色	w	白色

10.3.5　常见图形绘制

1. 折线图

折线图（line chart）是一种将数据点按照顺序连接起来的图形。可以看作是将散点图，按照x轴坐标顺序连接起来的图形。

```
plt.plot(*args,**kwargs)
```

plot()函数在官方文档的语法中只要求填入不定长参数，实际可以填入的主要参数见表10-11。

表10-11　plot()函数的主要参数

参数名称	说　明
x，y	接收array。表示x轴和y轴对应的数据。无默认
color	接收特定string。指定线条的颜色。默认为None
linestyle	接收特定string。指定线条类型。默认为“-”
marker	接收特定string。表示绘制的点的类型。默认为None
alpha	接收0~1的小数。表示点的透明度。默认为None

```
import matplotlib as plt
t=np.arange(0.,5.,0.2)
plt.plot(t,t,'r',t,t**2,'bs',t,t**3,'g^')
plt.show()
```

运行结果如图10-7所示。

2. 散点图

散点图（scatter diagram）又称为散点分布图，是以一个特征为横坐标，另一个特征为纵坐标，利用坐标点（散点）的分布形态反映特征间的统计关系的一种图形。

值是由点在图表中的位置表示，类别是由图表中的不同标记表示，通常用于比较跨类别的数据。

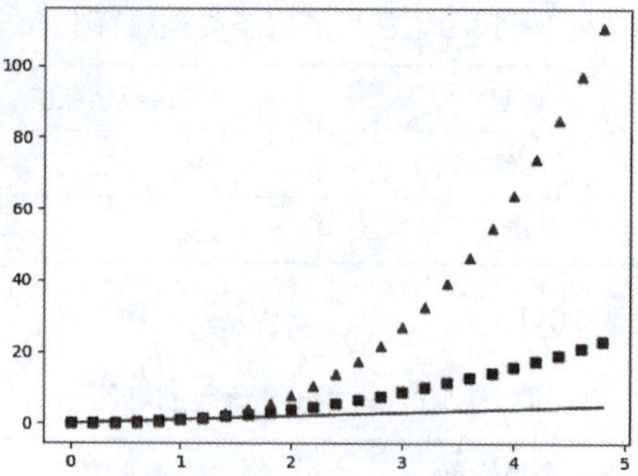

图10-7　运行结果

```
matplotlib.pyplot.scatter(x,y,s=None,c=None,marker=None,alpha=None)
```

参数解析：

- x，y：数组或者标量，表示散点的x和y坐标。
- s：标量或数组，可选。表示点的大小。
- c：颜色、序列、或者数组。可选。表示点的颜色。
- marker：标量或字符串，可选。表示点的形状。
- alpha：标量，可选。表示点的透明度。

```
import numpy as np
import matplotlib.pyplot as plt
fig,ax=plt.subplots()
#plt.title('散点图示例')
for mar in ['.','o','D']:
    n=100
    x,y=np.random.randn(2,n)
    ax.scatter(x,y,label=mar,marker=mar)
    ax.legend()
    ax.grid(True)
plt.show()
```

运行结果如图10-8所示。

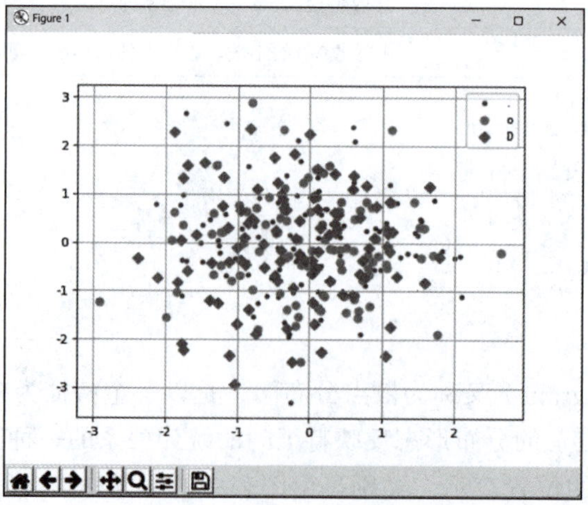

图10-8　运行结果

3. 直方图

直方图（histogram）又称质量分布图，是统计报告图的一种，由一系列高度不等的纵向条纹或线段表示数据分布的情况，一般用横轴表示数据所属类别，纵轴表示数量或者占比。

用直方图可以比较直观地看出产品质量特性的分布状态，便于判断其总体质量分布情况。直方图可以发现分布表无法发现的数据模式、样本的频率分布和总体的分布。

```
matplotlib.pyplot.hist(x,bins=None,range=None,density=False)
```

参数说明：

- x：要绘制直方图的数据。
- bins：可选参数，指定直方图的区间个数或边界。如果不提供此参数，默认为10个区间。
- range：可选参数，指定直方图的数据范围。如果不提供此参数，默认为数据的最小值和最大值。
- density：可选参数，指定是否将直方图的值归一化为概率密度（即将计数除以总数以得到占比），默认为False。

```
import matplotlib.pyplot as plt
import random
#生成12个月的随机销售数据
#假定每月销售额在10000到50000之间
sales_data=[random.randint(10000, 50000) for _ in range(12)]
months=range(1, 13)                                        #生成1到12的月份
#绘制销售数据的直方图
plt.figure(figsize=(8, 6))                                 #设置图形大小
plt.hist(sales_data, bins=6, color='skyblue', edgecolor='black')
plt.rcParams['font.sans-serif']=['SimHei']                 #正常显示中文标签
plt.title('公司销售数据—销售额分布图',fontsize=16)         #图表标题
plt.tick_params(labelsize=16)                              #修改x、y轴刻度字体大小
plt.xlabel('销售额',fontsize=16)                           #X轴标签
plt.ylabel('频率',fontsize=16)                             #Y轴标签
plt.show()
```

运行结果如图10-9所示。

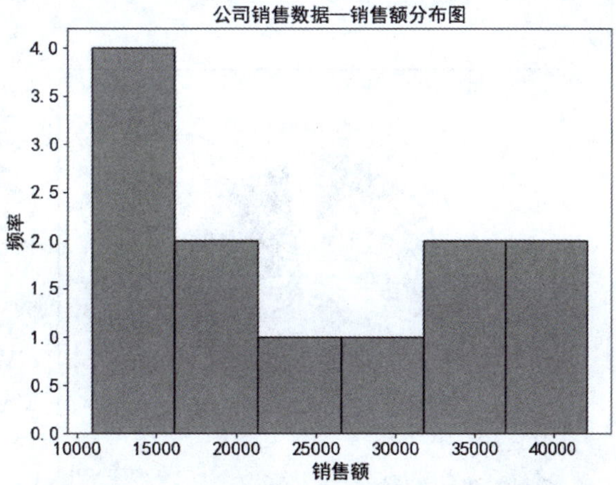

图10-9　运行结果

4. 饼图

饼图（pie graph）是将各项的大小与各项总和的比例显示在一张“饼”中，以“饼”的大小来确定每一项的占比。

饼图可以比较清楚地反映出部分与部分、部分与整体之间的比例关系，易于显示每组数据相对于总数的大小，而且显现方式直观。

```
matplotlib.pyplot.pie(x,explode=None,labels=None,colors=None,autopct=
None,shadow=False,startangle=None)
```

参数说明：

- x：饼图的数据，可以是一个数组或者列表；其中，数组的每个元素代表一个扇形的大小，数组的总和决定了饼图的总大小。
- explode：可选参数，用于指定哪些扇形将会被“爆破”（分离出来）。默认值为None，表示不分离任何扇形。
- labels：可选参数，用于为每个扇形添加标签，默认值为None。
- colors：可选参数，用于指定饼图的颜色，默认值为None，表示使用默认的matplotlib颜色循环。
- autopct：可选参数，用于为每个扇形添加百分比标签，默认值为None，表示不显示百分比标签。
- shadow：可选参数，用于为饼图添加阴影效果，默认值为False，表示不显示阴影。
- startangle：可选参数，用于指定饼图的起始角度，默认值为None，表示以x轴正方向为起始角度。

```
import matplotlib.pyplot as plt
plt.rcParams['font.sans-serif']=['FangSong']#正常显示中文标签
seasons=['春季','夏季','秋季','冬季']                #定义季节
sales=[3000,4500,2000,3500]                         #定义每个季节的销售额
explode=(0.05,0.2,0.05,0.05)                        #控制分离的距离的，突出销售额最大的
plt.pie(sales,labels=seasons,explode=explode,autopct='%1.1f%%')#绘制饼图
plt.title('四季销售额比例')                          #添加标题
plt.show()                                          #显示图形
```

运行结果如图10-10所示。

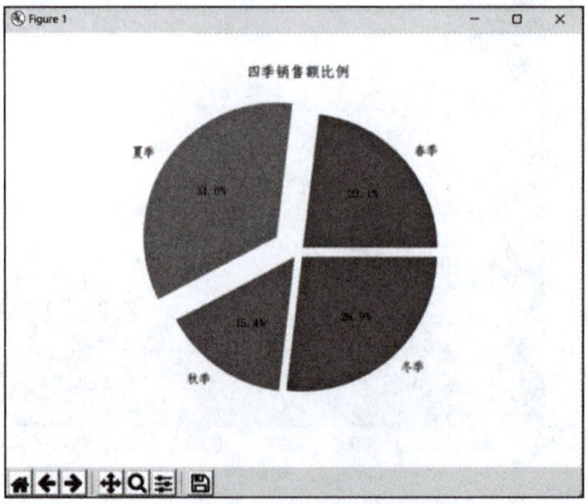

图10-10 运行结果

10.4 Pandas

Pandas（python data analysis library）是基于Numpy的数据分析模块，它提供了大量标准数据模型和高效操作大型数据集所需的工具。可以说Pandas是使得Python能够成为高效且强大的数据分析环境的重要因素之一。

Pandas的主要数据结构是Series（一维数据）与DataFrame（二维数据），这两种数据结构足以处理金融、统计、社会科学、工程等领域里的大多数典型用例。

安装Pandas，命令为

```
pip install pandas
```

引用Pandas方式为

```
import pandas as pd
```

10.4.1 Series

Series是一种一维数组对象，包含了一个值序列，并且包含了数据标签，称为索引（index），可通过索引来访问数组中的数据。

通过指定索引和值来创建Series，下例中的索引与默认索引一致。

```
import pandas as pd
a=list(range(5))
b=['a','b','c','d','e']
c=pd.Series(b,index=a,name='c')
print(c)
```

运行结果：

```
0    a
1    b
2    c
3    d
4    e
Name:c,dtype:object
```

10.4.2 DataFrame

DataFrame是一个表格型的数据结构，它含有一组有序的列，每列可以是不同的值类型（数值、字符串、布尔值等）。

DataFrame既有行索引也有列索引，它可以被看作由Series组成的字典（共用同一个索引）。

创建DataFrame，格式如下：

```
pd.DataFrame(data,index,columns,dtype,copy)
```

- data：一组数据（ndarray、series，map，lists，dict等类型）；
- index：索引值，或者可以称为行标签；
- columns：列标签，默认为RangeIndex（0，1，2，…，n）；

- dtype：数据类型。
- copy：拷贝数据，默认为False。

下面将演示使用Pandas创建的内容，见表10-12。

表10-12　学生成绩表

	姓名	语文	数学	外语	体育
0001	张三	97	93	96	100
0002	李四	94	97	94	97
0003	王五	96	94	99	92
0004	小明	91	97	93	99

```
>>> import pandas as pd
>>> columns=['姓名','语文','数学','外语','体育']
>>> index=['0001','0002','0003','0004']
>>> data=[['张三',97,93,96,100],
    ['李四',94,97,94,97],
    ['王五',96,94,99,92],
    ['小明',91,97,93,99]]
>>> df=pd.DataFrame(data,index=index,columns=columns)
>>> pd.set_option('display.unicode.east_asian_width',True)#设置列名对齐
>>> df
        姓名    语文    数学    外语    体育
0001    张三     97      93      96      100
0002    李四     94      97      94      97
0003    王五     96      94      99      92
0004    小明     91      97      93      99
```

DataFrame会自动加上索引（跟Series一样），且全部列会被有序排列。如果指定了列序列，则DataFrame的列就会按照指定顺序进行排列。

DataFrame的基础属性有index、columns、values、size、ndim、shape和dtypes，其解释见表10-13。

表10-13　DataFrame属性及解释

属性	说明	属性	说明	属性	说明	属性	说明
index	索引	columns	列名	values	值	size	value个数
ndim	维度	shape	形状	dtypes	类型		

下面将演示输出DataFrame的基础属性。

```
>>> df.index
Index(['0001','0002','0003','0004'],dtype='object')
>>> df.columns
Index(['姓名','语文','数学','外语','体育'],dtype='object')
>>> df.values
[['张三' 97 93 96 100]
 ['李四' 94 97 94 97]
 ['王五' 96 94 99 92]
 ['小明' 91 97 93 99]]
```

```
>>> df.size
20
>>> df.ndim
2
>>> df.shape
(4,5)
>>> df.dtypes
姓名    object
语文    int64
数学    int64
外语    int64
体育    int64
dtype:object
```

10.4.3 数据查询

通过列索引或以属性的方式可以单独获取DataFrame的列数据，返回的数据类型为Series。

```
>>> df['姓名']
0001     张三
0002     李四
0003     王五
0004     小明
Name:姓名,dtype:object
```

通过切片形式可以选取一行或多行数据。查询成绩表中李四和王五的所有成绩：

```
>>> df[1:3]
       姓名    语文    数学    外语    体育
0002   李四    94      97      94      97
0003   王五    96      94      99      92
```

通过DataFrame提供的head()和tail()方法可以得到多行数据，head()方法从开始获取连续的数据，tail()方法从末尾获取连续的数据。sample可以随机抽取数据并显示。它们的使用方法如下：

```
head(n)                          #获取前n行，默认获取前5行
tail(n)                          #获取最后n行，默认获取最后5行
sample(n)                        #随机抽取n行显示
sample(frac=0.6)                 #随机抽取60%的行
```

loc和iloc:

```
DataFrame.loc(行索引名称或条件,列索引名称)
```

loc属性根据指定参数的索引或者索引条件进行索引，返回指定索引的数据。返回指定行的数据，类型为Series，返回多行数据，类型为DataFrame。

```
DataFrame.iloc(行索引位置,列索引位置)
```

iloc属性根据指定参数的位置进行索引，返回指定行和列的索引数据。

下面例子分别演示了根据指定索引“0001”输出第一行数据、输出第一行和第二行数据，筛选语文成绩大于95的学生姓名，使用iloc属性，输出王五同学的体育成绩。

```
>>> df.loc['0001']
姓名    张三
```

```
语文     97
数学     93
外语     96
体育     100
Name:0001,dtype:object
>>> df.loc['0001':'0002']
      姓名    语文   数学   外语   体育
0001  张三    97     93     96     100
0002  李四    94     97     94     97
>>> df.loc[df['语文']>95,['姓名']]
      姓名
0001  张三
0003  王五
>>> df.iloc[2,4]
92
```

DataFrame.query方法查询数据：

```
>>> df.query('外语>95')#外语成绩大于95
      姓名    语文   数学   外语   体育
0001  张三    97     93     96     100
0003  王五    96     94     99     92
#外语成绩大于95并且体育成绩小于95
>>> df.query('外语>95 and体育<95')
      姓名    语文   数学   外语   体育
0003  王五    96     94     99     92
```

10.4.4 数据清洗

在采集过数据程中，获取的数据一般是不完整的、有噪声的、形状不一致的，因此，在使用数据之前需要对数据进行清洗。

1. 缺失值统计

isnull()函数可以检测数据中的缺失值，如果值缺失返回True，否则返回False。也可以和sum()函数配合使用，统计每列的缺失值数量。

```
>>> df = pd.DataFrame(np.arange(12).reshape(3,4),columns=['a','b','c','d'])
#将第二行和第二列置空
>>> df['b']=np.nan
>>> df.iloc[1,:]=np.nan
>>> df
a  b    c    d
0  0.0  NaN  2.0  3.0
1  NaN  NaN  NaN  NaN
2  8.0  NaN  10.0  11.0
>>> df.isnull()
   a      b     c     d
0  False  True  False  False
1  True   True  True   True
2  False  True  False  False
>>> df.isnull().sum()
```

```
a     1
b     3
c     1
d     1
dtype:int64
```

2. 缺失值处理

在处理缺失值时常用两种方法：删除缺失值和填充缺失值。

（1）删除缺失值。

通过dropna方法可以删除具有缺失值的行。格式如下：

```
dropna(axis=0,how='any',thresh=None,subset=None,  inplace=False)
```

参数解释：

- axis：默认为0，当某行出现缺失值时，将删除该行并返回，当axis=1，当某列出现缺失值时，将删除该列并返回。
- how：表示删除形式。any表示只要有缺失值存在就执行删除操作，all表示当且仅当全部为缺失值时执行删除操作。默认为any。
- thresh：阈值设定，当行或列中非空值的数量少于给定的值就将该行丢弃。
- subset：表示进行去重的行或列，如subset['a','b']表示丢弃子列a、b中含有缺失值的行。
- inplace：是否对原数据处理。默认为False，表示不对原数据处理，当inplace=True时对原数据处理，无返回值。

创建一个包含缺失值的DataFrame。

```
>>> df=pd.DataFrame([[0,np.nan,1,2],[3,np.nan,np.nan,4],
                     [5,np.nan,6,7],[8,np.nan,9,10]],
                     columns=['a','b','c','d'])
>>> df
   a  b    c    d
0  0  NaN  1.0  2
1  3  NaN  NaN  4
2  5  NaN  6.0  7
3  8  NaN  9.0  10
```

使用dropna()函数删除缺失值，使用axis参数指定行和列，由于上例中的b列都为缺失值，按照行删除缺失值时，会删除所有数据。

```
>>> df.dropna(axis=0)                    #axis默认为0
Empty DataFrame
>>> df.dropna(axis=1)
Columns:[a,b,c,d]
Index:[]
   a  d
0  0  2
1  3  4
2  5  7
3  8  10
```

使用how参数指定删除方式。

```
>>> df.dropna(how='any',axis=1)#默认为any
a  d
0  0  2
1  3  4
2  5  7
3  8  10
>>> df.dropna(how='all',axis=1)
a    c      d
0  0  1.0    2
1  3  NaN    4
2  5  6.0    7
3  8  9.0    10
```

指定阈值删除缺失值。

```
>>> df.dropna(thresh=2,axis=1)
  a  c     d
0  0  1.0  2
1  3  NaN  4
2  5  6.0  7
3  8  9.0  10
```

（2）填充缺失值。

当缺失值类型为数值型时，通常用其均值、中位数和众数等描述其集中趋势的统计量来填充；当缺失值类型为类别型数据时，则选择众数来填充。

Pandas库中提供了缺失值替换的方法fillna，格式如下：

```
DataFrame.fillna(value=None,method=None,axis=None,inplace=False,limit=None)
```

参数解释：

- value：用于填充缺失值的标量值或者字典对象；
- method：插值方式，bfill：向前填充，ffill向后填充；
- axis：待填充的轴，默认axis=0；
- inplace：修改调用者对象而不产生副本；
- limit：可以连续填充的最大数量。

下面将演示4种填充方式：

①指定值进行填充。

```
>>> df.fillna(100)
  a    b      c      d
0  0  100.0    1.0   2
1  3  100.0  100.0   4
2  5  100.0    6.0   7
3  8  100.0    9.0  10
```

②使用字典填充缺失值，b列缺失值填充200，c列缺失值填充300。

```
>>> df.fillna({'b':200,'c':300})
  a    b      c      d
0  0  200.0    1.0   2
1  3  200.0  300.0   4
```

```
2  5  200.0     6.0   7
3  8  200.0     9.0  10
```

③使用均值进行填充。

```
>>> df['c']=df['c'].fillna(df['c'].mean())
>>> df
   a  b     c          d
0  0 NaN  1.000000   2
1  3 NaN  5.333333   4
2  5 NaN  6.000000   7
3  8 NaN  9.000000  10
```

④指定method方法进行填充。

```
>>> df.fillna(method='ffill')
   a  b     c     d
0  0 NaN  1.0    2
1  3 NaN  1.0    4
2  5 NaN  6.0    7
3  8 NaN  9.0   10
```

10.5 综合案例

例10-1：百度翻译。

打开谷歌浏览器，输入百度翻译网站：https://fanyi.baidu.com/sug，进入百度翻译后，右击选择“检查”命令，打开控制台，输入一个单词“computer”，发现在右侧翻译框中显示“计算机”，这是一个Ajax请求，从控制台可以得到这个Ajax请求的详细信息。

通过控制台抓包发现我们输入的“computer”单词，发送了一个Ajax请求，在请求头的“General”中，我们发现请求方式为“POST”，在“Response Headers”中返回数据为JSON格式。读者可以自行打开控制台“Payload”和“Response”查看输入的关键词和返回数据格式，如图10-11所示。

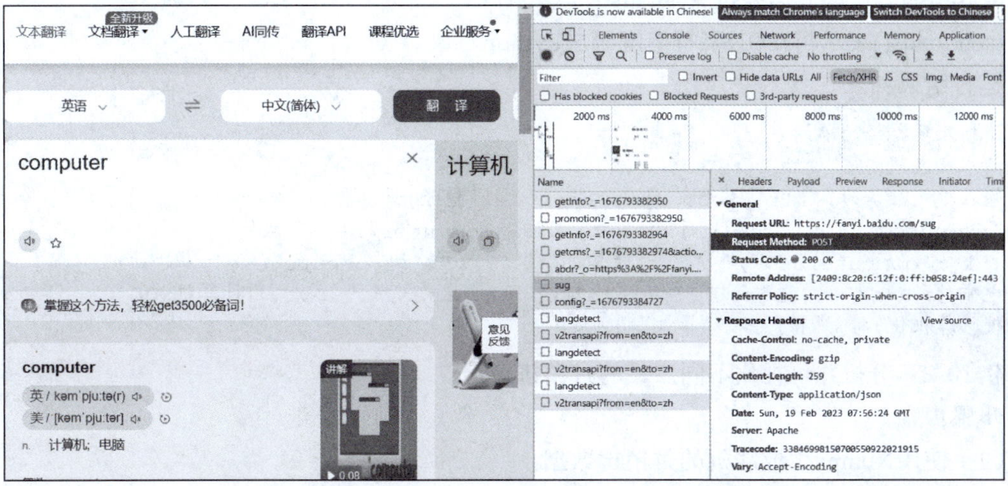

图10-11　查看输入的关键词和返回数据格式

编写代码：

```
import json
import requests

def get_Translation(key):
    kw={'kw':key}
    link="https://fanyi.baidu.com/sug"
    headers={'User-Agent':'Mozilla/5.0(Windows NT 10.0;Win64;x64)'
              'AppleWebKit/537.36(KHTML,like Gecko)Chrome/110.0.0.0
Safari/537.36'}
    res=requests.post(link,data=kw,headers = headers)
    print('请求状态码:',res.reason)
    res.raise_for_status()
    res.encoding=res.apparent_encoding
    content_json=res.json()
    content=json.dumps(content_json,ensure_ascii=False)
    result=json.loads(content)
    return result

key=input('请输入要翻译的单词:')
tra=get_Translation(key)
print('输入单词翻译为:',tra['data'])
```

在上述程序中，res.raise_for_status()表示如果发生错误，方法返回一个HTTPError对象。

res.apparent_encoding表示从网页的内容中分析网页编码的方式，encoding是从http中的header中的charset字段中提取的编码方式，若header中没有charset字段则默认为ISO-8859-1编码模式，则无法解析中文，可能产生乱码，所以apparent_encoding比encoding更加准确，当网页出现乱码时可以把apparent_encoding的编码格式赋值给encoding。

res.json()表示返回结果的JSON对象（结果需要以JSON格式编写的，否则会引发错误）。程序中返回的是字典（dict）格式。

json.dumps（content_json，ensure_ascii=False）表示将Python对象编码成Json字符串，默认转成ascii编码，因此需要设置成False。

json.loads()表示将JSON字符串解码成Python对象。

运行结果：

```
请输入要翻译的单词:computer
请求状态码:OK
输入单词翻译为:[{'k':'computer','v':'n.(电子)计算机,电脑'},{'k':
'computers','v':'n.(电子)计算机,电脑( computer的名词复数)'},
{'k':'computeracy','v':'n.计算机知识'},{'k':'computerese','v':'n.
电脑行话(或术语),电脑语言'},{'k':'computerise','v':'vt.用计算机做,
使计算机化;将(资料)存入计算机'}]
```

例10-2：分析并可视化不同产品的月销售情况。

步骤：

（1）使用Numpy生成随机的月销售数据。

（2）使用pandas进行数据处理和分析。

（3）使用matplotlib绘制月销售柱状图和累积销售线图。

```
import numpy as np
import pandas as pd
import matplotlib.pyplot as plt

#1.使用Numpy生成随机数据
np.random.seed(42)                                    #为了结果的可复现性
months=['Jan','Feb','Mar','Apr','May','Jun','Jul','Aug','Sep','Oct',
'Nov','Dec']
products=['A','B','C','D']
sales_data=np.random.randint(50,500,size=(12,4))
                                                      #生成12个月,4种产品的销售数据

#2.使用pandas进行数据处理
df=pd.DataFrame(sales_data,columns=products,index=months)
df['Total']=df.sum(axis=1)                            #总销售额
df_cum=df.cumsum()                                    #累积销售额

#3.使用matplotlib进行可视化
plt.figure(figsize=(15,6))

#月销售柱状图
plt.subplot(1,2,1)
df.drop('Total',axis=1).plot(kind='bar',ax=plt.gca())
plt.title('Monthly Sales')
plt.ylabel('Sales')
plt.xlabel('Month')

#累积销售线图
plt.subplot(1,2,2)
df_cum['Total'].plot(ax=plt.gca())
plt.title('Cumulative Sales')
plt.ylabel('Total Sales')
plt.xlabel('Month')
plt.tight_layout()
#显示图片
plt.show()
```

运行结果如图10-12所示。

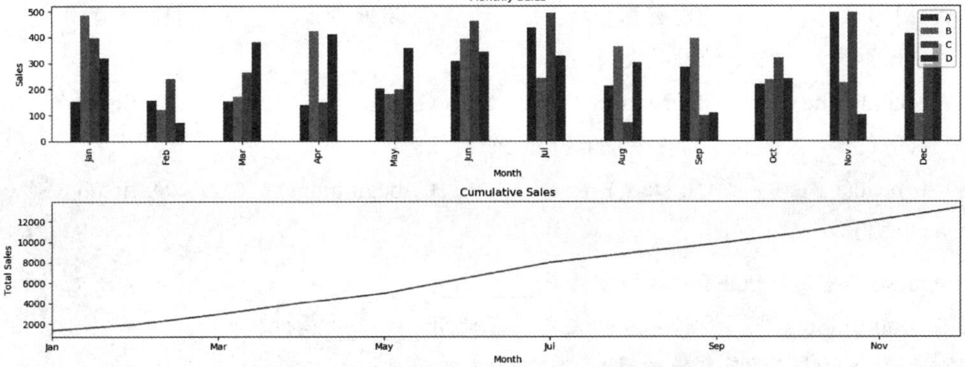

图10-12　运行结果

小　结

本章主要介绍了Python的数据工程和可视化相关内容，介绍了爬虫的原理，结合requests和beautifulsoup4两个库的使用，讲述了处理HTTP以及如何解析HTML网页。还介绍了科学计算常用的numpy库、数据可视化库matplotlib和数据分析Pandas库，通过实际案例介绍了它们的创建和使用。

习题十

一、选择题

1. 下面（　　）Python库是用于爬虫的。

A. Pandas　　B. NumPy　　C. BeautifulSoup　　D. TensorFlow

2. requests库中（　　）方法用于发起GET请求。

A. get()　　B. post()　　C. send()　　D. fetch()

3. 在BeautifulSoup中，（　　）方法用于查找所有的指定标签。

A. find()　　B. search()

C. findAll()或find_all()　　D. get()

4. 一个典型的User-Agent字符串可能包含的信息是（　　）。

A. 用户密码　　B. 使用的浏览器和版本

C. 用户的IP地址　　D. 用户的电子邮件地址

5. 用（　　）函数可以创建一个从5到15的numpy数组。

A. numpy. range（5，15）　　B. numpy. linspace（5，15）

C. numpy. array（5，15）　　D. numpy. arange（5，15）

6. 在numpy中，以下（　　）函数可以用来取得数组的形状。

A. size()　　B. type()　　C. shape()　　D. dimension()

7. 在numpy中，可以将一个一维数组变形为2×5的二维数组的是（　　）。

A. reshape（2，5）　　B. shape（2，5）　　C. resize（2，5）　　D. transform（2，5）

8. pandas是用于（　　）的Python库。

A. 图形设计　　B. 数据分析　　C. 游戏开发　　D. 网页开发

9. 在pandas中，一维数组结构是（　　）。

A. DataFrame　　B. Matrix　　C. List　　D. Series

10. 使用（　　）函数可以查看DataFrame的前五行。

A. head()　　B. start()　　C. beginning()　　D. first()

二、填空题

1. requests库中发送POST请求的方法是________。
2. 在BeautifulSoup中，提取标签的文本内容使用________属性。
3. 爬虫的一个常见的反爬策略是检查HTTP头部的________字段。

4. 在BeautifulSoup中，如果要查找第一个满足条件的标签，应使用________方法。
5. 如果我们想在一个matplotlib图上加标题，我们可以使用________函数。
6. 在matplotlib中，________函数可以用来设置x轴的标签。
7. 用Numpy求解一个数组的平均值，使用________函数。
8. 使用df. groupby（‘A’）. sum()，按照列________对数据进行分组。
9. 为了查看DataFrame的尺寸，可以使用________属性。
10. 在处理缺失数据时，可以使用________方法来填充缺失的值。

三、编程题

1. 请利用Python网络爬虫中的requests和bs4模块，爬取中国气象预报（http：//www. weather. com. cn/textFC/gat. shtml），要求获取北京市各个区的最低气温和最高气温。

2. 以下是一个结合NumPy、Pandas和matplotlib的编程题。

假设某地一天气温变化数据被保存在一个CSV文件中（data. csv），文件内容见表10-14。

表10-14　文件内容

日期	时间	温度（℃）
1/1/2023	8:00	20
1/1/2023	9:00	22
1/1/2023	10:00	23
1/1/2023	11:00	25
1/1/2023	12:00	30
1/1/2023	13:00	29
1/1/2023	14:00	30
1/1/2023	15:00	28
1/1/2023	16:00	25
1/1/2023	17:00	23
1/1/2023	18:00	22
1/1/2023	19:00	21
1/1/2023	20:00	18

要求：

（1）读取CSV文件并将数据存储在Pandas DataFrame中。

（2）使用NumPy计算每天的平均温度。

（3）创建一个包含每天平均温度的线图，使用matplotlib进行可视化。

第11章 Python高级运用

Python是一种高级编程语言，被广泛应用于各个领域。它具有简单易学的语法、强大的功能和丰富的库，使得开发人员能够快速开发高效的应用程序。本章节从四个方面（机器学习、用户图形界面、Web开发和游戏开发）介绍Python的高级应用，共计介绍了19个Python高级应用库。读者可根据本章内容的简要介绍，选择感兴趣的模块进一步学习。

本章思维导图

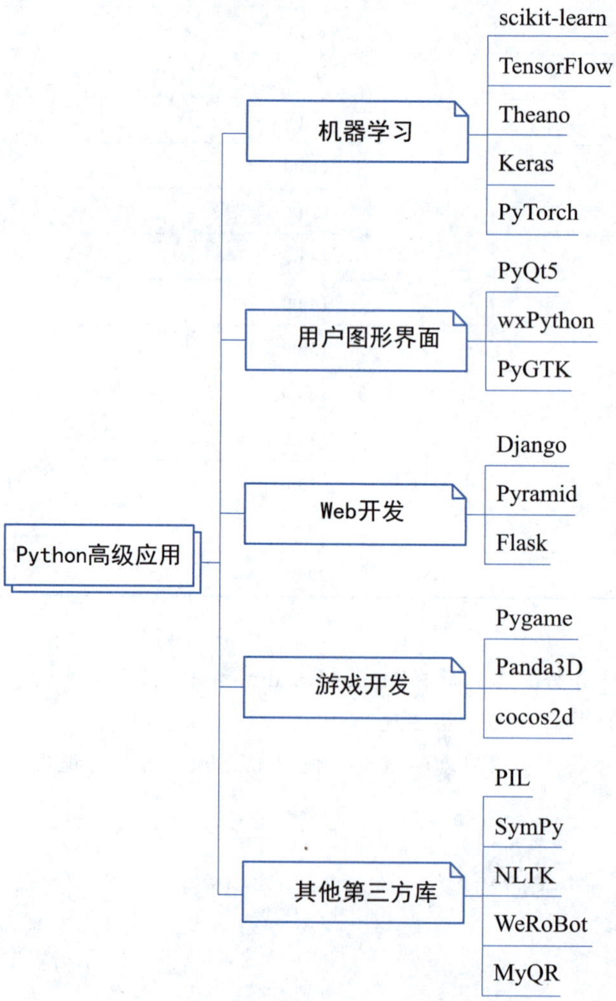

11.1 机器学习

机器学习是一种人工智能领域的分支，旨在设计和开发能够从经验中自动学习和改进的计算机算法。通常，机器学习算法可以分为监督学习、无监督学习、半监督学习和强化学习等不同类型，每种类型都有其独特的应用场景和优点。机器学习的应用非常广泛，包括但不限于自然语言处理、图像识别、语音识别、智能推荐、金融预测、医疗诊断、工业自动化等领域。下面介绍几个高质量的机器学习框架：scikit-learn、TensorFlow、Theano、Keras、PyTorch。

11.1.1 scikit-learn

scikit-learn是一个广泛使用的Python机器学习库，开发始于2007年，最初由David Cournapeau创建，它最初是一个Google Summer of Code项目，旨在为Python提供一个易于使用的机器学习工具。scikit-learn提供了许多常用的机器学习算法和工具，以及数据预处理和模型评估等功能。在scikit-learn中实现了许多机器学习模型，包括线性回归、逻辑回归、决策树、随机森林、支持向量机、K近邻和聚类等。它还包括了各种各样的数据变换和特征选择工具。目前，scikit-learn的当前版本是1.2.2，该版本包含许多增强的功能、算法和API。它支持大规模数据处理、新的数据集和模型选择工具、多输出预测等。

安装scikit-learn，命令为

```
pip install scikit-learn
```

11.1.2 TensorFlow

TensorFlow是由Google Brain团队开发的开源机器学习库。它以数据流图的形式表示计算过程，允许用户以高层次的抽象方式定义复杂的计算图并自动计算梯度。它还提供了许多方便的工具和API，使得深度学习模型的构建变得更加容易和高效。TensorFlow的发展历史可以追溯到2011年，那时它仍然是Google Brain团队内部的一个项目。随着深度学习的兴起和人工智能的发展，TensorFlow逐渐成为Google内部最受欢迎和广泛使用的机器学习框架之一。

2015年11月，Google发布了TensorFlow的首个公共版本，这标志着TensorFlow成为一款开源机器学习库。自此以后，TensorFlow一直在不断改进和更新，增加了许多新的功能和API。目前，TensorFlow已经成为了深度学习领域中最流行的机器学习库之一，受到大量开发人员和研究者的支持和使用。

TensorFlow的使用范围非常广泛，主要用于构建、训练和部署各种类型的机器学习模型。它被广泛用于图像识别、语音识别、自然语言处理、推荐系统、时间序列预测、机器翻译等领域。

TensorFlow的一个重要应用是深度学习模型的构建和训练。它支持各种类型的神经网络模型，如卷积神经网络、循环神经网络等。它还提供了各种优化器和损失函数，使得用户能够轻松地训练高性能的深度学习模型。除了深度学习，TensorFlow还支持传统的机器学习算法，如支持向量机、K近邻、决策树等。它还提供了一些方便的工具和API，如数据管道、可视化工具、模型优化工具等，使得机器学习的应用变得更加容易和高效。

安装TensorFlow，命令为

```
pip install tensorflow
```

11.1.3 Theano

Theano是一种数值计算库，主要用于高效地定义、优化和运行数学表达式。它的设计理念是通过构建计算图来实现高效的数值计算，并提供了自动微分等功能来简化模型训练的过程。它最初由蒙特利尔大学的LISA实验室在2007年开发，并于之后的几年陆续发展壮大。Theano提供了一个可用于定义和操作多维数组的表达式语言，并通过编译这些表达式以在CPU和GPU上进行高效计算。它的开发目标是提供一个简洁而强大的工具，帮助研究人员和开发者构建和训练各种机器学习模型。

Theano在各种机器学习任务中都有广泛的应用。它可以用于构建和训练各种类型的神经网络，如深度前馈网络、卷积神经网络和循环神经网络等。此外，Theano还支持符号计算，可以用于数学表达式的符号推导和优化。这使得它在数学建模、优化问题和科学计算等领域也有着广泛的应用。

虽然Theano在大部分任务中已经逐渐被更现代的深度学习框架所取代，但它仍然为研究人员提供了一个学习深度学习和构建原型模型的良好工具。同时，Theano的许多创新理念和技术也对后续的深度学习框架的发展起到了重要的影响。

安装Theano，命令为

```
pip install theano
```

11.1.4 Keras

Keras是用于构建和训练深度学习模型的TensorFlow高阶API，它支持快速构建、训练和部署各种类型的深度学习模型。它借鉴了许多先进的研究成果，使得用户能够在短时间内构建和训练高性能的深度学习模型。Keras最初由Francois Chollet在2015年推出，旨在为深度学习研究提供一种简单、易用、高效的工具。自此以后，Keras在深度学习社区中迅速发展，并获得了广泛的支持和使用。Keras最突出的特点是它的易用性和灵活性。它提供了许多高层次的API，使得用户能够轻松地构建、训练和部署深度学习模型。它还支持多种深度学习框架，如TensorFlow、Theano、CNTK等，使得用户能够选择最适合自己的环境进行深度学习研究和应用。

安装Keras，命令为

```
pip install keras
```

11.1.5 PyTorch

PyTorch是一个基于Python的科学计算包，它主要用于构建深度学习模型。PyTorch的开发始于2016年，最初是由Facebook的研究人员开发的。它的设计理念是将计算图和自动微分技术结合在一起，以提供一种简单而灵活的方式来构建和训练神经网络模型。

PyTorch在深度学习领域取得了广泛的应用和影响力。它提供了直观的API和灵活的设计，使得构建和训练深度学习模型变得更加简单和可扩展。PyTorch支持动态计算图，这意味着计算图可以根据需要即时构建和修改，从而提供更大的灵活性。此外，PyTorch还具有丰富的工具和库，用于数据处理、模型部署和可视化等任务。

PyTorch在许多领域中都有着广泛的应用。它被广泛应用于计算机视觉、自然语言处理、声音识别和推荐系统等任务。PyTorch的易用性、灵活性和强大的性能使其成为许多研究人员和开发者的首选框架之一。

总结而言，PyTorch是一个强大而灵活的深度学习框架，它以其直观的API和动态计算图的特点在深度学习领域得到广泛应用。它的发展历史和创新设计为深度学习的发展做出了重要的贡献。

安装PyTorch，命令为

```
pip install pytorch
```

11.2 用户图形界面（GUI）

用户图形界面（graphical user interface，GUI）是一种通过图形化方式来呈现计算机操作的界面。相比于传统的命令行界面（command line interface，CLI），GUI更加直观、易于操作，使用户能够使用鼠标、键盘和其他输入设备进行交互。

GUI提供了各种图标、按钮、菜单和窗口等元素，用户可以通过单击、拖动、输入文本等方式与计算机进行交互。它使得用户在不需要记忆命令和参数的情况下，能够轻松完成各种任务，如打开程序、修改设置、浏览文件等。

GUI的主要优势在于它提供了可视化的环境，使得计算机操作更加直观和友好。它还可以提供多任务操作的能力，允许用户同时运行多个程序和窗口。常见的GUI操作系统有Windows、Mac和Linux（带有桌面环境）等。

总的来说，用户图形界面是现代计算机操作的标准方式，通过图形化的方式使得操作更加简单、直观、易于学习和使用。它提供了丰富的交互元素和可视化效果，使得用户能够更加高效地与计算机进行沟通和协作。

在Python标准库中内置了一个GUI库——Tkinter，它提供了创建简单、易于使用的图形界面的功能。它基于Tk图形库，一个用于构建GUI的工具包。Tkinter可以用于创建各种GUI元素，如窗口、按钮、标签、文本框和列表框等。它使用事件驱动的编程模型，可以通过编写相应的回调函数来处理各种事件，例如按钮的单击或窗口的关闭。Tkinter的语法相对简单，因此适合初学者。可以使用Python自带的IDLE（集成开发环境）来编写和运行Tkinter程序，也可以使用其他文本编辑器和Python解释器。

常用的Python生态的用户图形界面库有PyQt5，wxPython、PyGTK。

11.2.1 PyQt5

PyQt5是一个基于Qt框架的Python绑定库，拥有超过620个类和近6 000个函数和方法，用于创建跨平台的图形用户界面（GUI）应用程序。它提供了丰富的工具和组件，能够创建具有各种功能和样式的高度定制化的界面。它是Python中最为成熟的商业级GUI第三方库。

PyQt5可以与Python解释器配对使用，可以在Windows、Mac和Linux等操作系统上运行。它提供了与Qt框架一致的API，可以利用Qt的强大功能，例如，多线程支持、网络编程、数据库连接、音频和图形处理等。

PyQt5提供了两个主要的模块：QtCore（核心）和QtWidgets（界面）。QtCore包含了一些基本的工具和功能，例如，事件处理、定时器和文件操作。QtWidgets包含了常见的GUI元素，例如，窗口、按钮、标签、文本框和列表框等。

安装PyQt5，命令为

```
pip install pyqt5
```

11.2.2 wxPython

wxPython是一个广泛使用的Python绑定库，用于使用wxWidgets框架创建图形用户界面应用程序。它结合了Python的简单性和wxWidgets的跨平台功能，为开发者提供了创建功能丰富且具有本地外观和感觉的应用程序的能力。

wxPython最初由Robin Dunn创建，它是wxWidgets框架的Python绑定版本。wxWidgets是一个使用C++编写的开源框架，可以在许多操作系统上构建原生外观的应用程序。wxPython的目标是提供一个简单而直观的界面，以便开发者可以使用Python快速构建应用程序而无须太多的编码。

wxPython提供了一系列丰富的控件和工具，例如，按钮、文本框、列表框、菜单、对话框等，使开发者能够轻松地创建复杂的GUI应用程序。它还支持事件驱动编程，这意味着可以为各种用户交互事件编写处理函数，以响应用户的操作。

在使用wxPython时，可以使用Python的强大特性编写代码，并利用wxWidgets的跨平台能力使应用程序在不同操作系统上运行。它支持Windows、Mac、Linux等主流操作系统，并能够在这些平台上提供本地化的外观和感觉。

安装wxPython，命令为

```
pip install wxPython
```

11.2.3 PyGTK

PyGTK是一个用于创建图形用户界面的Python绑定库，它基于GTK+工具包。GTK+（GIMP Toolkit）是一组用于创建跨平台GUI应用程序的库，最初是为GNU Image Manipulation Program（GIMP）开发的。PyGTK使您能够使用Python语言编写GTK+应用程序。

PyGTK的发展历史可以追溯到1998年，当时是为了GIMP项目创建的内部工具包。随着时间的推移，PyGTK变得越来越受欢迎，并被用于创建许多其他应用程序，不仅限于GIMP。然而，需要注意的是，GTK+目前的版本是GTK+ 3，而PyGTK只支持旧版本的GTK+ 2。因此，对于新项目或对最新特性和改进感兴趣的开发者来说，可能更适合考虑使用PyGObject，它是一个支持GTK+ 3和Python的替代方案。

使用PyGTK，可以轻松创建具有图形界面的应用程序。它提供了丰富的GUI控件和功能，以及与其他Python库的集成能力。可以使用PyGTK创建窗口、按钮、标签、文本框等常见的

GUI元素，并通过信号和回调来实现用户交互。

安装PyGTK，命令为

```
pip install pygtk
```

11.3 Web开发

Web开发是指使用编程技术来创建和构建互联网上的网站和应用程序的过程。它涉及到编写代码、设计用户界面、处理服务器和数据库等方面的工作，以实现用户与网站之间的交互和数据的处理。

Web开发通常分为前端开发和后端开发两个部分。前端开发主要关注于用户界面和用户体验，使用HTML、CSS和JavaScript等技术来创建网页、设计布局和样式，以及实现与用户的交互。后端开发主要处理与服务器和数据库的通信，执行业务逻辑并处理数据。它使用各种编程语言和框架来构建和维护服务器端代码。

常见的前端开发技术包括HTML（超文本标记语言）用于定义网页结构，CSS（层叠样式表）用于设计网页样式和布局，JavaScript用于实现网页的交互和动态效果。对于后端开发，常用的编程语言有Python、Java、JavaScript（Node.js）、Ruby等，而常见的框架包括Django、Flask、Spring、Express等。

此外，Web开发涉及到许多其他概念和技术，例如，数据库管理、安全性、API（应用程序编程接口）、云计算等。对于大型的Web应用程序，还可能涉及到分布式系统、负载均衡和缓存等技术，以确保应用程序的高性能和可扩展性。

Web开发是一个不断发展和演变的领域，新的技术和工具不断涌现。在进行Web开发时，了解最新的技术趋势和最佳实践是非常重要的，以确保开发出高质量和现代化的网站和应用程序。

这里依次介绍3个Python第三方生态库：Django、Pyramid、Flask。

11.3.1 Django

Django是一个高级Python Web框架，以开发高质量和可扩展的Web应用程序而闻名，是Python生态中最流行的Web开发框架。它由Adrian Holovaty和Simon Willison于2003年开发，并于2005年以开源软件的形式发布。Django的目标是通过提供丰富的功能和简化常见任务的方法来帮助开发人员快速构建Web应用程序。

Django采用了MVC（model-view-controller）架构的衍生模式，称为MTV（model-template-view）。这个模式将应用程序的数据模型（models）、处理数据逻辑的视图（Views）和展示给用户的模板（templates）分离开来，使得业务逻辑和用户界面的开发更加清晰和模块化。

Django提供了许多内置的功能和模块，涵盖了从URL路由到用户认证、数据库操作、表单验证和管理界面等方面的需求。它还支持多种数据库后端，包括MySQL、PostgreSQL、SQLite和Oracle等。

Django的开发理念是DRY（Don’t Repeat Yourself），用于鼓励快速开发，进而减少程序员建立一个高性能Web应用所花费的时间和精力，形成一种一站式解决方案。

安装Django，命令为

```
pip install django
```

11.3.2 Pyramid

Pyramid是一个通用的、开源的Python Web框架，用于构建可扩展的Web应用程序。它提供了一组简单而强大的工具，使开发人员能够轻松构建高性能的Web应用程序。相比于Django，Pyramid是一个相对小巧、快速、灵活的开源Python Web框架。

Pyramid的设计哲学包括可伸缩性、灵活性和简单性。它采用了“不强加规则”的原则，即开发人员可以根据自己的需求和喜好选择最适合的工具和库。Pyramid的核心框架非常精简，提供了基本的路由、视图和请求/响应处理功能，但它还有很多可选的插件和功能扩展，可以根据需要灵活地选择使用。

Pyramid支持多种方式来处理请求和生成响应，包括基于类的视图、函数视图和模板引擎。它还提供了高级功能，如会话管理、认证和授权、国际化等，使开发人员能够构建出功能强大的Web应用程序。

该框架还通过使用WSGI（Web服务器网关接口）作为底层接口，为开发人员提供了与各种Web服务器和服务容器进行交互的能力。这使得Pyramid可以在各种环境中运行，包括开发服务器、传统的CGI服务器和大规模部署的生产环境。

安装Pyramid，命令为

```
pip install pyramid
```

11.3.3 Flask

Flask是一个轻量级的Python Web框架，它的目标是提供简洁而灵活的工具，帮助开发人员快速构建Web应用程序，相比于Django和Pyramid，它也被称为微框架。

Flask的发展历史可以追溯到2010年，由Armin Ronacher在使用其他框架时发现了一些限制而创建。他致力于设计一个轻量级框架，使得构建Web应用程序变得简单和灵活。

Flask的设计理念是保持简单，核心框架非常精简，只提供了基本的路由和请求/响应处理功能。它采用了装饰器来定义路由和视图函数，这样可以使代码更加简洁易读。同时，Flask也支持使用插件进行扩展，可以根据需要选择和集成其他功能，如模板引擎、数据库连接、表单处理等。

在使用Flask时，开发人员可以根据自己的需求和喜好选择使用适合的工具和库。这使得Flask非常灵活，开发人员可以按照自己的方式组织代码和项目结构。

Flask可以与各种Web服务器和服务容器进行交互，它使用了WSGI作为底层接口，可以在多种环境中运行，包括开发服务器和生产环境。

总的来说，Flask是一个简洁、灵活且易于使用的Python Web框架。它的设计理念和功能使得开发人员可以快速构建出各种规模的Web应用程序。无论是小型的API服务还是复杂的Web应用，Flask都是一个强大的选择。

安装Flask，命令为

```
pip install flask
```

使用Flask创建两个路由，一个路由显示“Hello，World!”，另一个路由显示“Hello，User!”，并通过浏览器访问。

```
from flask import Flask
app=Flask(__name__)                            #初始化flask
@app.route('/')                                #基本路由
def hello_world():
    return 'Hello,World!'
@app.route('/user')                            #第二个路由
def hello_user():
    return 'Hello,User!'
if __name__=='__main__':
    app.run(port=5000)
```

在浏览器中输入http://127.0.0.1:5000/会显示“Hello，World!”，在浏览器中输入http://127.0.0.1:5000/user会显示“Hello，User!”。

11.4 游戏开发

Python具有简洁的语法和丰富的库支持，使得它成为快速原型设计和开发游戏的重要的支撑性语言。这里介绍介绍3个Python生态的库：Pygame、Panda3D、cocos2d。

11.4.1 Pygame

Pygame是一个基于SDL库（simple directmedia layer）的Python模块，用于开发2D游戏和多媒体应用程序。它是Python游戏开发中最受欢迎和广泛使用的框架之一。

Pygame的发展可以追溯到1999年，由Pete Shinners创建并由许多开发者共同维护。它的目标是提供简单易用的工具和接口，帮助开发者快速构建游戏原型并创建有趣的游戏。

Pygame允许开发者处理图形、音频、输入事件和碰撞检测等游戏开发中常见的任务。Pygame使用Python语言的特性，如简洁的语法和动态类型，使得开发者可以更轻松地迭代和调试代码。

虽然Pygame主要用于2D游戏开发，但它也可以用于创建简单的多媒体应用程序和可视化项目。它支持各种图像文件格式（如PNG和JPEG），可以实现图像绘制、动画效果和精灵管理。此外，Pygame还可以播放音频文件、处理键盘和鼠标输入，以及与游戏物理模拟进行交互。

安装Pygame，命令为

```
pip install pygame
```

11.4.2 Panda3D

Panda3D是一个开源的、跨平台的游戏引擎，主要用于开发3D游戏、应用和可视化项目。Panda3D提供了广泛而强大的功能，包括场景图形渲染、物理模拟、音频处理、碰撞检测等，使开发者能够创建生动逼真的虚拟环境。

Panda3D的使用非常广泛，不仅适用于游戏开发，还可以用于构建模拟环境、虚拟现实应用、可视化项目等。它支持Python和C++编程语言，并通过对开发者友好的API和工具简化了开发过程。

此外，Panda3D还支持多种操作系统（如Windows、Mac、Linux）和渲染API（如OpenGL、DirectX），使开发者可以在不同的平台上开发和发布他们的项目。

总的来说，Panda3D是一个功能强大且灵活的游戏引擎，适用于各种3D应用开发。它的发展历史和大规模应用证明了它的可靠性和效能。无论是学术研究还是商业项目，Panda3D都为开发者提供了一个优秀的工具来实现他们的创意。

安装Panda3D，命令为

```
pip install panda3d
```

11.4.3 cocos2d

cocos2d是一个流行的开源游戏开发框架，主要用于创建2D游戏和应用程序。它是由Ricardo Quesada在2008年开发的，原为Python库，后来也有了其他语言的实现版本，如cocos2d-x（C++）、cocos2d-js（JavaScript）等。

cocos2d是基于场景图（scene graph）的游戏引擎，它提供了丰富的功能，包括精灵管理、碰撞检测、动画效果、粒子系统等。通过使用cocos2d，开发者可以快速构建各种类型的2D游戏，如平台游戏、射击游戏、益智游戏等。

cocos2d还有一些扩展库，如cocos2d-x和cocos2d-js，它们提供了更多的功能和跨平台支持。cocos2d-x是cocos2d的C++版本，适用于移动平台和桌面游戏开发。cocos2d-js允许开发者使用JavaScript开发跨平台的Web和移动游戏。

安装cocos2d，命令为

```
pip install cocos2d
```

11.5 其他第三方库

Python语言有几十万个第三方库，几乎覆盖信息技术所有领域。即使在每个细分方向，也会有大量的专业人员开发多个第三方库来给出具体设计。

11.5.1 PIL

PIL（python imaging library），是一个流行的图像处理库，用于处理和操作图像。它提供了各种功能，如加载、保存、编辑、转换和增强图像。

PIL的发展历史可以追溯到1995年，由Fredrik Lundh创建。最初，它是一个Python 1.4的扩展模块，用于处理JPEG和GIF图像。随着时间的推移，PIL不断发展，并且在Python社区中变得越来越受欢迎。然而，在最新版本的Python（3.x）中，PIL并不完全兼容，因此Pillow项目应运而生。Pillow是PIL的一个分支，提供了对Python 3的支持，并继续开发和维护。

使用PIL，你可以打开图像文件，并对其进行各种操作，例如，调整大小、旋转、裁剪、添加文本、应用滤镜等。它支持多种图像格式，如JPEG、PNG、BMP、GIF等，并且提供了广泛的图像处理功能。此外，PIL还可以将图像转换为Numpy数组，以便与其他科学计算库进行集成。

PIL在许多领域中有广泛的应用，包括图像编辑、计算机视觉、机器学习、数据分析等。无论是简单的图像处理任务，还是复杂的图像分析，PIL提供了一套强大而灵活的工具来帮助处理图像数据。所以，如果需要使用Python进行图像处理，PIL（或Pillow）是一个值得考虑的选择。

安装PIL，命令为

```
pip install pillow
```

11.5.2 SymPy

SymPy是一个用于符号计算的Python库，用于解决数学问题和执行符号计算操作。它提供了符号变量的创建，以及执行代数运算、微积分、方程求解、数值计算等功能。

使用SymPy，可以定义符号变量，并进行代数运算，例如，求解方程、化简表达式、展开和因式分解多项式等。SymPy还提供了一些高级功能，如微积分、线性代数、离散数学等，可以在教育、科学研究和工程领域中得到广泛应用。

SymPy还具有可扩展性，可以编写自定义功能和算法来扩展其能力。此外，它还可与科学计算库（如Numpy、SciPy）集成，以进行数值计算和科学数据分析。

安装SymPy，命令为

```
pip install sympy
```

11.5.3 NLTK

NLTK（natural language toolkit）是一个面向自然语言处理的Python库，提供了各种工具和数据集，用于处理和分析文本数据。它支持多种自然语言处理任务，如标记化、词性标注、词干化、语义分析、情感分析等。

使用NLTK，可以对文本进行预处理，例如，拆分句子、分词、移除停用词等。它还提供了各种机器学习算法和统计模型，用于词汇分类、实体识别、文本分类等任务。NLTK还包括了丰富的语言学工具，如词干提取、词形还原、句法分析等，使用户能够进行深入的文本分析。

除了提供功能丰富的工具和数据集，NLTK还积极发展并与其他Python库和工具集成，如Numpy、SciPy、Pandas等，以便进行更广泛的数据分析和机器学习任务。

安装NLTK，命令为

```
pip install nltk
```

11.5.4 WeRoBot

WeRoBot是一个基于Python的微信机器人框架，用于开发和部署自定义的微信机器人。它提供了一套简单而强大的API，用于处理微信公众号的消息、事件和菜单等。

使用WeRoBot，可以通过编写Python代码来处理微信公众号收到的消息和事件。可以回复文本消息、图片消息、语音消息等，还可以处理关注和取消关注事件、菜单点击事件等。WeRoBot还提供了一些辅助功能，如OAuth授权、模板消息、素材管理等，以便更好地与微信公众号进行交互。

通过WeRoBot，开发人员可以根据自己的需求构建各种类型的微信机器人，如客服机器人、智能聊天机器人、新闻推送机器人等。

安装WeRoBot，命令为

```
pip install werobot
```

11.5.5 MyQR

MyQR是一个用于生成和解析二维码的Python库，它提供了一种简单而灵活的方式来处理二维码相关的任务。你可以使用MyQR来生成包含URL、文本、联系人信息、Wi-Fi设置等内容的二维码。

使用MyQR，可以通过编写Python代码来生成二维码。可以自定义二维码的尺寸、背景颜色、前景颜色、边框等属性。此外，MyQR还提供了一些高级功能，如为二维码添加Logo图像、背景图像、艺术字等。

如果需要解析和读取二维码，MyQR也提供了相应的功能。可以使用MyQR来解析二维码中的文本、URL等信息，并进行后续处理。

MyQR在许多领域中有广泛的应用，包括广告、营销、物流、扫码支付等。无论是个人还是企业，可以利用MyQR来生成和解析二维码，以满足不同的需求。

总的来说，MyQR是一个易于使用、功能丰富的二维码生成和解析库，为用户提供了一种灵活和定制化的方式来处理二维码相关的任务。

安装MyQR，命令为

```
pip install myqr
```

将“Hello Python”文本转换为二维码，并保存到本地。

```
from MyQR import myqr
import os
words="Hello Python"
#将文本转换为二维码
version,level,qr_name=myqr.run(
    words=words,
    version=1,
    level='H',
    picture=None,
    colorized=False,
    contrast=1.0,
    brightness=1.0,
    save_name="hello.jpg",
    save_dir=os.getcwd()
)
print(f"二维码已保存为{qr_name}在当前目录下")
```

运行结果如图11-1所示。

图11-1　运行结果

二维码已保存为D:\Python\ch11\hello.jpg在当前目录下

小　结

本章通过4个具体方向19个Python功能库的简要介绍纵览了Python语言的高级应用，希望读者能够从Python基础语法出发，看到更加广阔的Python应用，进一步理解和运用Python，掌握符合时代特征的程序设计能力。

习题十一

一、选择题

1. 在Python中，（　　）模块被用于解析HTML和XML文档。

A. requests　　B. BeautifulSoup　　C. os　　D. pandas

2. NumPy库在Python中主要用于（　　）。

A. 数值计算　　B. 应用程序开发　　C. 机器学习　　D. 服务器端开发

3. Python中用于数据分析和处理的常用库是（　　）。

A. jQuery　　B. Spring　　C. Node. js　　D. pandas

4. 下面（　　）是用于Python web开发的框架。

A. React　　B. Django　　C. AngularJS　　D. Vue

5. Flask和Django是两个Python web框架，下面描述正确的是（　　）。

A. Flask更适合规模大的项目，Django更适合微服务

B. Flask更适合微服务，Django更适合规模大的项目

C. Flask和Django仅适用于规模小的项目

D. Flask和Django既不适用于微服务，也不适用于大规模项目

6. Python中（　　）库广泛地被用来进行机器学习。

A. scikit-learn　　B. JavaML　　C. SparkMLlib　　D. JSML

7. （　　）库被Python用于创建图形用户界面（GUI）。

A. Tkinter　　B. SciPy　　C. BeautifulSoup　　D. Plotly

8. 下面（　　）库适用于Python做自然语言处理（NLP）。

A. MyQR　　B. PIL　　C. Matplotlib　　D. NLTK

二、填空题

1. 在Python生态中，用于处理HTML和XML文件的库称为________。
2. ________是一个Python库，用于科学计算和高级数学运算。
3. 如果需要处理数理统计和随机数的工作，你可能需要用到Python的________库。
4. 用Python进行机器学习的主要库称为________。
5. Python中用于深度学习的一个主要库是________。
6. ________是Python中一个轻量级的Web服务器和Web框架。
7. 在Python中，________是一种用于web开发的框架。
8. Python用于创建互动式数据可视化的库是________。
9. 在Python中，用于开发3D游戏、应用和可视化项目的是________。

附录A　Python运算符和优先级

优先级	运 算 符	描　　述
由高到低	()	圆括号(最高优先级)
	**	幂运算
	~、+、-	按位取反，正号，减号
	*、/、%、//	乘(串重复)，除，取余，取整
	+、-	加法(串连接)，减法
	<<、>>	左移、右移位运算符
	&	按位与
	^	按位异或
	|	按位或
	>、>=、<、<=、==、!=is、is not、in、not in	比较运算符，身份运算符，成员运算符
	not	逻辑非
	and	逻辑与
	or	逻辑或
	=、%=、/=、//=、-=、+=、*=、**=	赋值运算符

附录B　Python保留字

Python的保留字即关键字，是Python语言中预定义的、具有特殊意义的名称。不能用作标识符名称。

Python的标准库提供了一个keyword模块，可以输出当前版本的所有关键字，不同的Python版本会有一些差异。

```
>>> import keyword
>>> keyword.kwlist
```

['False', 'None', 'True', 'and', 'as', 'assert', , ' async', 'await', 'break', 'class', 'continue', 'def', 'del', 'elif', 'else', 'except', 'finally', 'for', 'from', 'global', 'if', 'import', 'in', 'is', 'lambda', 'nonlocal', 'not', 'or', 'pass', 'raise', 'return', 'try', 'while', 'with', 'yield']

Python保留字释义：

1.False：布尔类型，表示“假”或“不真”。

2.None：表示“无”或“空”。

3.True：布尔类型，表示“真”或“真值”。

4.and：逻辑运算符，表示“并且”。

5.as：用于类型别名或异常处理。

6.assert：用于调试目的，检查一个条件是否为真。

7.async：定义异步函数。

8.await：在异步函数中等待一个异步结果。

9.break：跳出当前循环。

10.class：定义一个类。

11.continue：跳过当前循环的剩余部分，进入下一次循环。

12.def：定义一个函数。

13.del：删除一个变量或对象。

14.elif：与if结合使用，定义多个条件。

15.else：与if或elif结合使用，定义其他情况。

16.except：处理异常情况。

17.finally：无论是否发生异常，都会执行该代码块。

18.for：循环遍历序列或其他可迭代对象。

19.from：导入模块或对象。

20.global：声明全局变量。

21.if：条件语句。

22.import：导入模块或对象。

23.in：用于判断一个元素是否在序列中。

24.is：判断两个对象是否相等。

25.lambda：定义一个匿名函数。

26.nonlocal：声明一个变量为非局部变量，即该变量不是当前函数作用域内的变量，而是上一个作用域内的变量。

27.not：逻辑运算符，表示“不”。

28.or：逻辑运算符，表示“或者”。

29.pass：空操作符，表示什么都不做。

30.raise：引发一个异常。

31.return：从函数中返回一个值。

32.try：尝试执行一段代码，并捕获可能发生的异常。

33.while：循环语句，当条件为真时一直执行代码块。

34.with：定义上下文管理器，简化资源管理和异常处理。

35.yield：在生成器函数中返回一个值，并暂停执行函数，等待下一次调用继续执行。

附录C　Python内置函数

Python的内置函数是指Python开发环境中自带的函数，不需要引入任何外部模块就可以使用。为程序员提供了非常有用的工具，可大大简化程序的编写和调试，提高程序的性能。

Python 3.x各个版本的内置函数有一些差异，常见的是68个，见表C-1。

表C-1　68个内置函数

abs	all	any	ascii	bin	bool	breakpoint
bytearray	callable	chr	classmethod	compile	complex	delattr
dict	dir	divmod	enumerate	eval	exec	filter
float	format	frozenset	getattr	globals	hasattr	hash
help	hex	id	input	int	isinstance	issubclass
iter	len	list	locals	map	max	memoryview
min	next	object	oct	open	ord	pow
print	property	range	repr	reversed	round	set
setattr	slice	sorted	staticmethod	str	sum	super
tuple	type	vars	zip	_import_		

内置函数功能简介：

1. abs(x)：返回参数x的绝对值。参数可以是一个整数或浮点数。
2. all(iterable)：判断迭代器的所有元素是否都为真。
3. any(iterable)：判断迭代器是否任意一个元素为真。
4. ascii(object)：返回任何类型数的ASCII码字符串。
5. bin(x)：将一个整数转换为前缀为0b的二进制字符串。
6. bool(x)：判断参数是否为布尔值。
7. breakpoint(*args,**kws)：设置断点。
8. bytearray(source[,encoding[erors]])：返回一个单字节数组。
9. callable(object)：如果参数object是可调用的就返回True,否则返回False。
10. chr(i)：返回代表指定Unicode码值的字符。
11. class C:@classmethod def f(cls,arg1 ,arg2 ...)：把一个方法封装成类方法。
12. compile(source)：将source编译成可运行的代码。
13. complex(real[,imag]])：返回值为real+imag*1j的复数。
14. delattr(object,name)：删除对象中指定的属性。
15. dict(**kwarg)：创建一个字典。
16. dir(object)：返回对象的属性列表。

17. divmod(a,b)：a整数除b，返回商和余数。

18. enumerate(iterable,start)：返回一个枚举对象，iterable指一个可遍历的数据对象实例，start指索引对象实例的起始索引值。

19. eval(expression)：返回表达式的求值结果

20. exec(object)：如果object是字符串，解析为Python语句并执行(除非发生语法错误)。如果object是代码对象，直接执行。

21. filter(function,iterable)：过滤掉可迭代对象中不符合条件的元素。

22. float(x)：将数字或字符串转换为浮点数。

23. format(valuel,format_spec)：按format_spec格式化字符串。

24. frozenset(iterable)：返回一个不可变集合对象。

25. getattr(object,name[,default])：返回对象命名属性的值。

26. globals()：返回程序当前运行位置所有的全局变量。

27. hasattr(object,name)：判断字符串具有某属性。

28. hash(object)：返回对象的哈希值。

29. help(object)：查看对象的帮助信息。

30. hex(x)：将整数转换为以0x为前缀的小写十六进制字符串。

31. id(object)：获取对象的内存地址。

32. input([prompt])：提示并接收用户的输入，以字符串形式返回。

33. int(x)：将浮点数转换成整型数。在未给出参数时返回0。

int(x,base)：将字符串类型的数字转换成base进制的整型数。base可以是8/10/16。

34. isinstance(object,classinfo)：判断一个对象object是否是某个类的示例。

35. issubclass(class,classinfo)：判断class类是否classinfo类的子类。

36. iter(object[,sentinel])：返回一个iterator (迭代器)对象。

37. len(s)：返回对象的长度(元素个数)。

38. list(iterable)：将可迭代对象转换为列表。

39. locals()：返回程序当前运行位置所有的局部变量。

40. map(function,iterable...)：根据提供的函数对指定序列做映射。

41. max(arg1,arg2,*args[,key])：返回给定参数中最大的元素。

42. memoryview(obj)：返回给定参数的内存视图对象。

43. min(arg1 ,arg2,*args[,key])：返回给定参数中最小的元素。

44. next(iterator[,default])：通过调用iterator的_next_()方法获取下一个元素。

45. object()：创建一个空对象object，是所有类的基类。

46. oct(x)：将一个整数转变为一个前缀为0o的八进制字符串。

47. open(filename,mode)：打开文件并返回对应的文件对象。

48. ord(c)：返回字符c的Unicode码数值。

49.pow(base,exp[,mod)：返回base的exp次幂;如果mod存在，则返回base的exp次幂对mod取余。

50. print(objects)：输出结果，默认输出到屏幕，也可以输出到指定文件。

51. property(fget,fset,fdel,doc)：设置、获取、删除类的某个属性。
52. range(start,stop[,step])：返回一个可迭代对象。
53. repr(object)：返回一个对象的可打印的字符串形式。
54. reversed(seq)：返回一个反向的iterator (迭代器)。
55. round(number[,ndigits])：返回number舍入到小数点后ndigits位的值。
56. set([iterable])：返回一个新的集合对象，可以选择从指定可迭代对象中获取的元素。
57. setattr(object,name,value)：设置对象的属性值。
58. slice(start,stop[,step])：将range(start,stop,step)生成的索引集进行切片操作。
59. sorted(iterable,key,reverse)：对可迭代对象排序，生成新的可迭代对象。
60. staticmethod()：将方法转换为静态方法
61. str(object)：将参数转换成字符串类型
62. sum([iterable])：对可迭代对象求和。
63. super(type[,object])：调用父类(超类)。
64. tuple([iterable])：将可迭代对象转换为元组。
65. type(object)：返回object的类型。
66. vars([object])：返回对象object的属性和属性值的字典对象。
67. zip(*iterables)：打包可迭代对象成一个个元组，返回由这些元组组成的列表。
68. _import_(name...)：动态加载类和函数等。

附录D　Python常用标准库

库　名	作　用
math	math库提供了数学运算相关的函数和常量
random	random库用于生成随机数
datetime	datetime库用于处理日期和时间
os	os库提供了与操作系统交互的功能，例如，文件和目录操作
re	re库用于进行正则表达式匹配和操作
sys	sys库提供了与Python解释器和系统交互的功能
json	json库用于处理JSON数据的编码和解码
csv	csv库用于读取和写入CSV文件
urllib	urllib库用于进行URL操作，如发送HTTP请求
hashlib	hashlib库提供了多种哈希算法，用于数据加密和校验
collections	collections库提供了额外的数据结构，如有序字典、命名元组等
itertools	itertools库提供了用于迭代和组合的工具函数
functools	functools库提供了一些高阶函数，如partial()和reduce()等
time	time库提供了与时间相关的功能，如获取当前时间、计时等
tkinter	tkinter库提供了丰富的组件和布局管理器，能够快速地创建图形用户界面应用程序

附录E　Python常见第三方库

名　称		解　释
jieba		jieba是一款中文分词库，它可以将一段中文文本按照词语粒度进行切分，并将切分后的词语返回
wordcloud		根据文本数据生成词云图。词云图根据词语的频率或权重来设置词语的大小，并以视觉化的形式展示出来
Requests		一个非常简洁且简单的处理HTTP请求的第三方库
beautifulsoup4		用于解析和处理HTML和XML。最大优点是能根据HTML和XML语法建立解析树，进而高效解析其中的内容
NumPy		提供对多维数组对象的支持，以及用于处理这些数组的函数。广泛用于科学计算和数据分析
Matplotlib		用于绘制二维图表和图形的绘图库，支持多种图表类型，如折线图、散点图、直方图等
Pandas		提供高性能、易于使用的数据结构和数据分析工具，特别是用于处理结构化数据
机器学习	scikit-learn	一个广泛使用的Python机器学习库，提供了许多常用的机器学习算法和工具以及数据预处理和模型评估等功能，实现了许多机器学习模型，包括线性回归、逻辑回归、决策树、随机森林、支持向量机、K近邻和聚类等
	TensorFlow	以数据流图的形式表示计算过程，允许用户以高层次的抽象方式定义复杂的计算图并自动计算梯度。它还提供了许多方便的工具和API，使得深度学习模型的构建变得更加容易和高效
	Theano	一种数值计算库，主要用于高效地定义、优化和运行数学表达式
	Keras	用于构建和训练深度学习模型的TensorFlow高阶API，它支持快速构建、训练和部署各种类型的深度学习模型
	PyTorch	主要用于构建深度学习模型。提供了直观的API和灵活的设计，使得构建和训练深度学习模型变得更加简单和可扩展
用户图形界面	PyQt5	一个基于Qt框架的Python绑定库，用于创建跨平台的图形用户界面(GUI)应用程序，是Python中最为成熟的商业级GUI第三方库
	wxPython	一个广泛使用的Python绑定库，用于使用wxWidgets框架创建图形用户界面(GUI)应用程序
	PyGTK	一个用于创建图形用户界面(GUI)的Python绑定库，它基于GTK+工具包
Web开发	Flask	一个轻量级的Python Web框架，主要面向需求简单的小应用
	Pyramid	一个通用的、开源的Python Web框架，用于构建可扩展的Web应用程序
	Django	一个全功能的Web开发框架，它提供了许多开箱即用的功能和工具，使得开发人员可以更快地构建复杂的Web应用程序
游戏开发	Pygame	Pygame是一个基于SDL库(simple directmedia layer)的Python模块，用于开发2D游戏和多媒体应用程序。它是Python游戏开发中最受欢迎和广泛使用的框架之一
	Panda3D	一个开源的、跨平台的游戏引擎，主要用于开发3D游戏、应用和可视化项目
	cocos2D	一个流行的开源游戏开发框架，主要用于创建2D游戏和应用程序

续表

名称		解释
PIL		一个流行的图像处理库，用于处理和操作图像。它提供了各种功能，如加载、保存、编辑、转换和增强图像
SymPy		一个用于符号计算的Python库，用于解决数学问题和执行符号计算操作。它提供了符号变量的创建，以及执行代数运算、微积分、方程求解、数值计算等功能
NLTK		一个面向自然语言处理的Python库，提供了各种工具和数据集，用于处理和分析文本数据。它支持多种自然语言处理任务，如标记化、词性标注、词干化、语义分析、情感分析等
WeRoBot		一个基于Python的微信机器人框架，用于开发和部署自定义的微信机器人。它提供了一套简单而强大的API，用于处理微信公众号的消息、事件和菜单等
MyQR		一个用于生成和解析二维码的Python库
文本处理	pdfminer	一个可以从PDF文档中提取各类信息的第三方库，能够获取并分析PDF的文本数据，包括：准确位置、字体、行数等信息
	openpyxl	openpyxl是一个处理Microsoft Excel文档的Python第三方库，它支持读写Excel的xls、xlsx、xlsm、xltx、xltm等格式文件，并进一步能处理Excel文件中Excel工作表、表单和数据单元
	Python-docx	一个处理Microsoft Word文档的Python第三方库，它支持读取、查询以及修改doc、docx等格式文件，并能够对Word常见样式进行编程设置

附录F　Python常见内置异常

1. NameError：尝试访问一个没有声明的变量引发的错误。

2. ArithmeticError：数值计算错误。

3. AssertionError：断言语句失败。

4. AttributeError：尝试访问未知的对象属性引发的错误。

5. DeprecationWarning：被弃用特征警告。

6. EnvironmentError：操作系统错误。

7. EOFError：到达EOF标记。

8. FloatingPointError：浮点计算错误。

9. FutureWarning：构造将来语义会有改变警告。

10. GeneratorExit：生成器（generator）发生异常来通知退出。

11. ImportError：当import语句无法找到模块或from无法在模块中找到相应的名称时引发的错误。

12 . IndentationError：缩进错误。

13. IndexError：索引超出序列范围引发的错误。

14. invalid syntax：无效的语法。

15. lOError：输入输出错误（例如，要读取的文件不存在）。

16. KeyboardInterrupt：用户中断执行，通常是按下[Ctrl+C]。

17. KeyError：请求一个不存在的字典关键字引发的错误。

18. LookupError：无效数据查询。

19. MemoryError：内存不足。

20. NotlmplementedError：尚未实现的方法。

21. OSError：操作系统错误。

22. OverflowError：数值运算超出最大限制。

23. PendingDeprecationWarming：特性将会被废弃警告。

24. RuntimeError：一般的运行时错误。

25. RuntimeWarning（runtime behavior）：警告。

26. StandardError：标准异常。

27. Stoplteration：迭代器没有更多的值。

28. SyntaxError：语法错误。

29. SyntaxWarning：可疑的语法警告。

30. SystemError SystemExit：一般的解释器系统错误，解释器请求退出。

31. TabError：Tab键和空格混用。

32. TypeError：类型不合适引发的错误。

33. UnboundLocalError：访问未初始化的本地变量。
34. UnicodeDecodeError：Unicode解码时的错误。
35. UnicodeEncodeError：Unicode编码时错误。
36. UserWarning：用户代码生成警告。
37. ValueError：传入的值错误。
38. WindowsError：系统调用失败。
39. ZeroDivisionError：除数为0引发的错误。

习题解答

习题一

一、单选题

1. C　　2. B　　3. A　　4. D　　5. B
6. C　　7. D　　8. C　　9. B　　10. A

二、填空题

1. 对象
2. 优雅、明确、简单
3. py
4. IDLE
5. #，三个引号'''
6. >>>
7. 交互式和文件式
8. Alt+P
9. Python shell
10. F5

三、判断题（正确打√，错误打×）

1. ×　　2. √　　3. ×　　4. √　　5. √

四、编程题

1.

```
print('做有心人,干困难事,立大格局.')
```

2.

解答一

```
print('{@} {@} {@}  ')
print(' |  |  |   ')
print(r'\|/  \|/ \|/ ')
print(' |     |  | ')
print(' |     |  | ')
```

解答二

```
print('{@} {@} {@} \n\
 |  |  |  \n\
\\|/ \\|/ \\|/  \n\
 |  |  |  \n\
 |  |  |  ')
```

3.

```
base=5
height=8
area=base*height/2
print('三角形的面积=',area)
```

习题二

一、单选题

1. B　　2. A　　3. D　　4. C　　5. D
6. B　　7. D　　8. C　　9. C　　10. B

二、填空题，表达式求值。

1. 2. 25　2. 0　0. 5　-2. 25　-3. 0　1. 5　　2. 6
3. ‘12’　　4. 27
5. True　False　20　10　　6. 214，213. 8，210. 0，-214
7. 213，-213　　8. 3. 14
9. （13，1）　　10. 31，1219

三、已导入math、random模块，写出合法的Python表达式。

1. y=2*x*x+5*x-3　　2. （x+y）**2/（x-y）-3*x+4*（y-1）
3. s=math. sqrt（p*（p-a）*（p-b）*（p-c））
4. math. cos（math. pi*60/180）或math. cos（math. radians（60））
5. area=math. pi*r*r　　6. a%3==0 and a%5==0
7. 0<=score<=100　　8. 'a'<=ch<='z'　or　'A'<=ch<='Z'
9. round（x，2）　　10. x. real，x. imag

四、判断题（正确打√，错误打×）

1. ×　　2. ×　　3. √　　4. ×　　5. ×
6. ×　　7. ×　　8. ×　　9. √　　10 ×

五、程序填空题

1. （1）random　　（2）random. choice
2. （1）eval　　（2）int或math. floor
3. （1）eval　　（2）round（price，1）
4. （1）int　　（2）hexa.
5. （1）randint（65，90）　　（2）chr（ch+32）））
6. （1）random. randint（100，999）　　（2）num//10%10
7. （1）math　　（2）math. pow（r，3）或r**3
8. （1）False　　（2）80

六、编程题

1.

```
import math
r1=eval(input('请输入大圆的半径(厘米):'))
r2=eval(input('请输入小圆的半径(厘米):'))
s1=math. pi*r1*r1
s2=math. pi*r2*r2
print('大圆半径=%.2f,小圆半径=%.2f,圆环面积=%.2f'%(r1,r2,s1-s2))
```

2.

```
import math
a,b,c=eval(input('输入数学、语文、英语三门课的成绩:'))
avg=(a+b+c)/3
#avg=round(avg,2)
print('三门课的成绩=%.2f,%.2f,%.2f'%(a,b,c))
print('平均值=%.2f'%(avg))#print('{:2}'.format(avg))
```

3.

```
import math
a,b,c=eval(input('输入作业成绩、期中成绩、期末成绩:'))
total=0. 2*a+0. 3*b+. 5*c
total=round(total)
print('作业成绩、期中成绩、期末成绩=%.2f,%.2f,%.2f'%(a,b,c))
print('总成绩=%d'%( total))
```

4.

```
import math
a,b,c=eval(input('输入三角形三边长:'))
p=(a+b+c)/2
s=math.sqrt(p*(p-a)*(p-b)*(p-c))
print('三角形的三个边长是=%.2f,%.2f,%.2f'%(a,b,c))
print('三角形的面积=%.2f'%(s))
```

5.

```
import random
C=random.uniform(10,99)
F=(9/5)*C+32
print('摄氏温度=%.2f,对应的华氏温度=%.2f'%(C,F))
```

6.

```
import math
a,b,c=eval(input('输入a,b,c:'))
delta=math.sqrt(b*b-4*a*c)
x1=(-b+delta)/(2*a)
x2=(-b-delta)/(2*a)
print('a,b,c=%.2f,%.2f,%.2f'%(a,b,c))
print('方程的根:x1=%.2f,x2=%.2f'%(x1,x2))
```

7.

```
import math
a,b=eval(input('输入三角形两边长:'))
alpha=eval(input('输入三角形两边的夹角:'))
s=a*b*math.sin(math.radians(alpha))/2
#s=a*b*math.sin(math.pi*alpha/180))/2
print('两边及其夹角=%.2f,%.2f,%.2f'%(a,b,alpha))
print('三角形的面积=%.2f'%(s))
```

8.

```
import math
x=int(input('x='))
y=int(input('y='))
m= math.gcd(x,y)#最大公约数
n= x*y/m          #最小公倍数
print('这两个数是%d,%d'%(x,y))
print("最大公约数=%d"%m)
print("最小公倍数=%d"%n)
```

习题三

一、单选题

1. D	2. B	3. D	4. C	5. B
6. C	7. D	8. C	9. D	10. C

二、填空题

1. [4，8，12]
2. 12345
3. false
4. 4
5. 121212
6. s1. append（6）
7. true
8. 3
9. [1，3，2，3]
10. {1：2，2：3}

三、判断题（正确打√，错误打×）

1. ×	2. √	3. ×	4. ×	5. ×
6. ×	7. √	8. ×	9. √	10. √

四、程序填空题

1. （1）[1，2，3，5]　（2）[1，8，2，3，5]
2. （1）[苹果]　（2）[草莓'，'香蕉'，'芒果']
3. （1）[10，12，14，16，18]　（2）[18，17，16，15，14，13，12，11，10]
4. （1）HelloWorld　（2）HelloWorldHelloWorld
5. （1）"I HAVE A DREAM"　（2）['I'，'have'，'a'，'dream']
6. （1）{'Madonna'：100，'Cory'：99，'Annie'：65，'Nelly'：89}
（2）{'Madonna'：100，'Cory'：99，'Annie'：65，'Nelly'：89，'Madna'：88}
7. （1）dict_items（[（'Madonna'，89），（'Cory'，99），（'Annie'，65），（'Nelly'，89）]）
（2）{'Madonna'：89，'Cory'：99，'Annie'：65，'Nelly'：89}
8. （1）Madonna　Cory　Annie　Nelly
（2）Madonna 89　Cory 99　Annie 65　Nelly 89
9. （1）（1，2，3，4，5，6）　（2）1
10. （1）False　（2）False

五、编程题

1.

```
lst=[2,5,6,7,8,9,2,9,9]                    #初始化列表
(1)lst.append(15)                          #列表的末尾增加元素15
(2)lst.insert(len(lst)// 2,20)
   #在列表的中间位置插入元素20,其中len(lst)取表长
(3)lst.extend([2,5,6])                     #将列表[2,5,6]合并到lst中
(4)del lst[3:4]                            #移除列表中索引为3的元素
(5)lst.reverse()                           #翻转列表里的所有元素
(6)lst.sort()                              #从小到大排序
lst.sort(reverse = True)                   #从大到小排序
```

2.

```
lst=[1,[4,6],True]
lst[0]*=2
lst[1][0]*=2
lst[1][1]*=2
```

3.

```
(1)dict1={'name': '张三','age':20,'gender':'男'}
(2)dict1['name']='李四'
(3)dict1['id']=110
(4)del dict1['gender']
(5)dict1. clear()
```

习题四

一、单选题

1. C	2. A	3. A	4. C	5. A
6. C	7. B	8. D	9. B	10. A

二、填空题，表达式求值。

1. 6	2. [1，2]
3. [0，0]	4. [1，2，3，4]
5. [[1，3]，[2，4]]	6. [7，5，3]
7. 会	8. break
9. continue	10. else、if

三、判断题（正确打√，错误打×）

1. √	2. ×	3. √	4. √	5. ×
6. ×	7. √	8. √	9. ×	10. √

四、程序填空题

1. （1）k % 6 == 0　　（2）k -=1
2. （1）（i!=j）and（j!=k）and（k != i）　　（2）i*100+j*10+k
3. （1）isum=0
   （2）isum += int（ch）*int（ch）或isum += ord（ch）*ord（ch）

4. （1）if score >= 90　　（2）elif score >= 60
5. （1）range（1，101）　　（2）sum + i
6. （1）break　　（2）else：
7. （1）while population < 20：　　（2）years + = 1
8. （1）True
（2）year % 400 == 0 or（year % 100 != 0 and year % 4 == 0）
9. （1）for j in（2，i）　　（2）primelist += [i]
10. （1）searchseq = []　　（2）len（searchseq）

五、编程题

1.

```
from math import *
x=float(input("请输入x:"))
#方法一:利用"单分支语句"实现
if(x>=0):y =(x*x-3*x)/(x+1)+2*pi+sin(x)
if(x<0):y=log(-5*x)+6*sqrt(abs(x)+ pow(e,4))- pow(x+1,3)
print(str.format("方法一:x={0},y = {1}",x,y))
#方法二:利用"双分支结构"实现
if(x>=0):y=(x*x-3*x)/(x+1)+2*pi+sin(x)
else:y=log(-5*x)+6*sqrt(abs(x)+pow(e,4))-pow(x +1,3)
print(str.format("方法二:x = {0},y = {1}",x,y))
#方法三:利用"条件运算符"实现
y =(x*x-3*x)/(x+1)+2*pi + sin(x)if(x>=0)else log(-5*x)
+ 6*sqrt(abs(x)+pow(e,4))-pow(x+1,3)
print(str.format("方法三:x = {0},y={1}",x,y))
```

2.

```
  score=in(input('输入分数:\n '))
  if score>=90:
grade='A'
  elif score>=60:
grade='B'
  else:
grade='C'
  print('%d属于%s ' %(score,grade))
```

3.

```
height=float(input("请输入身高(单位:米):"))
weight=float(input("请输入体重(单位:千克):"))
bmi=weight/(height ** 2)
print("您的BMI指数为:{:.2f}".format(bmi))
if bmi<18.5:
    print("您的身体状况为:偏瘦")
elif bmi<25:
    print("您的身体状况为:正常")
elif bmi<28:
    print("您的身体状况为:超重")
else:
```

```
    print("您的身体状况为:肥胖")
```

4.

```
txt=input("请输入水果类型(以空格分隔):")
fruits=txt.split(" ")
d={}
for fruit in fruits:
    d[fruit]=d.get(fruit,0)+ 1
ls=list(d.items())
ls.sort(key=lambda x:x[1],reverse = True)#按照次数排序
for k in ls:
    print("{}:{}".format(k[0],k[1]))
```

5.

```
def prime(num):
    for i in range(2,num):
        if num%i==0:
            return False
    return True
ls =[51,33,54,56,67,88,431,111,141,72,45,2,78,13,15,5,69]
lis=[]
for i in ls:
    if prime(i)==False:
        lis.append(i)
print(">>>{},列表长度为{}".format(lis,len(lis)))
```

6.

```
lower=int(input('输入区间最小值:'))
upper=int(input('输入区间最大值:'))
for num in range(lower+1,upper):
    if num>1:
        for i in range(2,num):
            if(num % i)==0:
                break
        else:
            print(num)
```

7.

```
  d = {'key1':[],'key2':[]}
  x={10,3,4,23,43,12,5,33,19,38}
  for i in x:
    if i>=20:
     d['key1']= d['key1']+[i]
else:
  d['key2']=d['key2']+[i]
print(d)
```

8.

```
Dnum=int(input("请输入十进制数:"))
if Dnum==0:
```

```
    Hnum="0"
else:
    Hnum=""
    Hdigits="012345678"
    while Dnum!=0:
    remainder=Dnum % 8
    Hnum=Hdigits[remainder] + Hnum
    Dnum=Dnum // 8
print("对应的八进制数为:",Hnum)
```

9.

```
import random
#生成随机序列sortseq
sortseq=[]
for i in range(5):
    sortseq+=[random.randint(10,99)]
print("初始序列:{}".format(sortseq))
#对序列sortseq进行升序排序
for i in range(4,0,-1):
    flag=False
    for j in range(i):
        if sortseq[j]>sortseq[j+1]:
            sortseq[j],sortseq[j+1]=sortseq[j+1],sortseq[j]
            flag = True
    print("第{}轮:{}".format(5-i,sortseq))
    if not flag:
        break
print("排序后:{}".format(sortseq))
```

10.

```
x = 1
for i in range(9,0,-1):
  x =(x+1)*2
print("第1天共摘了%d个桃子"%x)
```

习题五

一、单选题

1. A　　2. D　　3. B　　4. A　　5. D

6. A　　7. D　　8. A　　9. B　　10A

二、填空题

1. len()　　2. sum()

3. def　　4. None

5. 函数　　6. 形式参数

7. 实际参数　　8. str()

9. randint()　　10. 匿名函数

三、判断题（正确打√，错误打×）

1. ×　2. ×　3. √　4. ×　5. ×
6. √　7. √　8. ×　9. √　10. √

四、编程题

1.

```
import math
def area(r):
    return  math. pi*r*r
s=float(input("请输入圆的半径:"))
print("圆的面积:",area(s))
```

2.

```
def cacluate(*args):
    avg=sum(args)/ len(args)
    up_avg=[]
    for item in args:
        if item>avg:
            up_avg.append(item)
    return avg,up_avg
print(cacluate(1,2,3,4,5))
```

3.

```
def F(a,b=20,*x,**y):
    s=a+b
    for i in x:
        s+=i
    for i in y.values():
        s+=i
    return s
Sum=F(2,10,1,2,3,4,c=10,d=20)
print(Sum)
```

4.

```
def func(*args ):
    sum=0
    for el in args:
        sum+=el
    return sum
print(func(1,2,3,4,5,6,4,4,3))
```

5.

```
def strReverse(s,l):
    if l==0:
        return
    else:
        print(s[l-1])
        strReverse(s,l-1)
s=input("请输入一个字符串")
```

```
length=len(s)
strReverse(s,length)
```

6.

```
from math import sqrt

def is_prime(n):
    if n==1:
        return False
    for i in range(2,int(sqrt(n))+1):
        if n%i==0:
            return False
    return True

count=0
for i in range(1,1000):
    if is_prime(i):
        count+=1
        print('{}:{}'.format(count,i))
```

7.

```
def DelSame(numlist):
    numset=set(numlist)
    return list(numset)
numlist=[13,26,3,9,3,16,5,3,10]
print("删除前:",numlist)
print("删除后:",DelSame(numlist))
```

习题六

一、单选题

1. A	2. B	3. C	4. C	5. C
6. D	7. C	8. D	9. A	10. C

二、填空题

1. 'a'
2. readlines
3. line
4. open()
5. with
6. reader()
7. writer()
8. 将Python数据格式转换为JSON格式字符串，并直接返回JSON格式字符串
9. isfile()
10. listdir()

习题七

一、单选题

1. C	2. D	3. B	4. A	5. B
6. D	7. B	8. D	9. C	10. A

二、程序填空题

1. （1）try （2）except
2. （1）ZeroDivisionError （2）else
3. （1）try （2）finally
4. （1）try （2）except
5. （1）try （2）else
6. （1）SyntaxError （2）except
7. （1）int(x) （2）else
8. （1）try （2）ValueError
9. （1）length （2）ValueError
10. （1）‘x’ （2）close()

习题八

一、单选题

1. C	2. A	3. B	4. D	5. B
6. A	7. D	8. D	9. C	10. D

二、编程题

1.

```
import turtle
turtle.color("red","yellow")                  #设置画笔和填充颜色
turtle. begin_fill()                          #开始
for i in range(36):                           #36次循环
    turtle.forward(200)                       #前进200
    turtle.left(170)                          #向左偏移170°
turtle. end_fill()                            #填充
```

2.

```
from turtle import *
d=120
setup(800,600,300,400)                        #设置图形边界
color('red')
pensize(4)
for i in range(8):                            #大循环8次
    for j in range(4):                        #小循环4次
        Forward(d)
        left(90)
    penup()
    Forward(d)
    pendown()
    left(45)
```

3.

```
from turtle import *
d=20
w=20
```

```
pensize(4)
color('blue')
for i in range(10):
    forward(d)
    left(90)
    forward(d)
    left(90)
    d=d+w

penup()
goto(-5,-120)
pendown()
write('方形螺旋',font=(10))
```

4.

```
from turtle import *
pensize(4)
color('blue')
for i in range(6):
    forward(100)
    left(60)
penup()
goto(10,-40)
pendown()
write('正六边形',font=(15))
```

习题九

一、单选题

1. A　2. A　3. B　4. D　5. C
6. D　7. D　8. D　9. D　10. D

二、填空题

1. 可迭代
2. 列表
3. 向分词词典里增加新词s
4. 用于生成词云。
5. Python源文件打包成一个独立的可执行文件。
6. pip list
7. pip
8. Pyinstaller -F -w文件名. py
9. build
10. 生成指定的词云对象

习题十

一、单选题

1. C　2. A　3. C　4. B　5. D
6. C　7. A　8. B　9. D　10. A

二、填空题

1. post()
2. text
3. User-Agent
4. find()
5. plt. title()
6. plt. xlabel()

7. np. mean()

8. 和

9. df. size()

10. df. fillna()

三、编程题

1.

```
import requests
from bs4 import BeautifulSoup

def get_source(url):
    response = requests.get(url)
    response.encoding = 'utf-8'
    return response. text

def get_info(source):
        #解决网页乱码,添加'html5lib',而不是lxml
    soup=BeautifulSoup(source,'html5lib')#pip install html5lib
        #1. 进入整体表格
    conMidtab=soup.find('div',class_='conMidtab')
        #2. 进入子表格
    tables = conMidtab.find_all('table')
        #3. 进入每个子表格收集天气信息
    info=[]
    for table in tables:
        # (1) 过滤前两个 (城市和时间)
    trs=table.find_all('tr')[2:]  #tr存储了每个城市的天气信息
        #enumerate返回2个值第一个是下标第二个下标所对应的元素
        # (2) 进入每个城市 (每一行), 判断是否是省会
    for index,tr in enumerate(trs):
    tds=tr.find_all('td')#td存储每个城市天气信息的每个具体项目
#城市名字判断:因为对于每个省份的第一行的第一列为省名, 对应不了省会。爬取会出错, 因而要判断修改
    city_td = tds[0]    #城市
    if index==0:        #index==0,代表的是第一个tr,第一个城市
        city_td=tds[1] #省会
        # (3) 获取每个城市的具体天气项目
    city = list(city_td.stripped_strings)[0]  #城市名字
        #该城市最高气温
    temp_high_td=tds[-5]
    temp_high=list(temp_high_td.stripped_strings)[0]
        #该城市最低气温
    temp_low_td=tds[-2]
    temp_low =list(temp_low_td.stripped_strings)[0]
#print('城市:',city,'最高气温:',temp_high,'最低气温:',temp_low)
    item = city,temp_high,temp_low
    info.append(item)
    return info  #存储在info内部

url='http://www.weather.com.cn/textFC/hb.shtml'
source = get_source(url)
info = get_info(source)
print(info)
```

2.

```
import numpy as np
import pandas as pd
import matplotlib. pyplot as plt
#读取CSV文件
df = pd.read_csv('data.csv')
#将日期列转换为日期类型
df['日期']=pd.to_datetime(df['日期'])
#使用NumPy计算每天的平均温度
daily_avg_temps=np.mean(df.groupby('日期')['温度(℃)'],axis=1)
#创建线图
plt.rcParams['font.family']=['SimHei']#用来显示中文标签
plt.plot(daily_avg_temps,label='平均温度')
plt.xlabel('日期')
plt.ylabel('温度(℃)')
plt.title('每日平均温度')
plt. legend()
plt. show()
```

习题十一

一、选择题

1. B　2. A　3. D　4. B

5. B　6. A　7. A　8. D

二、填空题

1. BeautifulSoup
2. NumPy
3. Pandas
4. Scikit-learn
5. TensorFlow
6. Flask
7. Django
8. Matplotlib
9. Panda3D

参考文献

[1] 嵩天，礼欣，黄天羽. Python语言程序设计基础[M]. 2版. 北京：高等教育出版社，2019.

[2] 明日科技. Python从入门到精通[M]. 2版. 北京：清华大学出版社，2021.

[3] 甘勇，吴怀广. Python程序设计[M]. 北京：中国铁道出版社，2019.

[4] 王娟，华东，罗建平. Python编程基础与数据分析[M]. 南京：南京大学出版社，2019.

[5] 卢茨. Python编程[M]. 邹晓，瞿乔，任发科，译，北京：中国电力出版社，2015.

[6] 翟萍，王军锋，翟震，等. Python程序设计[M]. 北京：清华大学出版社，2020.

[7] 关东升，赵大羽. 看漫画学Python[M]. 北京：电子工业出版社，2020.

[8] 杨年华，柳青，郑戟明. Python程序设计教程[M]. 北京：清华大学出版社，2017.

[9] 柳毅. Python数据分析与实践[M]. 北京：清华大学出版社，2019.

[10] 王启明. Python 3. 7网络爬虫快速入门[M]. 北京：清华大学出版社，2019.